武汉大学规划教材建设项目资助出版

智能仪器技术及其应用

主　编　方彦军

副主编　张　荣　周东国

WUHAN UNIVERSITY PRESS

武汉大学出版社

图书在版编目(CIP)数据

智能仪器技术及其应用/方彦军主编. —武汉:武汉大学出版社,2022.7
ISBN 978-7-307-22966-2

Ⅰ.智… Ⅱ.方… Ⅲ.智能仪器—设计—教材 Ⅳ.TP216

中国版本图书馆 CIP 数据核字(2022)第 041587 号

责任编辑:胡 艳　　　责任校对:李孟潇　　　版式设计:马 佳

出版发行:**武汉大学出版社**　 (430072　武昌　珞珈山)
　　　　(电子邮箱:cbs22@whu.edu.cn 网址:www.wdp.com.cn)
印刷:湖北金海印务有限公司
开本:787×1092　1/16　印张:17　字数:392 千字　插页:1
版次:2022 年 7 月第 1 版　　2022 年 7 月第 1 次印刷
ISBN 978-7-307-22966-2　　　定价:50.00 元

前　言

在许多领域，智能仪器的应用对产品的技术水平和生成过程自动化的提高发挥了重要作用。单片机作为其中最为普遍的核心器件，对其熟悉并快速开发，是各大专院校学生走向智能仪器开发的第一步。

本书以最为经典的 MCS-51 单片机入手，将其内部核心进行系统性的讲解，并结合目前流行的 Proteus 仿真环境，读者可以快速掌握仪器开发的步骤要领，并对知识内容有更深入的体会。此外，书中丰富的案例也将引导读者逐渐了解智能仪表的开发。

全书内容共分为 8 章：

第 1 章为绪论，主要介绍智能仪器的基本组成与功能特点，这是了解智能仪器的第一步，也是开发智能仪器所必须掌握的一部分。

第 2 章介绍以 MCS-51 单片机为核心的控制器，其基本上囊括了关于单片机最为基础的内容，也是理解和掌握 MCS-51 的核心章节。

第 3 章介绍智能仪器软件的开发环境和仿真，可为快速仿真并实现智能仪器的功能奠定基础，熟练掌握这一章节，必将有助于巩固和掌握单片机的硬件、软件开发。

第 4 章介绍 MCS-51 单片机普通 I/O 口的电路设计，这是单片机最为常用的功能设计，包括输入/输出、显示、人机交互等。同时，通过该章的学习，读者也可以掌握智能仪器对外设的管理方法。

第 5 章介绍 MCS-51 单片机模拟量输入输出接口技术，该章节是面向微处理与外界交互的通道，了解 A/D 以及 D/A，将有助于建立外界与微处理器之间的桥梁。

第 6 章介绍智能仪表的各种通信接口技术，包括串口、并口等。这些协议是微处理与外设之间通信的基础，了解不同的协议，将有助于快速发送和接收微处理的命令或数据。

第 7 章介绍智能仪器设计中的各种抗干扰技术与措施，目的是让设计者对智能仪器在现场应用中的干扰问题有较深刻的认识，学会针对不同的现场环境设计出相应的解决方案，提高智能仪器的准确性。

第 8 章结合实际介绍了四种智能仪器设计实例，综合性概述了前面几个章节的内容，借此加深对智能仪器开发的认知。

本教材适用于高校信息类专业本科生，也可供智能仪器开发设计与应用方面的工程技术人员参考。本教材以培养智能化仪器开发为目标，以设计研发能力和解决实际问题能力为导向，循序渐进地介绍了相关知识点，使读者通过学习本书，深刻领会智能仪器仪表的各种技术和理论，并能应用于实际，学会智能仪器仪表的设计。

　　本教材在编写过程中得到了董政呈、林枫、梁佳琦、杜蕙、杨琛、陆煜锌、赵悦、徐锋、练震、薛铮、陈培垠、夏洲、张恒、张晓飞等博士生、硕士生的大力支持，他们为本书倾注了大量的时间与心血，在此一并向他们表示感谢。

　　由于仓促之中难免会有遗漏，追求完美却总有瑕疵，编写本书时我们希望呈现给读者深入浅出而不刻板的内容，让读者在智能仪器开发中找到乐趣。

编者

2022 年 5 月

目　　录

第1章 绪 论

　　智能仪器是计算机技术与测量仪器相结合的产物，是含有微型计算机或微处理器的测量仪器。通常，它具备对数据的存储、运算、逻辑判断及自动化操作等功能，具有一定智能的作用(表现为智能的延伸或加强等)。

　　自从 1971 年世界上出现第一种微处理器(美国 Intel 公司 4004 型 4 位微处理器芯片)以来，微计算机技术随着科技的发展而不断得到提升。作为仪器的控制器、存储器及运算器，微处理器具备更加强大的功能。概括来讲，智能仪器在测量过程自动化、测量结果的数据处理及一机多用(多功能化)等方面已取得了巨大的进展。可以说，开发高准确度、高性能、多功能的测量仪器已经离不开微计算机技术了。

　　如今，随着传统仪器的改进和新型仪器的出现，智能仪器已经发生了巨大的变化。例如传统的手持式万用表，在采用了单片微机控制之后，功能更加多样，使用更加方便、可靠，而且准确度大为提高。如读数为 4 位的万用表，除可测量传统的直流电压、电流及电阻外，还可测量交流电压及电流的有效值；测量频率时，范围可扩展到 10Hz～1MHz；测量温度时，范围可扩展到-60～200℃；可测量电容及电感，还可进行电平(分贝值)测量和实现自动量程切换、极性显示及输入过载保护等自动化功能，甚至可对测量结果做简单的误差计算。有的万用表还可在数字显示器下面外加光条显示器，以提高对被测信号波动变化倾向的判断能力。同时，在万用表中，还可添加数据运算功能并显示曲线及有关参数，以替换示波器。

　　智能仪器除了在传统仪器的改进方面取得了巨大的成就之外，还开辟了许多新的应用领域。20 世纪 80 年代以来，制造业(汽车制造，VLS 工制造，各种电子设备，如电子计算机、电视机的制造等)的高速发展，使 CAM(Computer Aided Manufacturing，计算机辅助制造)达到很高水平，它对人类生产力的提高起着巨大的推动作用。为了对 CAM 的工作质量进行实时监督，使产品的质量得到保证，要求实现对整个加工工艺过程中各重要环节或工位的在线检测。因此，在生产线上或检验室内需要大量应用各种 CAT(Computer Aided Testing，计算机辅助测试)技术的仪表。

　　近年来，智能化测量控制仪表的发展尤为迅速。国内市场上已经出现了多种多样智能化测量控制仪表。例如，能够自动进行差压补偿的智能节流式流量计，能够进行程序控温的智能多段温度控制仪，能够实现数字 PID 和各种复杂控制规律的智能式调节器，以及能够对各种谱图进行分析和数据处理的智能色谱仪等。

　　国际上，智能测量仪表更是品种繁多。例如，美国 HONEYWELL 公司生产的 DSTJ-

3000 系列智能变送器，能进行差压值状态的复合测量，可对变送器本体的温度、静压等实现自动补偿，其精度可达到±0.1%FS(FS 表示满量程)；美国 RACA-DANA 公司的 9303型超高电平表，利用微处理器消除电流流经电阻所产生的热噪声，测量电平可低达−77dB；美国 FLUKE 公司生产的超级多功能校准器 5520A，内部采用了 3 个微处理器，其短期稳定性达到 1ppm，线性度可达到 0.5ppm。

随着人工智能的迅速发展，智能仪器也逐渐开始从较为成熟的数据处理向知识处理方面发展，并具有模糊判断、故障判断、容错技术、传感器融合、机件寿命预测等功能，使智能仪器向更高层次发展，使得我们不仅可以解决用传统方法难以解决的一类问题，也可有望解决用传统方式根本不能解决的问题，并对诸如自动控制、电子技术、国防工程、航天技术与科学试验等领域产生了极其深远的影响。

1.1 智能仪器概述

1.1.1 智能仪器的基本组成

智能仪器是计算机技术与测试技术相结合的产物，通常智能仪器由硬件和软件两大部分组成。

1. 智能仪器的硬件组成

智能仪器硬件部分包括控制器及其接口电路、模拟量输入通道、开关量输入/输出通道、模拟量输出通道、数据通信接口电路、人机通道(如键盘，显示器接口电路等)以及其他外围电路(打印机等)接口电路，如图 1.1 所示。

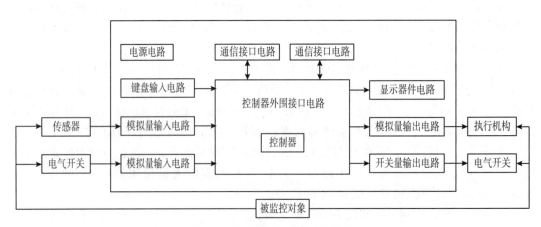

图 1.1 智能仪器系统组成框图

(1)控制器及其接口电路，包括控制器、程序存储器、数据存储器、输入输出接口电路及扩展电路。它可以进行必要的数值计算、逻辑判断、数据处理等。

(2)输入输出通道,是智能仪器控制器和被测量监控系统之间设置的信号传递和变换的连接通道。它包括模拟量输入通道、开关量(数字量)输入通道、模拟量输出通道、开关量(数字量)输出通道等。输入输出通道的作用是将被测量监控系统的信号变换成控制器可以接收和识别的代码;将控制器输出的控制命令和数据转换后作为执行机构或电气开关的控制信号,从而控制被测量监控系统进行期望的动作。

在计算机监控系统中,需要处理一些基本的开关量输入输出信号,例如开关的闭合与断开、继电器的接通与断开、指示灯的点亮与熄灭、阀门的开启与关闭等,这些信号都是以二进制"0"和"1"出现的。计算机系统中对应的二进制位的变化就表征了相应器件的特性。事实上,开关量输入输出通道就是要实现外部的开关量信号和计算机系统的联系,包括输入信号处理电路及输出功放电路。

模拟量输入输出通道由数据处理电路、A/D转换器、D/A转换器等构成,用来输入输出模拟量信号。其中,模拟量输入通道的任务是把传感器,如压力变送器、温度传感器、液位变送器、流量计等监测到的模拟信号转变为二进制数字信号,传送给计算机处理。模拟量输出通道的任务是把计算机输出的数字量信号转换成模拟电压或者电流信号,驱动相应的执行机构动作,达到控制目的。

(3)通信接口,用来实现智能仪器与外界其他计算机或智能外设交换数据,以便能够实现程控。

(4)人机通道,是人和智能仪器之间建立联系、交流信息的输入输出通路,包括人机接口和人机交互设备两层含义。

人机接口是智能仪器的微控制器和人机交互设备之间实现信息传输的控制电路。

人机交互设备是智能仪器系统中最基本的设备之一,是人和智能仪器之间建立联系、交换信息的外部设备。常见的人机交互设备可分为输入设备和输出设备两类。其中,输入设备是由人向智能仪器系统输入信息,如输入键盘、开关按钮等;输出设备是智能仪器系统直接向人提供系统运行结果,如显示装置、打印机等。通过智能仪器的人机通道,可以向智能仪器输入命令和数据,了解智能仪器运行的状态和显示相关的工作参数。

2. 智能仪器的软件组成

智能仪器的硬件只是为智能仪器系统提供底层物质基础,要想使智能仪器正常工作运行,必须提供或研发相应的软件。如图1.2所示,智能仪器软件可以分为系统软件、支持软件和应用软件。系统软件包括实时操作系统、驱动程序等;支持软件包括汇编语言、编译程序、高级语言等;应用软件是系统设计人员针对某个测控系统的控制和管理程序,是整个智能仪器中最为核心的一部分。

通常,智能仪器的应用软件包括监控程序、中断服务程序以及实现各种算法的功能模块。监控程序是仪器软件的中心环节,它接收和分析各种命令,并管理和协调整个程序的执行;中断服务程序是在人机接口或其他外围设备提出中断申请,并为微控制器响应后直

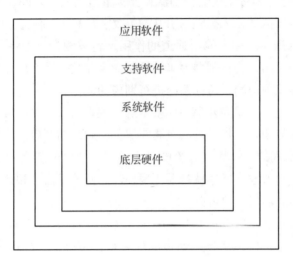

图 1.2　智能仪器的软件结构

接转去执行，以便及时完成实时处理任务；功能模块用来实现仪器的数据处理和控制功能，包括各种测量算法(例如数字滤波、标度变换、非线性修正等)和控制算法(例如 PID 控制、前馈控制、模糊控制等)。

一般而言，只有软件和硬件相互配合，才能发挥计算机控制系统的优势，研制出具有更高性能的智能仪器系统。智能仪器的工作过程大致如下：输入信号经过开关量输入通道电路或模拟量输入通道电路进行变换、放大、整形、补偿等处理；对于模拟量信号，需经 A/D 转换器转换成数字信号，再通过接口送入微控制器；微控制器对输入数据进行加工处理、计算分析等一系列工作，然后通过接口送至显示器或打印机，也可输出开关量信号或经模拟量通道的 D/A 转换器转换成模拟量信号，还可通过串行接口(例如 RS-232 等)实现数据通信，完成更复杂的测量、控制任务。

1.1.2　智能仪器的功能特点

智能仪器在工业自动化领域的广泛应用得益于其突出的技术优势和特点，如高稳定性、高可靠性、高精度、易维护。具体来讲，其功能特点有以下几方面：

1. 操作自动化

仪器的整个测量过程，如键盘扫描、量程选择、开关启动闭合、数据的采集、传输与处理以及显示打印等，都用单片机或微控制器来控制操作，实现测量过程的全部自动化。

2. 自校准、自检和自诊断功能

仪器投入现场运行前，一般需进行零位和标度因子的校准。特别是，仪器在使用中，其本身的温度及所处的环境条件会发生变化，此时已校好的零位和标度因子也会发生变化

(即产生漂移)。因此，传统的仪器就需要进行重新校准，然而智能仪器内含微处理器，适当增加简单的相关硬件电路，便可以实现零位和标度因子的校准，而且还能实现零位漂移和标度因子漂移的校准。此外，智能仪器还可通过软件和硬件的配合，及时判断仪器工作是否正常，如仪器发生故障，会自动报警，并提示用户仪器故障点在何处，即仪器具有自诊断功能，极大地方便了仪器的维护。

3. 具备复杂的运算和控制功能

微处理器的运算速度越来越快，运算能力越来越强，这就使智能仪器不仅能实现诸如PID这样的经典算法，而且还能实现诸如最优控制和最佳滤波等现代算法。例如，惯性导航中出现的捷联式系统，其本质就是用由计算机通过计算得到的数学平台来代替平台式系统中结构复杂、体积庞大的机械平台，从而使捷联式惯性导航系统具有可靠性高、体积小、重量轻、功耗低、维修方便、价格较低等一系列优点。

4. 友好的人机对话能力

智能仪器用键盘代替传统仪器的开关、旋钮等，具备输入功能强、操作简单、灵活等特点，方便人们使用。另外，智能仪器可根据需要采用 LED、LCD、CRT 等方式显示测量结果，具备显示清晰、直观、快速等能力。随着计算机技术发展，智能仪器可选择通过键盘(或鼠标)或 CRT 显示器等方式实现人机对话。

5. 单个仪器自动化水平高，多个仪器可构成自动测试系统

单个智能仪器，基本上可以完成键盘扫描、数据采集、信息传输及处理，以及测量结果显示及记录等环节，并在微处理器控制下按序执行。考虑到智能仪器通常带有通信接口，因此可根据需要选用智能仪器，将其各自的通信接口组成一个自动测试系统，完成测试任务。

1.1.3 智能仪器的设计原理

随着智能化检测的需求，研制与开发一台智能仪器通常需要经历一个复杂的过程，这一过程包括：分析仪器的功能要求和拟制总体设计方案，确定硬件结构和软件算法，研制逻辑电路和编制程序，以及仪器的调试和性能功能测试等。为保证仪器质量和提高研制效率，大多需要在正确的设计思想指导下才能进行仪器研制的各项工作。

1. 模块化设计

依据仪器的功能、精度要求和经济技术指标，自上而下(或由大到小)按仪器功能层次，把硬件和软件分成若干个模块，分别进行设计与调试，然后把它们连接起来进行总调，这就是设计仪器的最基本的思想。

首先，通常把硬件划分为主机、过程通道、人机交互部件、通信接口、传感器及工作电源等几个模块，按照模块进行设计。

其次，把软件划分成监控程序(包括初始化、键盘与显示管理、中断管理、时钟管理、自诊断等)、中断处理程序及各种测量和控制算法等功能模块。

最后，根据所设计的仪器的特殊性与特殊功能，将这些硬件和软件模块继续细分，由下一层次的更为具体的模块来支持和实现。

总体而言，这种模块化设计的优点是：无论硬件还是软件，每个模块都相对独立，故能独立地进行研制和修改，从而使复杂的研制工作得到简化。同时，模块化设计方式有助于研制工作的分解和设计研制人员之间的分工合作，从而提高工作效率和加快研制进度。

2. 模块的连接

上述各种软、硬件研制和调试之后，还需要将它们按一定的方式连接起来，才能构成完整的仪器，以实现既定的各种功能。

软件模块的连接一般是通过监控主程序调用各种功能模块，或采用中断的方法实时地执行相应服务模块来实现。

硬件模块连接方式有两种：

(1)以主机模块为核心，通过设计者自行定义的内部总线(数据总线、地址总线和控制总线)连接其他模块；其特点是由设计人员自行研制模板，电路结构简单，硬件成本低。

(2)以标准总线连接其他模块(例如 STD 总线等)，使得设计人员可选用商品化模块，配接灵活、方便，研制周期短，但硬件成本高。

1.1.4　智能仪器的需求分析

智能仪器是一种将微电子技术、微机械技术、信息技术等综合应用于检测的设备，它能够完成信号的采集，数字信号处理，控制信号的输出、放大，与其他仪器的接口，人机交互等功能。随着智能仪器的不断发展，其应用领域也在不断扩大，为了适合某个具体领域开发一款智能仪表，通常结合功能、经济性等要求进行开发，具体如下：

1. 针对具体应用，选择合理的微处理器

目前广泛流行的 8 位/16 位/32 位微处理器，尤其是性价比高的 8 位单片机，无论从功能还是从成本来看，都非常适合智能仪器的开发。这些微处理器具有 64kB 的寻址能力，对一般的智能仪器来说，已完全足够。特别值得一提的是，Intel 公司生产的 MCS-51 单片机功能强、可靠性高，至今仍占据 60% 以上的市场，用它作为智能仪器的核心部件时，具有以下优点：

(1)硬件结构简单。智能仪器中的一般要求是有大量的 I/O 口，并且需要有定时或计数功能，有的还需要通信功能。相比于其他 ARM 等芯片，MCS-5l 本身片内具有 16~32 位 I/O 线、两个 16 位定时器计数器，还有一个全双工串行口，基本上满足了仪器设计需求。

这样，在使用 MCS-51 后，将大大简化仪器仪表的硬件结构，降低仪器造价。

MCS-51 单片机是 Intel 公司的产品，而该公司生产的外围接口芯片种类很多，MCS-51 单片机可与 Intel 公司生产的各种接口芯片直接连接，系统扩充方便、容易，且接口逻辑电路十分简单。例如，同并行 I/O 口(8255、8155 等)，计数器(8253)，键盘/显示器驱动接口(8279)、各种 A/D、D/A(ADC0809、DAC0832 等)，各种通信接口芯片如串行接口芯片(8251、8250 等)和 GP-IB 接口芯片(8291、9292、8293 等)，使用这些芯片可增强仪器仪表的性能，简化硬件结构。

(2)运算速度高。一般仪器仪表均要求在零点几秒内完成一个周期的测量、计算、输出操作。如测量仪器数据动态显示，即它们应能对测量对象的参数进行实时测量与显示，而一般人的反应时间小于 0.5s，故要求在 0.5s 内应完成一次测量显示；如要求采用多次测量取平均值，则速度要求更高。而不少仪器仪表的计算比较复杂，不仅要求有浮点运算功能，还要求有一些如函数库，实现指数、开方等运算。这就对智能仪器中的微机的运算能力提出了较高的要求。而 MCS-51 的时钟可达 12MHz，且其大多数运算指令执行时间仅为 1μs，并具有硬件乘、除法指令，运算速度高。这使得它可进行高速的运算，以完成仪器仪表所需要的运算功能。

(3)控制功能强。智能仪器的测量过程和各种测量电路均由微处理器来控制，一般这些控制端均为一根 I/O 线，如启动 A/D 测量控制、A/D 测量完成标志等。由于 MCS-51 具有布尔处理功能，包括一整套位处理指令、位控制转移指令和位控制 I/O 功能，这使得它特别适用于仪器仪表的控制。

2. 设计程序的结构

智能仪器与计算机一样，是执行命令的机器。在智能仪器中，命令常来自键盘和 GP-IB 接口。监控程序的任务是接受、分析并执行来自这两方面的命令。本书把接受和分析键盘命令的程序称为监控主程序，把接受和分析来自 GP-IB 接口命令的程序称为接口管理程序，把具体执行各种命令的程序称为命令处理子程序。

常用的程序设计技术有以下两种：

(1)模块法，是指把一个长的程序分成若干个较小的程序模块进行设计和调试，然后把各模块连接起来。在前文的介绍中，智能仪器监控程序总的可分为三大模块，即监控主程序、接口管理程序、命令处理子程序。命令处理子程序通常又可分为测试、数据处理、输入/输出、显示等子程序模块，由于程序分成一个个较小的独立模块，因而方便了编程、纠错和调试。

(2)"自顶向下"设计方法。研制软件有两种截然不同的方式，一种称为"自顶向下"(Top-down)法，另一种称为"自底向上"(Bottom-up)法。

所谓"自顶向下"法，概括地说，就是从整体到局部，最后到具体每一个细节。即先考虑整体目标，明确整体任务，然后把整体任务分成一个个子任务，子任务再分成更小单元的子任务，同时分析各子任务之间的关系，最后拟订各子任务的细节。

所谓"自底向上"法，就是先解决细节问题，再把各个细节结合起来，就完成了整体任务。"自底向上"是传统的程序设计方法，只需要从某个细节开始，对整个任务没有进行透彻的分析与了解，因此在设计某个模块程序时，很可能会出现原先没有预料到的新情况，导致已经设计好的程序模块需要修改或重新设计，造成返工，浪费时间。

结构程序(Structured Programming)设计是 20 世纪 70 年代起逐渐被采用的一种新型的程序设计方法，它不仅在许多高级语言中应用，如已有结构 Basic、结构 Fortran 等，而且基本结构同样适用于汇编语言的程序设计。结构程序设计的目的是使程序易读、易查、易调试，并提高编制程序的效率。通常，结构程序设计要求每个程序模块只能有一个入口、一个出口。这样一来，各个程序模块可分别设计，然后用最小的接口组合起来，将一个程序模块转移到下一个模块，这样程序调试、修改或维护就要容易得多。通常，人的复杂的程序由这些具有一个入口和一个出口的简单结构组成。

在结构程序设计中仅允许使用下列三种基本结构：

① 序列结构。这是一种顺序结构，在这种结构中程序被顺序连续地执行，如序列 $P_1 \rightarrow P_2 \rightarrow P_3$；计算机首先执行 P_1，其次执行 P_2，最后执行 P_3。这里 P_1，P_2，P_3 可为一条指令，也可为整个程序。

② If-then-else 结构为条件判断语句如图 1.3 所示。

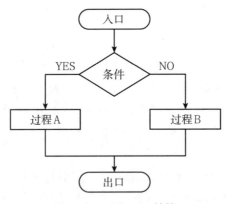

图 1.3　If-then-else 结构

③ 循环结构，即 Do-while 及 Repeat-until 结构。如图 1.4 所示，其中 Repeat-until 结构先执行过程后判断条件，而 Do-while 结构是先判断条件再执行过程，因而前者至少执行一次过程，而后者可能连一次过程也不执行。两种结构所取的循环参数的初值也是不同的。例如，若要进行 N 次循环，往下计数，到零时到达出口，则在 Repeat-until 结构中，循环参数初值取为 N；而在 Do-while 结构中，循环参数初值应取为 $N+1$。

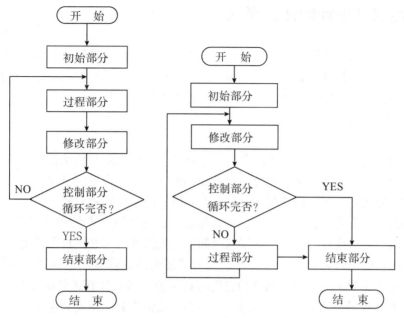

图 1.4 循环结构

另一种结构叫做选择结构，如图 1.5 所示。它虽然不是一种基本结构，但却被普遍地应用，在多种选择的情况下，常用这种结构。其中，I 是选择条件，S_0，S_1，…，S_n是指令或指令序列。这种结构虽然选择条件可能有 $n+1$ 种结果。但结构中任一 S 仍保持只有一个入口和一个出口。在键盘管理和智能仪器的监控程序中常采用这种结构。

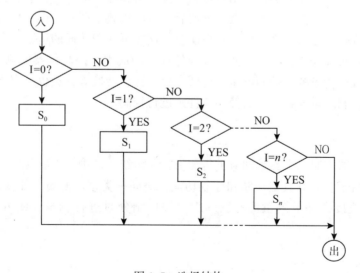

图 1.5 选择结构

1.2 智能仪器设计的注意事项

在智能仪器中由于采用了微处理器，不能再沿用传统的仪器设计方法，而应该按照微处理器的特点来进行设计，以充分利用微处理器的运算、存储和控制功能，达到简化模拟电路结构，提高仪器性能的要求。下面分几个方面来介绍设计智能仪器时应注意的问题。

1. 采用新颖测量方法

智能仪器使用微处理器后，由于它具有运算能力，可采用与传统仪器仪表完全不同的测量原理。要求在设计各种智能仪器时，首先必须选择最适合的测量原理，以充分利用微机的运算和控制功能，从而简化其他硬件电路，提高测量精度和仪器性能。一般来说，应先分析与被测参量有关的各种计算方法和计算公式，选择最基本的和最容易测量的参数，然后通过计算，得出所需的参数，如果只是简单地把微处理器装到仪器仪表中去，可能达不到提高仪器的性能价格比的要求，甚至失去了使用微处理器的优越性。例如智能电度表，就是先测出交流电的电压、电流和它们的相位差，然后计算正弦函数值和进行乘法，得出有功功率以及无功功率或功率因数，最后利用数值积分，可得到电度值。

2. 硬件软件化

在批量生产中，软件成本将大大低于硬件成本，故采用微处理器后，应尽量用软件来实现原来用硬件实现的功能。

例如，为了提高测量精度，由于传统仪器仪表全部采用模拟电路（只有显示部分可能采用数字显示），故对它们来说，只有改进模拟电路和使用的元器件质量才能实现。如果使用高精度低漂移运算放大器，采用特殊的测量电路和补偿电路等，能达到的精度仍是有限的，且成本也将大大提高。采用微处理器后，可使用数字调零、误差自动修正、非线性补偿、数字滤波等方法来提高精度，减少误差，这样可使用普通的运算放大器和廉价的传感器，用软件来实现误差补偿，从而大大降低仪器的成本，提高仪器的测量精度。又如，传统仪器中一般有大量测量控制电路，包括量程选择、转换等，这也可用软件来代替，即用 I/O 口直接控制测量电路，然后使用软件来进行控制。

3. 分时操作

一般一台仪器需对几个参数同时进行测量，在传统仪器中，需要几种测量电路。使用微处理器后，由于它具有数据存储和控制功能，对同一类型的测量，如使用一个 A/D 转换器与多路开关接到各个测量源，然后用软件控制分时进行测量，便可大大降低硬件成本。

4. 增强功能

传统仪器仪表一般只能完成单一功能，如电度表只能测量电功，要测量功率，则必须读出单位时间的转盘转数，再由人工计算得出。智能电度表可测母线电压、电流、功率因数、功率、电能等各种参数。如果再对电能进行累加，仪器内增加一个时钟，再编制一些软件，即可成为一台微机电功率测试仪。电功率测试仪目前价格还较高，所以在设计智能仪器时，应充分利用微处理器的计算和控制功能，尽可能增加各种功能，以提高产品的性能价格比，扩大仪器应用范围。

5. 简化面板结构

传统仪器的面板上开关繁多，结构复杂，使用和维修都比较困难，特别是有些直接控制模拟电路的机械开关，由于接线过长，会引起干扰，影响仪器的性能。采用微处理器后，应尽量使用模拟开关来代替机械开关，人工选择通过键盘或按键直接输入微处理器，再由微处理器通过程序来控制模拟开关。仪器的显示器也采用数字显示或 CRT 显示来代替电表指示。这样，可使设计出来的仪器外表美观，结构简单，操作使用方便。

第 2 章　微处理器 MCS-51 简介

单片机是一种集成的电路芯片，是采用超大规模集成电路技术把具有数据处理能力的中央处理器 CPU、随机存储器 RAM、只读存储器 ROM、多种 I/O 口和中断系统、定时器/计时器等功能(可能还包括显示驱动电路、脉宽调制电路、模拟多路转换器、A/D 转换器等电路)集成到一块硅片上而构成的一个计算机系统。目前，MCS-51 单片机是应用最广泛的微处理器，颇受用户的喜爱。本章以 MCS-51 单片机为核心，深入浅出地介绍智能仪器的核心部件。

2.1　MCS-51 内部结构

MCS-51 单片机是在一块大规模集成电路上集成了 CPU、ROM、RAM、定时器/计数器，以及 4×8 位并行 I/O、一个串行 I/O 线等一台微型机的基本部件，如表 2-1 所示，其内部的部件和特性如下：

(1)8 位 CPU，片内振荡器；

(2)4K 字节 ROM，128 字节 RAM；

(3)21 个特殊功能寄存器；

(4)32 根 I/O 口线；

(5)可寻址 64K 的外部程序、数据存储器空间；

(6)2 个 16 位的定时器/计数器；

(7)中断结构：具有 5 个中断源、2 个优先级嵌套中断结构；

(8)一个全双工串行口；

(9)位寻址功能，适于布尔处理。

由此可见，单片机的基本组成和一般微型计算机是相同的，不同的只是进行了单片集成化而已。

图 2.1 所示是 MCS-51 单片机的基本结构框图，其包括：中央处理器 CPU；内部数据存储器 RAM，用以存放可以读写的数据；内部程序存储器 ROM，用以存放程序指令或某些常数表格，4 个 8 位的并行 I/O 接口 P0、P1、P2 和 P3，每个口都可以用作输入或者输出；2 个(8051)或 3 个(8052)定时器/计数器，用作外部事件计数器，也可用来定时，根据计数或定时的结果进行各种控制；内部中断系统具有 5 个中断源、2 个优先级的嵌套中断结构，可实现二级中断服务程序嵌套，每一个中断源都可用软件程序规定为高优先级中

断或低优先级中断；一个串行接口电路，可用于异步接收发送器；内部时钟电路，但晶体和微调电容需要外接，最高允许的振荡频率为 12MHz。以上各部分通过内部总线相连接。

表 2-1   **MCS-51 系列单片机的主要品种和性能**

无 ROM	型号 ROM	EPROM	片内 ROM RAM	片外 ROM RAM	定时/ 计数器	串行 接口	中断源	8 位 I/O	特殊功 能特性
8031AH	8051AH	8751BH	4K 128	64K 64K	2×16 位	1 个	5	4	NMOS
8032AH	8052AH	8752BH	8K 256	64K 64K	3×16 位	1 个	6	4	NMOS
80C31B	80C51B	87C51	4K 128	64K 64K	2×16 位	1 个	5	4	CMOS
80C32	80C52	87C52	8K 256	64K 64K	3×16 位	1 个	6	4	CMOS
80C51FA	83C51FA	87C51FA	8K 256	64K 64K	3×16 位	1 个	7	4	PCA 阵列
80C51GA	83C51GA	87C51GA	4K 128	64K 64K	2×16 位	1 个	7	4	A/D, WDT, OFD

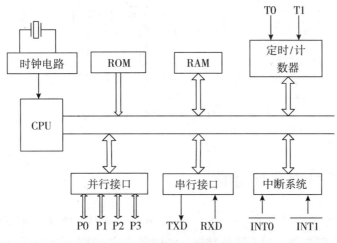

图 2.1   MCS-51 单片机的基本结构

在很多情况下，单片机还要和外部设备或外部存储器相连接，连接方式采用三总线（地址、数据、控制）方式。然而，在 MCS-51 单片机中，由于其没有单独的地址总线和数据总线，因此采用了 P0 口作为低 8 位地址线和 8 位数据线，P2 口则作为高 8 位地址线用，所以也是 16 条地址线和 8 条数据线。但是，一定要建立一个明确的概念，单片机内的地址线和数据线都不是独立的总线，而是与并行 I/O 口公用的，这是 MCS-51 单片机结构上的一个特点。

图 2.2 所示为 8051 单片机内部结构框图。与一般的微处理器相比，除了增加接口部分之外，基本结构相似。例如，图中的程序状态字寄存器 PSW 就相当于一般微处理器的标志寄存器。但也有一些不同的地方，如图中的数据指针寄存器 DPTR 是专门为指向 RAM 地址而设置的。尤其值得指出的是，图中除了寄存器 TMP 之外，其余各寄存器实际上都不是独立的寄存器，而只是内部数据 RAM 区的一部分。因此，要了解 8051 单片机的内部结构，还应了解其中的存储器结构，详见第 2.5 节。

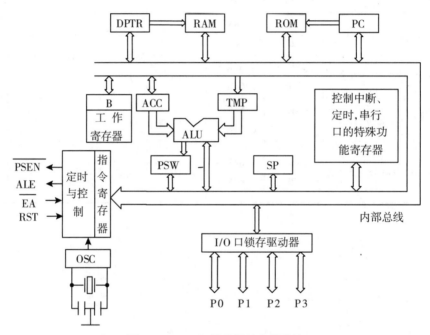

图 2.2　MCS-51 单片机的内部结构

2.2　MCS-51 引脚及其功能

MCS-51 单片机芯片共有 40 条引脚，其中 I/O 接口引脚 32 条、控制引脚 4 条、电源引脚 2 条、时钟引脚 2 条。只有熟练掌握这些引脚的功能、特点和使用方法，才能够正确地运用单片机，设计出性能优良的智能化仪器仪表。

HMOS 工艺制造的 MCS-51 单片机都采用 40 引脚双列直插封装（DIP）方式，CHMOS 工艺制造的 80C51/80C31 除采用 DIP 封装方式外，还采用方形封装方式。

如图 2.3 所示是 DIP 封装方式单片机的引脚配置图。许多引脚具有双重功能，其中有些第二功能是 8751 芯片所专有的。

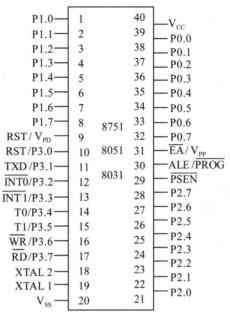

图 2.3 MCS-51 系列单片机引脚图

2.2.1 电源引脚

几乎所有的集成电路都需要提供电源才能工作。DIP40 封装的 MCS-51 单片机和大部分数字集成电路的电源引脚相似，右上角即 40 脚为正电源 V_{CC}，接+5V 工作电源，右下角即 20 脚为参考地 GND，必须做接地处理。

V_{SS}(20)：接地；

V_{CC}(40)：接+5V 电源。

MCS-51 单片机能够正常工作的电源电压范围为额定电压的±10%，即 4.5～5.5V 之间，记住这两点，对维修由单片机构成的智能仪器仪表会有所帮助。

2.2.2 输入/输出引脚

对单片机的控制，其实都是对 I/O 口的控制。MCS-51 单片机内部有 P0、P1、P2、P3 4 个 8 位双向 I/O 口，共 32 根 I/O 口线，用于位控制十分方便。

（1）P0 口——P0.0～P0.7(39～32)，芯片的第 32～39 引脚，根据设计需要，P0 口可以提供两种功能：

① 通用输入/输出接口；

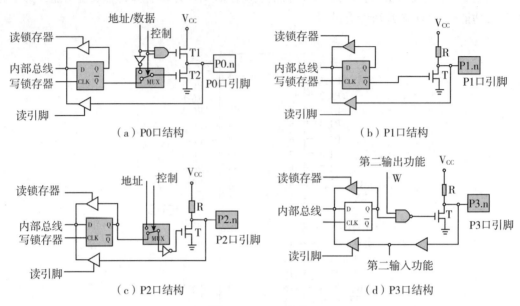

图 2.4 I/O 口结构

② 作为地址线/数据总线。

在应用系统不断扩展外部存储器或并行接口时，P0 口就是普通的输入/输出接口，但是由于其内部结构的不同，如图 2.4(a)所示，P0 口在做通用 I/O 口使用时，需要外接上拉电阻。

由图 2.4(a)可知，P0 口逻辑电路主要包括：由 D 触发器构成的锁存器，上拉场效应管 T1 和驱动场效应管 T2 组成的驱动电路，两个三态输入缓冲器以及由一个与门、一个非门和一个多路复用开关(MUX)组成的控制电路。

进一步，在控制信号作用下，由 MUX 实现锁存器输出和地址/数据线之间的接通转接，便可作为地址/数据总线使用。在访问外部程序存储器时，可分时用作低 8 位地址和 8 位数据线；在对 8751 编程和校验时，用于数据的输入和输出。P0 口能以吸收电流的方式驱动 8 个 TTL 负载。

(2)P1 口——P1.0~P1.7(1~8)，芯片的第 1~8 引脚，P1 口内部带有上拉电阻的通用双向 I/O 口，如图 2.4(b)所示，每只引脚均可当成输入脚或输出脚，能驱动(吸收或输出电流)4 个 TTL 负载。

(3)P2 口——P2.0~P2.7(21~28)，芯片的第 21~28 引脚，和 P0 口一样，如图 2.4(c)所示，P2 口每个引脚均可当作输入或输出，也具备第二功能，即地址/数据总线。不同的是，当使用 16 位地址对外部扩展存储器或并行接口芯片进行访问时，P2 口被用来输出地址的高 8 位，即做高 8 位地址总线。另外，P2 口自带了上拉电阻作为通用的双向 I/O 口，可以驱动(吸收或输出电流)4 个 LSTTL 负载。

(4)P3 口——P3.0~P3.7(10~17),芯片的第 10~17 引脚。P3 口也是内部具有上拉电阻的通用双向 I/O 口,如图 2.4(d)所示,也可以驱动 4 个 TTL 负载。此外,每条引脚都有各自的第二功能,以适应实际需要,例如串口通信、外部中断、外部数据存储器读写等。

2.2.3 时钟引脚

MCS-51 内部具有一个用于构成振荡器的高增益反相放大器,在使用单片机内部振荡电路时,XTAL1(19)和 XTAL2(18)这两引脚可用来外接石英晶体和微调电容,如图 2.5 (a)所示,其中,XTAL1 接反相振荡放大器的输入引脚,XTAL2 接反相振荡放大器的输出引脚。值得注意的是,在使用外部时钟时,则用来输入时钟脉冲,对 NMOS 和 CMOS 芯片接法不同,图 2.5(b)所示为 NMOS 芯片 8051 外接时钟。图 2.5(c)所示为 CMOS 芯片 80C51 外接时钟。

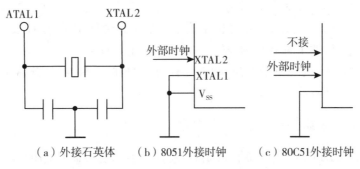

图 2.5 MCS-51 单片机的时钟接法

2.2.4 控制引脚

RST/V_{PD}(9):RST 是复位信号输入端。当此输入端保持两个机器周期(24 个振荡周期)的高电平,就可以完成复位操作。第二功能是 V_{PD},即备用电源输入端,当主电源发生故障,降低到规定的低电压以下时,V_{PD} 将为片内 RAM 提供备用电源,以保证存储在 RAM 中的信息不会丢失。

$\overline{PSEN}$(29):是外部程序存储器 ROM 的读选通信号。在执行访问外部 ROM 指令时,会自动产生 $\overline{PSEN}$ 信号;在访问外部数据存储器 RAM 或访问内 ROM 时,不产生 $\overline{PSEN}$ 信号。

$ALE/\overline{PROG}$(30):ALE 是地址锁存允许信号,在访问外部存储器时,用来锁存由 P0 口送出的低 8 位地址信号。在不访问外部存储器时,ALE 以振荡频率的 1/6 的固定速率输出脉冲信号。因此,它可用做对外输出的时钟。但要注意,只要外接有存储器,则 ALE

端输出的就不再是连续的周期脉冲信号了。第二功能$\overline{\text{PROG}}$是用于对 8751 片内的 EPROM 编程的脉冲输入端。

$\overline{\text{EA}}/\text{V}_{\text{PP}}(31)$：访问外部存储器的控制信号。当$\overline{\text{EA}}$为高电平时，访问内部程序存储器；但当程序计数器 PC 的值超过 0FFFH（对 8051/80C51/8751）或 1FFFFH（对 8052）时，将自动转向执行外部程序存储器内的程序。当$\overline{\text{EA}}$保持低电平时，则只访问外部程序存储器，不管是否有内部程序存储器。第二功能 V_{PP} 为对 8751 的片内 EPROM 的 21V 编程电源输入。

2.3　MCS-51 定时器/计数器

使用单片机有时需要定时检测某个参数或按照一定的时间间隔来进行某种控制，这可利用延时程序来实现，但是这样做是以降低 CPU 的效率为代价的。而如果能通过一个可编程的实时时钟来实现，就不会影响 CPU 的效率。另外，还有一些控制是按对某种事件的计数结果来进行的。因此，在单片机系统中，常用到硬件定时器/计数器。几乎所有的单片机内部都有这样的定时器/计数器，以简化系统的设计。

MCS-51 系列单片机的典型产品 8051 等有两个 16 位定时器/计数器 T0、T1，可用做定时器或外部事件计数器。

2.3.1　定时/计数器的结构及工作原理

MCS-51 单片机片内有两个 16 位的定时器/计数器，定时器 0（T0）和定时器 1（T1）。它们均可用做定时控制、延时以及对外部事件的计数及检测。定时器/计数器的结构如图 2.6 所示。

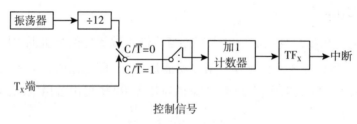

图 2.6　定时器/计数器结构图(x=0，1)

由图 2.6 可见，定时器/计数器的核心是一个加 1 计数器。16 位的定时器/计数器分别由两个 8 位的专用寄存器组成，即 T0 由 TH0 和 TL0 构成，T1 由 TH1 和 TL1 构成。地址顺序依次是 8AH~8DH。这些寄存器用来存放定时或计数初值，每个定时器都可以由软件设置成定时工作方式或计数工作方式。这些功能都是由定时器方式寄存器 TMOD 设置，由定时器控制寄存器 TCON 控制的。

　　当定时器工作在计数方式时，外部输入信号加到 T0(P3.4)或 T1(P3.5)端，由外部输入信号的下降沿触发计数，计数器在每个机器周期的 S5P2 期间采样外部输入信号。若一个周期的采样值为1，下一个周期的采样值为0，则计数器加1，故识别一个从1到0的跳变需 2 个机器周期。所以，对外部输入信号最高的计数速率是晶振频率的 1/24。同时，外部输入信号的高电平与低电平保持时间均需大于一个机器周期。

　　当定时器/计数器工作在定时方式时，加 1 计数器每一个机器周期加 1，直至计满溢出。

　　一旦定时器/计数器被设置成某种工作方式后，它就会按设定的工作方式独立运行，不再占用 CPU 的操作时间。直到加 1 计数器计满溢出，定时器/计数器才向 CPU 申请中断。

2.3.2　定时/计数器的工作方式

　　定时器/计数器是一种可编程的部件，在其工作之前，必须将控制字写入工作方式和控制寄存器，用以确定工作方式，这个过程称为定时器/计数器的初始化。

1. 工作方式寄存器 TMOD

TMOD 用于控制 T0 和 T1 的工作方式，其各位定义见表 2-2。

表 2-2

T1 方式字段				T0 方式字段			
D7	D6	D5	D4	D3	D2	D1	D0
GATE	$C/\overline{T}$	M1	M0	GATE	$C/\overline{T}$	M1	M0

　　(1)M1、M0：工作方式控制位，可构成如表 2-3 所示的 4 种工作方式。

表 2-3　　　　　　　　　　　　定时器的方式选择

M1	M0	功 能 说 明
0	0	方式 0，为 13 位定时器/计数器
0	1	方式 1，为 16 位的定时器/计数器
1	0	方式 2，为常数自动重新装入的 8 位定时器/计数器
1	1	方式 3，仅适用于 T0，分为两个 8 位计数器

　　(2)$C/\overline{T}$：计数工作方式/定时工作方式选择位。

$C/\overline{T}=0$，设置为定时工作方式；$C/\overline{T}=1$，设置为计数工作方式。

（3）GATE：选通控制位。

GATE = 0，只要用软件对 TR0（或 TR1）置 1 就启动了定时器；

GATE = 1，只有 $\overline{INT0}$（或 $\overline{INT1}$）引脚为 1，且用软件对 TR0（或 TR1）置 1，才能启动定时器工作。

TMOD 的所有位整机复位后消 0。TMOD 不能位寻址，只能用字节方式设置工作方式。

2. 控制寄存器 TCON

TCON 用于控制定时器的启动、停止以及标明定时器的溢出和中断情况。TCON 各位的含义见表 2-4。

表 2-4

TCON	8FH	8EH	8DH	8CH	8BH	8AH	89H	88H
(88H)	TF1	TR1	TF0	TR0	IE1	IT1	IE0	IT0

TF1：定时器 1 溢出标志，T1 溢出时由硬件置 1，并申请中断，CPU 响应中断后，又由硬件清 0。TF1 也可由软件清 0。

TF0：定时器 0 溢出标志，功能与 TF1 相同。

TR1：定时器 1 运行控制位，可由软件置 1 或清 0 来启动或停止 T1。

TR0：定时器 0 运行控制位，功能与 TR1 相同。

IE1：外部中断 1 请求标志。

IE0：外部中断 0 请求标志。

IT1：外部中断 1 触发方式选择位。

IT0：外部中断 0 触发方式选择位。

TCON 中的低 4 位用于中断工作方式，这方面内容在讲述中断的章节中再详细讨论。当整机复位后，TCON 中的各位均为 0。

由上节可知，TMOD 中的 M1、M0 具有 4 种组合，从而构成了定时器/计数器的 4 种工作方式，这 4 种工作方式中除了方式 3 以外，其他 3 种工作方式的基本原理都是一样的。下面分别介绍这 4 种工作方式的特点及工作情况。

1）工作方式 0

T0 在工作方式 0 的逻辑结构如图 2.7 所示，在这种工作方式下，16 位的计数器（TH0 和 TL0）只用了 13 位构成 13 位定时器/计数器。TL0 的高 3 位未用，当 TL0 的低 5 位计满时，向 TH0 进位，而 TH0 溢出后对中断标志位 TF0 置 1，并申请中断。T0 是否溢出，可用软件查询 TF0 是否为 1。

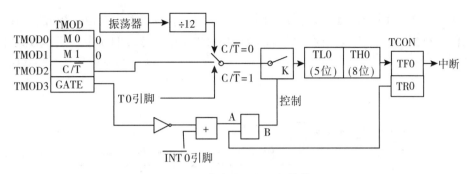

图 2.7　工作方式 0 的逻辑结构图

图 2.7 中，$C/\overline{T}=0$，控制开关接通内部振荡器，T0 对机器周期加 1 计数，其定时时间为：

$$t = (2^{13} - T0\ \text{初值}) \times \text{机器周期}$$

当 $C/\overline{T}=1$ 时，控制开关接通外部输入信号，当外部输入信号电平发生从"1"到"0"的跳变时加 1，计数器加 1，即处于计数工作方式。

当 GATE $=0$ 时，$\overline{INT0}$ 被封锁，且仅由 TR0 便可控制 T0 的开启和关闭。

当 GATE $=1$ 时，T0 的开启与关闭取决于 $\overline{INT0}$ 和 TR0 相与的结果，即只有当 $\overline{INT0}=1$ 和 TR0 $=1$ 时，T0 才被开启。

2）工作方式 1

T0 在工作方式 1 的逻辑结构如图 2.8 所示。由图可见，它与工作方式 0 的差别仅在于工作方式 1 是以 16 位计数器参加计数，且定时时间为：

$$t = (2^{16} - T0\ \text{初值}) \times \text{机器周期}$$

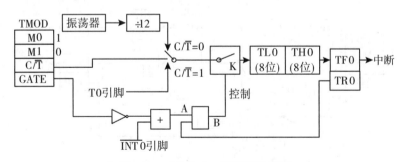

图 2.8　工作方式 1 的逻辑结构图

3）工作方式 2

T0 在工作方式 2 的逻辑结构图如图 2.9 所示。定时器/计数器构成一个能重复置初值的 8 位计数器。在工作方式 0、工作方式 1，若用于重复定时计数，则每次计满溢出后，计数器变为全 0，故还得重新装入初值。而工作方式 2 可在计数器计满溢出时自动装入初值，工作方式 2 把 16 位的计数器拆成两个 8 位计数器。TL0 用作 8 位计数器，TH0 用来保存初值，每当 TL0 计满溢出时，可自动将 TH0 的初值再装入 TL0 中。工作方式 2 的定时时间为：

$$t = (2^8 - \text{T0 初值}) \times \text{机器周期}$$

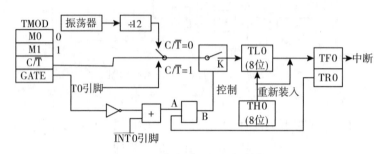

图 2.9　工作方式 2 的逻辑结构图

4）工作方式 3

工作方式 3 的逻辑结构图如图 2.10 所示。该工作方式只适用于定时器/计数器 T0。T0 在工作方式 3 被拆成两个相互独立的计数器，其中，TL0 使用原 T0 的各控制位、引脚和中断源；C/T̄、GATE、TR0、INT0 而和 TF0；而 TH0 则只能作为定时器使用，但它占用 T1 的 TR1 和 TF1，即占用了 T1 的中断标志和运行控制位。

一般在系统需增加一个额外的 8 位定时器时，可设置为工作方式 3，此时，T1 虽仍可定义为工作方式 0、工作方式 1 和工作方式 2，但只能用在不需中断控制的场合。

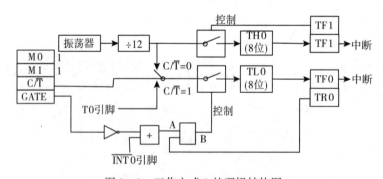

图 2.10　工作方式 3 的逻辑结构图

2.4　MCS-51 中断

单片机与外部设备交换信息一般采用两种方式：查询方式或中断方式。由于中断方式具有提升 CPU 效率，适合于实时控制系统等优点，因此更为常用。

中断系统也就是中断管理系统。所谓中断，即 CPU 暂时终止当前正在执行的程序而转去执行中断服务子程序。

常见的中断类型有以下三种：

屏蔽中断：也称为直接中断，是通过指令使中断系统与外界隔开，使外界发来的中断请求不起作用，不引起中断。这是常见的一种中断方式。

非屏蔽中断：这是计算机一定要处理的中断方式，不能用软件来加以屏蔽。这种中断方式一般用于掉电等紧急情况。

软件中断：这是一种用指令系统中专门的中断指令来实现的一种中断。一般用于程序中断点的设置，以便于程序的调试。

引起中断的原因，或是能发出中断申请的来源，称为中断源。单片机系统可以接受的中断申请一般不止一个，对于这些不止一个的中断源进行管理，就是中断系统的任务。这些任务一般包括：

(1)对于中断申请的开放或屏蔽，也叫开中断或关中断。这是 CPU 能否接受中断申请的关键。只有在开中断的情况下，才有可能接受中断源的申请。中断的开放或关闭可以通过指令来实现，MCS-51 单片机没有专门的开中断和关中断指令，但可以通过别的指令来控制中断的开或关闭。

(2)中断的排队。如果是多中断源系统，在开中断的条件下，如果有若干个中断申请同时发生，就需要决定先对哪一个中断申请进行响应，这就是中断优先级的问题，也就是要对各个中断源做一个优先的排队，单片机先响应优先级别高的中断申请。

(3)中断的响应。单片机在响应了中断源的申请时，应使 CPU 从主程序转去执行中断服务子程序，同时要把断点地址送入堆栈进行保护，以便在执行完中断服务子程序后能返回到原来的断点，继续执行主程序。中断系统还要能确定各个被响应中断源的中断服务子程序的入口。

(4)中断的撤除。在响应中断申请以后，返回主程序之前，中断申请应该撤除，否则就等于中断申请仍然存在，这将影响对其他中断申请的响应。MCS-51 单片机只能对一部分中断申请在响应之后自动撤除，这一点在使用中一定要注意。

MCS-51 单片机的中断系统从面向用户的角度来看，就是若干个特殊功能寄存器：定时器控制寄存器 TCON、中断允许寄存器 IP、中断优先级寄存器 IE、串行口控制寄存器 SCON，其中，TCON 和 SCON 只有一部分位是用于中断控制。通过对以上各特殊功能寄存器各位的置位或复位，可实现各种中断控制功能。

MCS-51 单片机是个多中断源系统。对 8051 单片机来说，有 5 个中断源，即两个外部中断，两个定时器/计数器中断和一个串行口中断。对 8052 单片机来说有三个定时器/计数器，因此它还多一个定时器/计数器 2 中断。

2.4.1 外部中断

外部中断有电平触发和边沿触发两种形式，由特殊功能存储器 TCON 的 IT0 及 IT1 位控，TCON 既参与中断控制，又参与定时控制，格式如表 2-5 所示。

表 2-5　　　　　　　　　　　　　　　　TCON 寄存器控制位

位地址	D7	D6	D5	D4	D3	D2	D1	D0
位符号	TF1		TF0		IE1	IT1	IE0	IT0

其中，各控制位的含义如下：

IT0：选择外中断的中断触发方式，IT0 = 0 时为电平触发方式，低电平有效。IT0 = 1 时为负边沿触发方式，$\overline{INT0}$ 脚上的负跳变有效。IT0 的状态可以用指令来置位或复位。

IE0：外中断 $\overline{INT0}$ 的中断申请标志。当检测到 $\overline{INT0}$ 上存在有效中断申请时，由硬件使 IE0 置位。当 CPU 转向中断服务程序时，由硬件清"0"。

IT1：选择外中断 $\overline{INT1}$ 的触发方式(功能与 IT0 类似)。

IE1：外部中断 $\overline{INT1}$ 的中断申请标志(功能与 IE0 类似)。

TF0：定时器 0 溢出中断申请标志。当定时器 T0 溢出时，由内部的硬件将 TF0 置 1，而当转向中断服务程序时，也由硬件将 TF0 置 0，从而清除定时器 0 的中断申请标志。

TF1：定时器 1 溢出中断申请标志(功能与 TF0 相同)。

可见，定时器溢出中断和外部中断申请在被 CPU 响应之后能够自动撤除。

2.4.2　串口中断

串行口的中断请求标志位由可位寻址串行口控制寄存器 SCON 的 D1 和 D0 位来设置，SCON 的字节地址为 98H，其中各位都可以位寻址，位地址为 98H~9FH，如表 2-6 所示。

表 2-6　　　　　　　　　　　　　　　　SCON 寄存器控制位

位地址	9FH	9EH	9DH	9CH	9BH	9AH	99H	98H
位符号	SM0	SM1	SM2	REN	TB8	RB8	TI	RI

其中各控制位的含义如下：

TI：串行口发送中断标志，当发送完一帧串行数据后置位，但必须由软件清除。

RI：串行口接收中断标志，其意义与 TI 类似。串行口的中断申请标志是由 TI 和 RI 相或以后产生的。只要 TI 或者 RI 被置位，CPU 就被认为存在串行口中断申请。

可见，串行口中断申请在得到 CPU 响应之后不会自动撤除。另外，要注意，串行口中断标志是不能由硬件自动清除的，需要在中断服务程序中通过指令清零，才能将串行口中断标志复位。

2.4.3　定时器中断

定时器/计数器的核心为加法计数器，当定时器/计数器 T0 或 T1 发生定时或计数溢出时，由硬件置位 TF0 和 TF1，向 CPU 申请中断，CPU 响应中断后，会自动使 TF0 或 TF1 清"0"。

2.5 MCS-51 存储器

图 2.11 所示为 MCS-51 系列单片机的存储器结构图。在物理上，它有 4 个存储空间：片内程序存储器和片外程序存储器，片内数据存储器和片外数据存储器。从使用者的角度来看，它有 3 个存储器地址空间：片内外统一的 64kB 的程序存储器，128B（对 51 子系列）或 256B（对 52 子系列）的内部数据存储器，以及 64kB 的外部数据存储器。在访问这几个不同的存储器时，应采用不同形式的指令。此外，CPU 的控制器专门提供一个控制信号$\overline{EA}$用来区分内部 ROM 和外部 ROM 的公用地址：当$\overline{EA}$接高电平时，单片机从片内 ROM 的 4kB 字节存储器区取指令，而当指令地址超过 0FFFH 后，就自动的转向片外 ROM 取指令；当$\overline{EA}$接低电平时，所有的取址操作均对片外程序存储器进行。程序存储器某些单元是保留给系统使用的：0000~0002H 单元是所有执行程序的入口地址，复位后 CPU 总是从 0000H 单元开始执行程序；0003~002AH 单元均匀地分为 5 段，用于 5 个中断服务程序的入口，用户程序不应进入这一区域。

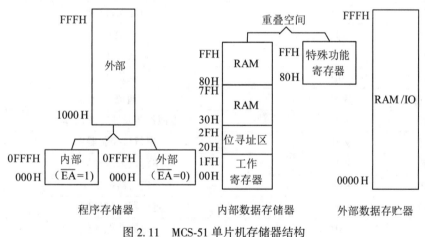

图 2.11 MCS-51 单片机存储器结构

数据存储器 RAM 也有 64kB 的寻址区，在地址上是与 ROM 重叠的。MCS-51 单片机通过不同的信号来选通 ROM 和 RAM。当从外部 ROM 中取指令时，采用选通信号$\overline{PSEN}$；而从外部 RAM 中读写数据时，则采用读写信号$\overline{RD}$和$\overline{WR}$来选通，因此不会因地址重叠而发生混乱。在某些特殊的应用场合，需要执行存放在数据存储器 RAM 内的程序，这时，可采用将$\overline{PSEN}$和$\overline{RD}$信号作逻辑与的方法，将 8051 单片机的外部程序存储器和数据存储器空间合并，通过逻辑与操作产生一个低电平有效的读选通信号，用于合并的存储器空间寻址。

　　MCS-51 系列单片机的片内 RAM 虽然字节数不很多，但却起着十分重要的作用。256 个字节被分为两个区域：00～7FH 是真正的 RAM 区，可以读写各种数据；80～FFH 是专用寄存器（SFR）区。51 系列单片机安排了 21 个特殊的功能寄存器，52 系列单片机则安排了 26 个功能寄存器。每个寄存器均为 8 位（一个字节），所以，实际上，这 128 个字节并未全部去掉。表 2-7 所示为 8051 单片机特殊功能寄存器地址及符号表。表中带"＊"号的为可位寻址的特殊功能寄存器。

表 2-7　　　　　　　　　　　　　8051 单片机特殊功能寄存器一览表

符号	地址	注　　释
＊ACC	E0H	累加器
＊B	F0H	乘法寄存器
＊PSW	D0H	程序状态字
SP	81H	堆栈指针
DPL	82H	数据存储器指针（低 8 位）
DPH	83H	数据存储器指针（高 8 位）
＊IE	A8H	中断允许寄存器
＊IP	B8H	中断优先寄存器
＊P0	80H	通道 0
＊P1	90H	通道 1
＊P2	A0H	通道 2
＊P3	B0H	通道 3
PCON	87H	电源控制及波特率选择
＊SCON	98H	串行口控制器
SBUF	99H	串行数据缓冲器
＊TCON	88H	定时器控制
TMOD	89H	定时器方式选择
TL0	8AH	定时器 0 低 8 位
TH0	8BH	定时器 0 高 8 位
TL1	8CH	定时器 1 低 8 位
TH1	8DH	定时器 1 高 8 位

　　针对片内的 RAM 的低 128 字节（00～7FH），其还可以分为三个区域。从 00～1FH 安排了四组工作寄存器，每组占用 8 个字节，记为 R0～R7。在某一时刻，CPU 只能使用其中任意一组工作寄存器，究竟选择哪一组工作寄存器，由程序状态字寄存器 PSW 中的两位 RS0 和 RS1 决定，见表 2-8。

表 2-8   **RS1、RS0 与工作寄存器组的关系**

RS1	RS0	工作寄存器组
0	0	0 组(00~07H)
0	1	1 组(08~0FH)
1	0	2 组(10~17H)
1	1	3 组(18~1FH)

    工作寄存器的作用相当于一般微处理器中的通用寄存器,单片机的这一特点使之在编程时带来了极大的方便。第二区域是位寻址区,占用地址 20~2FH,共 16 个字节 128 位。这个区域除了可以作为一般的 RAM 单元进行读写之外,还可以对各个字节的每一位进行操作,并且对这些位都规定了位地址,详见图 2.12。

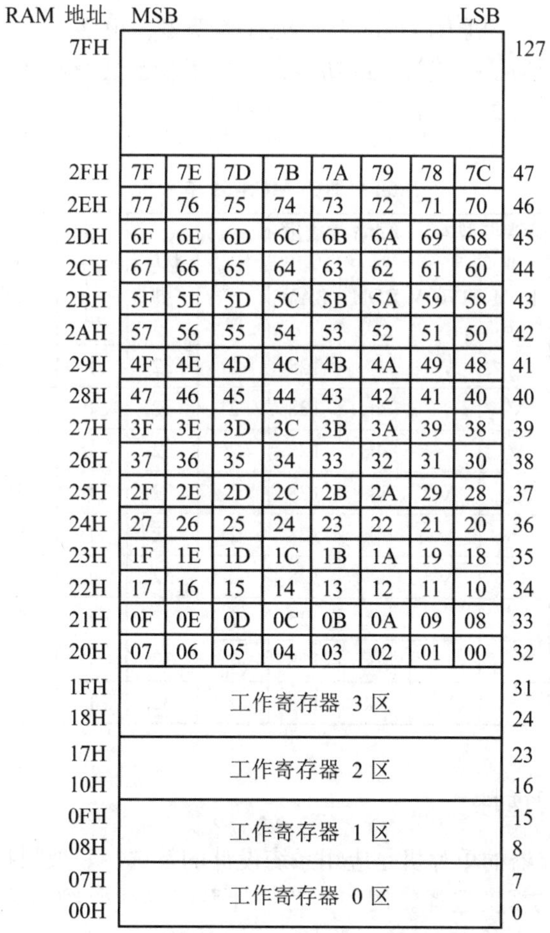

RAM 地址	MSB							LSB	
7FH									127
2FH	7F	7E	7D	7B	7A	79	78	7C	47
2EH	77	76	75	74	73	72	71	70	46
2DH	6F	6E	6D	6C	6B	6A	69	68	45
2CH	67	66	65	64	63	62	61	60	44
2BH	5F	5E	5D	5C	5B	5A	59	58	43
2AH	57	56	55	54	53	52	51	50	42
29H	4F	4E	4D	4C	4B	4A	49	48	41
28H	47	46	45	44	43	42	41	40	40
27H	3F	3E	3D	3C	3B	3A	39	38	39
26H	37	36	35	34	33	32	31	30	38
25H	2F	2E	2D	2C	2B	2A	29	28	37
24H	27	26	25	24	23	22	21	20	36
23H	1F	1E	1D	1C	1B	1A	19	18	35
22H	17	16	15	14	13	12	11	10	34
21H	0F	0E	0D	0C	0B	0A	09	08	33
20H	07	06	05	04	03	02	01	00	32
1FH 18H	工作寄存器 3 区								31 24
17H 10H	工作寄存器 2 区								23 16
0FH 08H	工作寄存器 1 区								15 8
07H 00H	工作寄存器 0 区								7 0

图 2.12 8051 单片机内 RAM 位地址

27

对于需要进行按位操作的数据，可以存放在这个区域。第三个区域就是一般的 RAM，地址为 30~7FH，共 80 个字节。所以，留给用户使用的片内 RAM 单元并不多，对于 52 系列单片机，片内多安排了 128 个字节的 RAM 单元，地址也为 80~FFH，与 SFR 区地址重叠，但在使用时，可通过指令加以区别。表 2-9 给出了内部 RAM 中的各个单元，其都可以通过其地址来寻找，而对于工作寄存器，则一般直接使用 R0~R7 表示；对于特殊功能寄存器，也是用其符号名较为方便。对于 SFR 区中可位寻址的特殊功能寄存器，可用"寄存器名 . 位"来表示，如"ACC.1"和"PSW.3"等。

2.6　MCS-51 单片机应用选型

通过前面的讲解，我们已经初步了解了 MCS-51 单片机的内部结构、引脚功能和特点。为了帮助用户更好地面向应用，下面将从功能、存储容量等几个方面描述如何选择单片机。

2.6.1　功能的选择

目前，以 MCS-51 单片机为内核的单片机种类繁多，很多厂家购买 MCS-51 单片机内核的同时，在产品中增加了一些特定的功能，形成了功能各具特色的与 MCS-51 内核兼容的单片机产品系列，如表 2-9 所示。

表 2-9　　　　　　　　　　　　　　Intel 公司的 MCS-51 单片机

| 型号 | 无 ROM | 存储器类型 | | | 存储器数量 | | 定时/计数器 | I/O 脚 | 串行口 | 外部中断 | 速度（MHz） | 其他特点 | 封装 |
		OTP 或 Flash	ROM	EPROM	ROM	RAM							
8031AH	√					128	2	32	1	5	12		40
8051AH			√		4k	128	2	32	1	5	12		40
8051AHP			√		4k	128	2	32	1	5	12		40
8751H				√	4k	128	2	32	1	5	12		40
8751H-8				√	4k	128	2	32	1	5	12		40, 44
8751BH				√	4k	128	2	32	1	5	12		40, 44
8032AH	√				4k	128	2	32	1	5	12		40
8052AH			√		4k	128	2	32	1	5	12		40, 44
8752BH				√	4k	128	2	32	1	5	12		40

2.6.2　存储容量的选择

内部带有程序存储器的单片机是应用系统设计的首选，一般根据估算的系统所需要存储容量，按预留 50%的裕度选择。例如，若估计系统的代码约需要 4kB 存储容量，在选择时，应该选择 6kB 以上的 MCS-51 处理器，如 89C52。

具体指标见表 2-10~表 2-13。

表 2-10　**Philips** 公司 80C51 系列单片机

型号	存储器类型				存储器数量		定时/计数器	I/O脚	串行口	中断	速度(MHz)	其他特点	封装
	无ROM	Flash	ROM	EPROM	ROM	RAM							
83C75011			√		1K	64	1	19		2	40		24,28
87C750				√	1K	64	1	19		2	40		24,28
83C751			√		2K	64	1	19	1	2	16		24,28
87C751				√	2K	64	1	19	1	2	16		24,28
83C752			√		2K	64	1	21	1	2	16		28
87C752				√	2K	64	1	21	1	2	16		28
80C31	√				4K	128	2	32	1	2			40,44
80C51			√		4K	128	2	32	1	2			40,44
87C51				√	4K	128	2	32	1	2			40,44
80CL31	√				4K	128	2	32	1	10	16		40,44
80CL51			√		4K	128	2	32	1	10	16		40,44
80C32	√				8K	256	3	32	1	2	33		40,44
89C52		√			8K	256	3	32	1	2	33		40,44
80C52			√		8K	256	3	32	1	2	33		40,44
87C52				√	8K	256	3	32	1	2	33		40,44
80C550			√		4K	128	3	32	1	2	16	WDT,AD	68,80

续表

型号	存储器类型				存储器数量			定时/计数器	I/O 脚	串行口	中断	速度(MHz)	其他特点	封装
	无 ROM	Flash	ROM	EPROM	ROM	RAM								
87C550				√	4K	128	3	32	1	2	16	WDT,AD	
83C550			√	√	4K	128	3	32	1	2	16	WDT,AD	
80C552			√		8K	256	4	48	2	2		I²C,WDT,AD,PWM	68,80
83C552				√	8K	256	4	48	2	2		I²C,WDT,AD,PWM	68,80
87C552				√	8K	256	4	48	2	2		I²C,WDT,AD,PWM	68,80
80C592			√		16K	512	4	48	2	10	16	CAN,WDT	68
83C592				√	16K	512	4	48	2	10	16	CAN,WDT	68
87C592				√	16K	512	4	48	2	10	16	CAN,WDT	68
83CE559				√	48K	2048	4	48	2	2	16	I²C,WDT,低干扰	80
87LPC762		√			2K	128	2	18	I²C,UART	12	20		20
87LPC764		√			4K	128	2	18	I²C,UART	12	20		20

续表

型号	存储器类型				存储器数量		定时/计数器	I/O脚	串行口	中断	速度(MHz)	其他特点	封装
	无ROM	Flash	ROM	EPROM	ROM	RAM							
87LPC767		✓			4K	128	2	18	I²C, UART	12	20	A/D(8位,4路)	20
87LPC768		✓			4K	128	2	18	I²C, UART	12	20	A/D(8位,4),PWM	20
87LPC769		✓			4K	128	2	18	I²C, UART	12	20	A/D(8位,4路),DAC	20
89C591		✓			16K	512	3	32	I²C, UART	15	12	A/D(8位,4路),CAN	40,44
80C591			✓		16K	512	3	32	I²C, UART	15	12	A/D(8位,4路),CAN	40,44
89C66x					16~64K	1024~2048							44
89C554		✓			16K	512	3	48	I²C, UART	15	16	A/D(8位,4路),低电压	64
80C554			✓		16K	512	3	48	I²C, UART	15	16	A/D(8位,4路),低电压	64

表 2-11　Seimens 公司 80C51 系列的单片机

型号	存储器类型				存储器数量		定时/计数器	I/O 脚	串行口	外部中断	速度 (MHz)	其他特点	封装
	无ROM	Flash	ROM	EPROM	ROM	RAM							
C501G-L	✓				8K	256	3	32	1	6	40		
C501G-1R			✓		8K	256	3	32	1	6	40		
C501G-E			✓	✓	16K	256	3	32	1	6	40		
C504-L	✓				16K	512	4	32	1	12	40	A/D,PWM,WDT	
C504-2R			✓		16K	512	4	32	1	12	40	A/D,PWM,WDT	
C504-E				✓	16K	512	4	32	1	12	40	A/D,PWM,WDT	
C513A-L	✓				8K	256	3	32	2	7	12		
C513-1R		✓			8K	256	3	32	2	7	12		
C513A-R		✓			8K	256	3	32	2	7	12		
C513A-2R			✓		8K	512	3	32	2	7	12		
C505L-4E				✓	32K	512	3	46	1	12	20	A/D,CAN,PWM,WDT	
C505C-L	✓				16K	512	3	34	1	12	20	A/D,CAN,PWM,WDT	
C505L-2R		✓			16K	512	3	34	1	12	20	A/D,LCD,PWM,WDT	
C505A-4E				✓	32K	1280	3	34	1	12	20	CAN,PWM,WDT	

续表

型号	存储器类型					存储器数量		定时/计数器	I/O 脚	串行口	外部中断	速度 (MHz)	其他特点	封装
	无 ROM	Flash	ROM	EPROM	ROM	ROM	RAM							
C515-L	√					8K	256	3	48	1	12	20	A/D, PWM, WDT	
C515-1R		√				8K	256	3	48	1	12	20	A/D, PWM, WDT	
C515A-L	√					32K	1280	3	48	1	12	24	A/D, PWM, WDT	
C515-4R			√			32K	1280	3	48	1	12	24	A/D, PWM, WDT	
C515C-L	√					64K	2304	3	49	2	15	10	A/D, CAN, PWM, WDT	
C515C-8R			√			64K	2304	3	49	2	15	10	A/D, CAN, PWM, WDT	
C515C-8E				√		64K	2304	3	49	2	15	10	A/D, CAN, PWM, WDT	
C517A-L	√					32K	2304	4	56	2	17	24	A/D, PWM, WDT	
C517A-4R			√			32K	2304	4	56	2	17	24	A/D, PWM, WDT	
C509-L							3328	5	64	2	19	16	PWM, WDT	

表 2-12　华邦公司 W78C51 及 W77C51 系列的部分单片机

型号	存储器类型			存储器数量		定时/计数器	I/O 脚	串行口	中断	速度 (MHz)	其他特点	封装
	无 ROM	Flash	EPROM	ROM	RAM							
W78C31B	√			4K	128	2	32	1	5	40		40,44
W78C51D		√		4K	128	2	32	1	5	40		40,44
W78E51B			√	4K	128	2		1	5/7	40	WDT,/INT3	40,44
W78L51		√		4K	128	2	32/36	1	7	24	WDT,/INT2,/INT3	40,44
W78L32	√				256	3	32	1	6	24		
W78C32B	√			8K	256	3	32	1	6	40		
W78C52D		√		8K	256	3	32	1	6	40		40,44
W78E52B			√	8K	256	3	32	1	6/8	40	WDT,/INT3	40,44
W78LE52												
W78C33B	√			16K	256	3	32/36	1	6	40		
W78C54		√		16K	256	3	32/36	1	6	40		40,44
W78E54B			√	16K	256	3	32/36	1	6/8	40	WDT,/INT3	40,44

续表

| 型号 | 存储器类型 | | | 存储器数量 | | | 定时/计数器 | I/O 脚 | 串行口 | 中断 | 速度(MHz) | 其他特点 | 封装 |
	无 ROM	Flash	EPROM	ROM	RAM							
W78L54		√		16K	256	3	32/36	1	8	40	WDT,/INT2,/INT3	40,44
W78C58		√		32K	256	3	36	1	6	40		
W78E58B			√	32K	256	3	32/36	1	6/8	40	ISP,/INT3	40,44
W78E858			√	32K	768	3	32/36	1	6/8	40	ISP,/INT3,128EEPROM,4PWM	40,44
W78C516		√		64K	256	3	36	1	6	40		
W78E516B			√	64K	512	3	32/36	1	6/8	40	ISP,/INT3	40,44
W78E365			√	64K	1280	3	32/36	1	6/8	40	ISP,/INT3,WDT,PWM	40,44
W77C32	√				1K+256	3	36	1	12	40	Dual,UARY,WDT	
W77E58			√	32K	1K+256	3	36	2	12	40/25	Dual,UARY,WDT	
W77LE558			√	32K	1K+256	3	36	2	12	40/25	Dual,UARY,WDT	

表 2-13　　ATMEL 公司 89C51 系列部分单片机

型号	存储器类型			存储器数量			定时/计数器	I/O 脚	串行口	中断	速度(MHz)	其他特点	封装
	无 ROM	OTP 或 Flash	EPROM	ROM	RAM							
AT80F51		√		4K	128	2	32	1	5			
AT87F51		√	√	4K	128							
AT89C51		√	√	4K	128	2	32	1	5	33		40,44
AT89LV51			√	4K	128	2	32	1	5	16	低电压	40,44
AT89F51			√	4K	128	2	32	1	5			40,44
AT89LS51				4K	128	2	32	1	5	33	ISP	40,44
AT80C5112						2				60	WDT,低电压	16,24
AT83C5103		√		12K		2				16	SPI,低电压	
AT83C5111			√							66	WDT,低电压	
AT89C51ED2				64K+2K	128	2		1		40	SPI,WDT,ISP	44,68,64
AT80F52		√	√	8K								
AT87F52				8K	256	3	32	1	6			
AT89C52			√	8K	256	3	32	1	6	33		40,44
AT89LV52			√	8K	256	3	32	1	6	16		40,44
AT89LS53			√	12K								

续表

| 型号 | 存储器类型 | | | 存储器数量 | | 定时/计数器 | I/O脚 | 串行口 | 中断 | 速度(MHz) | 其他特点 | 封装 |
	无ROM	OTP或Flash	EPROM	ROM	RAM							
AT89LV53				12K							低电压	
AT89C55		√		20K								
AT89LV55			√	20K		3				12	低电压	40,44
AT89S8252			√	8K+2K						24		40,44
AT89LS8252			√	8K+2K						24		
AT89C1051			√	1K	128	2		1		24		20
AT89C2051			√	2K	128	2		1		25		20
AT89C4051				4K	128	2		1		26		20

第3章 智能仪器软件开发环境搭建及仿真

智能仪器课程是一门多学科且实践性很强的课程，为了能够快速掌握智能仪器开发，需要在学习过程中建立起必要的实践教学环境，只有这样才能变抽象为具体，从而起到由兴趣引导学习，在学习中进一步培养兴趣的作用，达到学中做、做中学、边学边做、边做边学的良性学习效果。

本章我们将详细介绍 Proteus 和 Keil μVersion 这两款软件的初步使用方法。

3.1 Proteus 仿真软件简介

Proteus 是英国 Labcenter Electronics 公司开发的一款电路仿真软件，能够实时仿真包括单片机、ARM 在内的多种微处理器系统，是目前世界上比较先进和完整的嵌入式系统硬件和软件仿真平台，可以实现数字电路、模拟电路及微控制器系统与外设的混合电路系统的电路仿真、软件仿真、系统协同仿真和 PCB 设计等功能，是目前能够对各种处理器进行实时仿真、调试与测试的 EDA(Electronic design automation，电子设计自动化)工具之一。

Proteus 软件由两部分组成：一部分是智能原理图输入系统 ISIS(Intelligent Schematic Input System)和虚拟模型系统 VSM(Virtual Model System)；另一部分是高级布线及编辑软件 ARES(Advanced Routing and Editing Software)，用于设计印刷线路板(PCB)。

3.1.1 软件特点

本书介绍 Proteus 软件的版本为 V7.5，和其他版本比较，该版本支持的仿真器件多，功能强大，易于上手，下面介绍其特点。

1. 智能原理图设计

(1)具有丰富的器件库：可仿真元器件数量超过 8000 种，并且可方便地创建和添加新元件。

(2)智能的器件搜索：通过模糊搜索，可以快速定位所需要的器件。

(3)智能化的连线功能：自动连线功能使连接导线简单快捷，缩短了绘图时间。

(4)支持总线结构：使用总线器件和总线布线功能，使电路设计更加简明清晰。

(5)可输出高质量图纸：通过个性化设置，可以生成印刷质量的 BMP 图纸，可以方便地供 Word、PowerPoint 等多种文档使用。

2. 完善的仿真功能

(1)ProSPICE 混合仿真:基于工业标准 SPICE3F5,实现数字/模拟电路的混合仿真。

(2)超过 8000 个仿真器件:可以通过内部原型或使用厂家的 SPICE 文件自行设计仿真器件,Labcenter 也在不断地发布新的仿真器件,还可导入第三方发布的仿真器件。

(3)多样的激励源:包括直流、正弦、脉冲、分段线性脉冲、音频(使用 wav 文件)、指数信号、单频 FM、数字时钟和码流,还支持文件形式的信号输入。

(4)丰富的虚拟仪器:13 种虚拟仪器供选择,面板操作逼真,如示波器、逻辑分析仪、信号发生器、直流电压/电流表、交流电压/电流表、数字图形发生器、频率计/计数器、逻辑探头、虚拟终端、SPI 调试器、I^2C 调试器等。

(5)生动的仿真显示:用色点显示引脚的数字电平,导线以不同颜色表示其对地电压大小,结合动态器件(如电机、显示器件、按钮)的使用,可以使仿真更加直观、生动。

(6)高级图形仿真功能:基于图标的分析功能,可以精确分析电路的多项指标,包括工作点、瞬态特性、频率特性、传输特性、噪声、失真、傅里叶频谱分析等,还可以进行一致性分析。

(7)独特的单片机协同仿真功能:

第一,支持主流的 CPU 类型,如 ARM7、8051/51、AVR、PIC10/12、PIC16/18、HC11、BasicStamp 等,CPU 类型随着版本升级还在不断增加。

第二,支持通用外设模型,如字符 LCD 模块、图形 LCD 模块、LED 点阵、LED 七段码显示模块、键盘/按键、直流/步进/伺服电机、RS232 虚拟终端、电子温度计等。

第三,实时仿真支持 UART/USART/EUSART 仿真、中断仿真、SPI/I^2C 仿真、MSSP 仿真、PSP 仿真、RTC 仿真、ADC 仿真、CCP/ECCP 仿真等。

第四,支持单片机汇编语言的编辑/编译/源码级仿真,内带 8051、AVR、PIC 的汇编编译器,也可以与第三方集成编译环境(如 IAR、Keil 和 WAVE 等)结合,进行高级语言的源码级仿真和调试。

3. 实用的 PCB 设计平台

(1)原理图到 PCB 的快速通道:原理图设计完成后,一键便可进入 ARES 的 PCB 设计环境,实现从概念到产品的完整设计。

(2)先进的自动布局/布线功能:支持无网格自动布线或人工布线,利用引脚交换/门交换可以使 PCB 设计更为合理。

(3)完整的 PCB 设计功能:最多可设计 16 层 PCB 板,包括 2 个丝印层、4 个机械层,灵活的布线策略供用户设置,自动进行设计规则检查。

(4)多种输出格式的支持:可以输出多种格式文件,包括 Gerber 文件的导入或导出,便于其他 PCB 设计工具的互转(如 Protel)和 PCB 板的设计和加工。

3.1.2　软件的运行环境及安装

1. Proteus 的运行环境

安装和运行 Proteus 软件时，对计算机的配置有如下要求：
(1)CPU 的主频在 200MHz 及以上。
(2)操作系统为 Windows 98/Me/2000/XP/7 或更高版本。
(3)磁盘空间不小于 64MB。
(4)内存不小于 64MB。

2. Proteus 的安装

Proteus 软件分为网络版和单用户版，网络版 Proteus 服务器端需要有一个硬件 USB 加密狗、一个 License Key 和一个 License Key Server。客户端与服务器端的认证和通信都是通过 Windows 的 DCOM 进行的。本书的讲解主要针对单用户版。

3.2　Proteus 软件的基本操作

3.2.1　Proteus ISIS 的编辑环境

1. 进入 Proteus ISIS

双击桌面上的 ISIS 7 Professional 图标或者单击屏幕左下方的"开始"→"程序"→"Proteus7 Professional"→"ISIS7 Professional"，出现如图 3.1 所示屏幕，表明正在进入 Proteus ISIS 集成环境。

图 3.1　Proteus 启动屏幕

2. Proteus ISIS 的工作界面说明

Proteus ISIS 的工作界面是一种标准的 Windows 界面，如图 3.2 所示。工作界面包括标题栏、主菜单、标准工具栏、绘图工具栏、状态栏、对象选择按钮、预览对象方位控制按钮、仿真进程控制按钮、预览窗口、对象选择器窗口、图形编辑窗口。

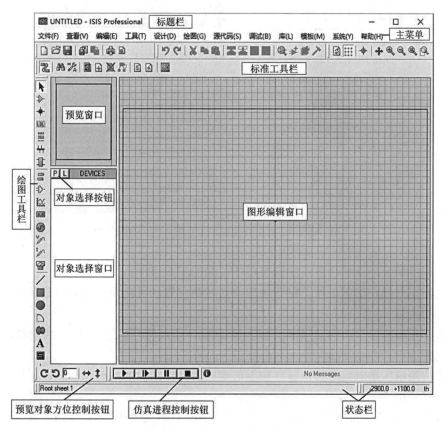

图 3.2　Proteus ISIS 的工作界面

1）图形编辑窗口

在图形编辑窗口内完成电路原理图的编辑和绘制。图形编辑窗口内有点状的栅格，可以通过 View 菜单的 Grid 命令实现打开和关闭的切换。点与点之间的间距由当前捕捉的设置决定。捕捉的尺度可以由 View 菜单的 Snap 命令设置，或者直接使用快捷键 F4、F3、F2 和 CTRL+F1，如图 3.3 所示。

若键入 F3 或者选中 View 菜单的 Snap 100th 命令，当鼠标在图形编辑窗口内移动时，坐标值是以固定的步长 100th 变化，称为捕捉。如果要确切地看到捕捉位置，可以使用 View 菜单的 X-Cursor 命令，选中后将会在捕捉点显示一个小的或大的"+"字。当鼠标指针指向器件管脚末端或者导线时，鼠标指针将会捕捉到这些物体，这种功能被称为实时捕捉（Real Time Snap）。实时捕捉功能可以方便地实现导线和管脚的连接。可以通过 Tools 菜单的 Real Time Snap 命令或者 CTRL+S 切换该功能，如图 3.4 所示。

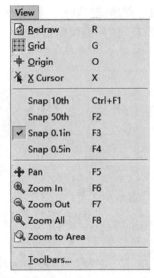

图 3.3　View 菜单项

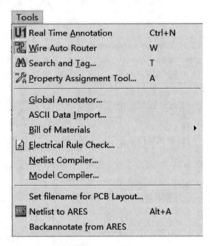

图 3.4　Tools 菜单项

可以通过如下步骤实现图形编辑窗口中视图的缩放操作：

首先，用鼠标左键单击预览窗口中想要显示的位置，可以使编辑窗口显示以鼠标单击处为中心的内容。

其次，在编辑窗口内移动鼠标，按下 Shift 键，用鼠标"撞击"边框，会使显示内容平移，我们把这称为 Shift-Pan。

然后，用鼠标指向编辑窗口，并按缩放键或者操作鼠标的滚动轮，会以鼠标指针位置为中心缩放显示。

最后，通过 View 菜单的 Zoom In（放大）、Zoom Out（缩小）、Zoom All（放大至适合屏幕）和 Zoom to Area（放大所选区域至适合屏幕）选项进行操作。

2）预览窗口

该窗口通常显示整个电路图的缩略图。在预览窗口上单击鼠标左键，将会有一个矩形蓝绿框标示出编辑窗口的显示区域。其他情况下，预览窗口显示将要放置的对象的预览图形。这种放置预览特性在下列情况下被激活：

（1）当一个对象在选择器中被选中；

（2）当使用旋转或镜像按钮时；

（3）当为一个可以设定朝向的对象选择类型图标时；

（4）当放置对象或者执行其他非以上操作时，放置预览会自动消失；

（5）对象选择器根据由图标决定的当前状态显示不同的内容，显示对象的类型包括：设备、终端、管脚、图形符号、标注和图形等；

(6)在某些状态下，对象选择器有一个 Pick 切换按钮，单击该按钮可以弹出库元件选取窗体。通过该窗体可以选择元件并置入对象选择器。

3)对象选择器窗口

对象选择窗口通过对象选择按钮，从元件库中选择对象，并置入对象选择器窗口，供绘图时使用，如图 3.5 所示。

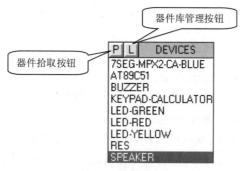

图 3.5 对象选择窗口

4)仿真工具栏

仿真工具栏提供仿真进程控制按钮，各控制按钮功能说明如图 3.6 所示。

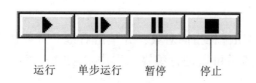

图 3.6 仿真工具栏及功能

5)绘图工具栏

绘图工具栏中提供了许多图标工具按钮，这些图标按钮对应的操作功能如图 3.7 所示。

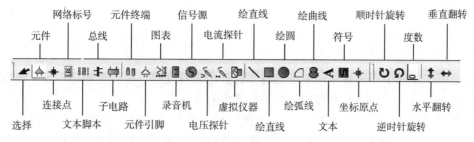

图 3.7 绘图工具栏及功能

6)其他工具栏

Proteus 的工作界面上还提供与其他 Windows 软件界面相似的标题栏、状态栏、菜单栏和快捷工具栏等，这些工具栏的功能和使用方法在此不再赘述。

3.2.2　Proteus ISIS 的基本操作

Proteus ISIS 提供了丰富的原理图绘制、编辑等操作功能，在此仅对一些基本操作加以讲解，其他复杂的操作可以参考相关资料，并在实践中不断地摸索和总结。

1. 对象放置操作

在绘图工作区中放置对象的步骤如下：

(1)根据对象的类别在工具箱选择相应模式的图标。

(2)根据对象的具体类型选择子模式图标。

(3)如果对象类型是元件、端点、管脚、图形、符号或标记，从对象选择器中选择所需要的对象的名字。对于元件、端点、管脚和符号，可能首先需要从库中调出元件，然后再进行选择。

(4)如果对象是有方向的，将会在预览窗口显示出来，可以通过预览对象方位按钮进行调整。

(5)鼠标指向编辑窗口并单击鼠标左键放置对象。

2. 选中对象操作

(1)在绘图工作区中用鼠标指向对象，并单击右键，可以选中该对象。该操作选中对象并使其高亮显示，然后可以进行编辑。选中对象时，该对象上的所有连线同时被选中。

(2)要选中一组对象，可以通过依次在每个对象处右击选中每个对象的方式；也可以通过右键拖出一个选择框的方式，但只有完全位于选择框内的对象才可以被选中。

(3)在空白处单击鼠标右键，可以取消所有对象的选择。

3. 删除对象操作

在绘图工作区中用鼠标指向选中的对象，单击右键，可以删除该对象。删除该对象的同时，也删除了对象的所有连线。

4. 拖动对象操作

在绘图工作区中用鼠标指向选中的对象，并用左键拖曳，可以拖动该对象。该方式不仅对整个对象有效，而且对对象中单独的标签也有效。

如果自动布线(Wire Auto Router)功能被激活，被拖动对象上所有的连线将会重新布线，这将花费一定的时间，尤其在对象有很多连线的情况下，这时鼠标指针将显示为一个沙漏。

如果误拖动一个对象，所有的连线都变成了一团糟，则可以使用恢复(Undo)命令撤销操作，恢复原来的状态。

5. 拖动对象标签操作

许多类型的对象有一个或多个属性标签附着。例如，每个元件有一个 Reference 标签和一个 Value 标签。可以很容易地移动这些标签，使电路图看起来更加美观。

移动标签的步骤如下：

(1)选中对象。

(2)用鼠标指向标签，按下鼠标左键。

(3)拖动标签到所需要的位置。如果想要定位得更精确，可以在拖动时改变捕捉的精度(使用 F4、F3、F2、CTRL+F1 键)。

(4)释放鼠标。

6. 调整对象大小操作

子电路、图表、线、框和圆可以调整大小。当选中这些对象时，对象周围会出现黑色小方块，称为"手柄"，可以通过拖动这些"手柄"来调整对象的大小。

调整对象大小的步骤如下：

(1)选中对象。

(2)如果对象可以调整大小，对象周围会出现"手柄"。

(3)用鼠标左键拖动这些"手柄"到新的位置，可以改变对象的大小。在拖动的过程中手柄会消失。

7. 调整对象方向操作

许多类型的对象可以调整朝向为 0°、90°、180°、270°和 360°，或通过 x 轴、y 轴镜像。当该类型对象被选中后，Rotation and Mirror 图标会由蓝色变为红色，然后就可以改变对象的朝向。

调整对象朝向的步骤如下：

(1)选中对象。

(2)用鼠标左键单击 Rotate Anti_Clockwise 图标，可以使对象逆时针旋转，用鼠标右键单击 Rotate Clockwise 图标，可以使对象顺时针旋转。

(3)用鼠标左键单击 X-Mirror 图标，可以使对象按 x 轴镜像，用鼠标右键单击 Y-Mirror 图标，可以使对象按 y 轴镜像。

8. 编辑对象属性操作

许多对象具有图形或文本属性，这些属性可以通过一个对话框进行编辑，这是一种很常见的操作，有多种实现方式。

编辑单个对象时，首先在对象上单鼠标右键选中对象，然后用鼠标左键单击对象，会弹出如图 3.8 所示的对象编辑窗口。

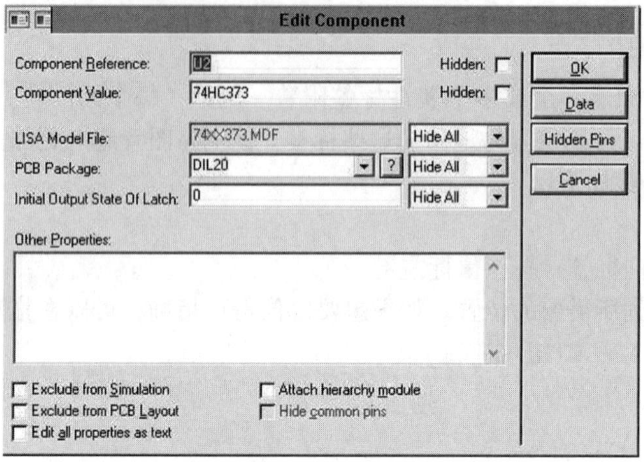

图 3.8　对象编辑窗口

需要修改的主要项目有：

Component Reference：元器件在原理图中的参考号，如 U1，U2，…。

ComponentValue：元器件参数，如电阻值 10k，20k，…。

Hidden：相对应的项是否在原理图中隐藏。

9. 拷贝多元件电路块操作

在设计中，往往有些电路块是重复的，这时可以采用电路块拷贝操作。拷贝由多个元件构成的电路快的方法如下：

(1)选中需要的对象。

(2)用鼠标左键单击"Copy Tagged Object"图标。

(3)把拷贝的轮廓拖到需要的位置，单击鼠标左键放置拷贝。

(4)重复步骤(3)，放置多个拷贝。

(5)单击鼠标右键结束。

当一组元件被拷贝后，标注自动重置为随机态，用来为下一步的自动标注做准备，防止出现重复的元件标注。

10. 移动多元件电路块操作

当绘制电路过程中需要移动多个元件构成的电路块时，可以采用移动电路块操作，具体操作捕捉如下：

(1)选中需要的对象。

(2)用鼠标单击 Move Tagged Object 图标。

(3)把电路块的轮廓拖到需要的位置，单击鼠标左键。

11. 画导线操作

Proteus 的智能化可以在想要画线的时候进行自动检测。当鼠标指针靠近一个对象的连接点时，鼠标指针处就会出现一个"✕"号，用鼠标左键单击元器件的连接点，移动鼠标(不用一直按着左键)，连接线会发生颜色改变(如由粉红色变成了深绿色)。如果想让软件自动确定连线路径，则只需左键单击另一个连接点即可。这就是 Proteus 的路线自动路径功能(简称 WAR)，如果只是在两个连接点用鼠标左键单击，WAR 将选择一个合适的路径。WAR 可通过使用快捷栏里的 WAR 命令按钮来关闭或打开，也可以在菜单栏的 Tools 菜单下找到这个图标。如果想自己决定走线路径，则只需在想要的拐点处单击鼠标左键即可。在此过程中的任何时刻，都可以按 Esc 或者单击鼠标的右键放弃画线。

12. 画总线及总线分支线操作

为了简化原理图，我们可以用一条导线代表数条并行的导线，这就是所谓的总线。点击工具箱的总线按钮，如图 3.7 所示，即可在编辑窗口画总线。

总线分支线是用来连接总线和元器件管脚的。为了与一般的导线相区分，通常用斜线来表示分支线。画好分支线后，还需要给分支线起个名字，即网络标号。放置网络标号的方法是，用鼠标单击工具栏中的 Wire Label 图标，在需要标注的分支线上单击鼠标左键，弹出如图 3.9 所示的窗口，在窗口中的 String 项填入命名的网络标号(如 AD0)，单击"OK"按钮即可。

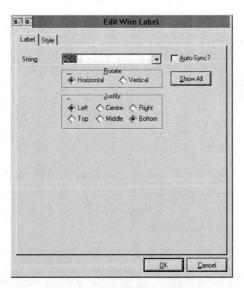

图 3.9　编辑网络标号窗口

前面所述内容仅是 Proteus 的最基本操作。接下来，我们设计一个简单的单片机控制红、绿发光二极管(LED)交替闪烁的电路，通过这个电路引导大家使用 Proteus 来绘制电路。

　　(1)建立新设计。运行 Proteus ISIS，单击菜单"File(文件)"→"New Design(新设计)"，弹出如图 3.10 所示的"Create New Design(创建新设计)"窗口，选择"DEFAULT"模板，单击"OK"按钮后，一个新设计窗体即被创建，如图 3.11 所示。保存文件名为"L2_1.DSN"。

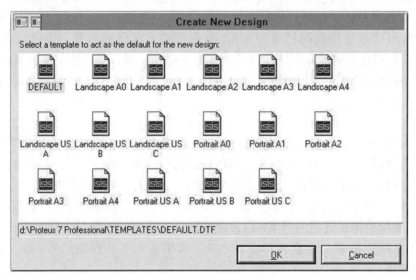

图 3.10　新建设计窗口

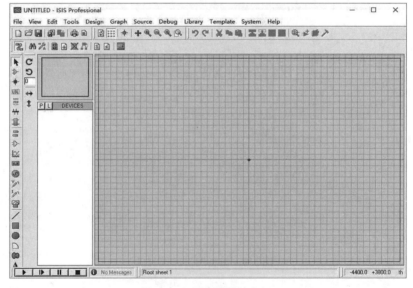

图 3.11　创建新设计窗口

（2）添加和放置元器件。在对象选择器窗体上单击"P"（器件拾取）按钮，或执行菜单命令"Library"→"Pick Device/Symbol"，添加如表 3-1 所示的元件。

表 3-1　　　　　　　　　　　　实例 L2_1 所用元件

序号	元件名称	元件性质	元件参数	所在库名称
1	AT89C51	单片机		Microprocessor ICs
2	CAP	瓷片电容	30pF	Capacitors
3	CRYSTAL	晶振	12MHz	Miscellaneous
4	RES	电阻	200Ω，10kΩ	Resistors
5	BUTTON	按钮开关		Switch&Relays
6	LED-RED	红色 LED		Optoelectronics
7	LED-YELLOW	黄色 LED		Optoelectronics
8	CAP-ELEC	电解电容	1μF	Capacitors

在对象选择器中，单击鼠标左键选择器件，然后在绘图工作区中单击左键，相应元器件便被放置在绘图工作区中，一一将上述元件摆放于工作区中，如果需要调整元件位置或改变参数，则可以通过上节所述的方法实现。放置完毕的原理图如图 3.12 所示。

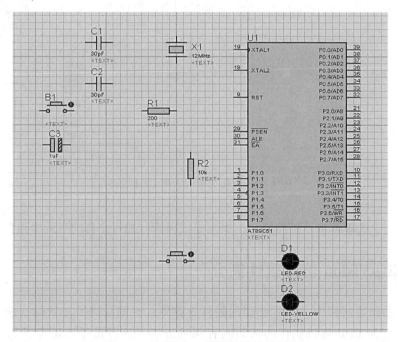

图 3.12　实例 L2_1 元器件放置后界面

（3）添加和放置电源与接地符号。电源和接地符号需要在工具箱的端子工具（Terminals Mode）中选择，其中"POWER"为电源，"GROUND"为地。需要说明的是，这里所选择的电源是"+5V"电源，如果需要其他电压等级的电源，需要在工具箱"Generators"中选择。

（4）连接电路。按照上文所述画导线的方法，将电路连接完整并保存，如图 3.13 所示。

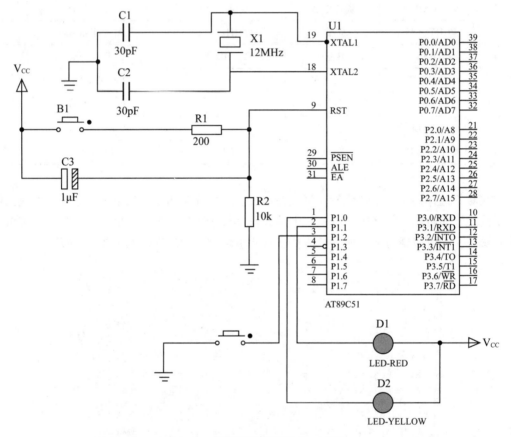

图 3.13　连接完整的实例 L2_1 电路

如此，一个简单的单片机控制红、绿发光二极管（LED）交替闪烁的电路便绘制完成。

3.3　Keil μVision 仿真软件简介

智能仪器研发过程中，除了必要的硬件支撑外，也同样离不开软件。编写的汇编语言源程序要变为 CPU 可以执行的机器码有两种方法：一种是手工汇编，另一种是机器汇编。

机器汇编是通过汇编软件将源程序汇编为机器码。不同微处理器的汇编软件不同。针对 MCS-51 单片机，早期的 A51 便是其中之一。

单片机开发软件也在不断发展，Keil 软件是目前最流行的 MCS-51 系列单片机开发软件之一。Keil C51 是美国 Keil Software 公司出品的针对 51 系列兼容单片机的 C 语言软件开发系统，其集成开发环境为 Keil C μVision。

Keil C μVision 提供了包括 C51 编译器、宏汇编、连接器、库管理和一个功能强大的仿真调试器等在内的完整开发方案。Keil C μVision 的运行环境要求如下：

(1) Pentium 或以上的 CPU；

(2) 16MB 以上内存；

(3) 20MB 以上硬盘空间；

(4) WIN 98/NT/WIN2000/XP 或以上操作系统。

掌握 Keil C μVision 软件的使用，对于采用 MCS-51 系列单片机构建智能化仪器仪表是十分必要的。由于大部分读者都学习过 C 语言程序设计的知识，那么采用 Keil C μVision 构建基于 51 单片机的软件开发环境就十分方便了。

前文介绍的 Proteus 软件主要用于构建智能仪器的硬件环境，本节介绍的 Keil 软件主要用于构建软件环境，两者还具有联合调试的功能，这样就可以构建一个智能仪器的虚拟开发平台。其方便易用的集成环境、强大的软件仿真调试功能将会使研发取得事半功倍的效果。

3.3.1 Keil μVision 的集成开发环境简介

1. 文件夹结构说明

安装程序复制开发工具到基本目录的各个子目录中。默认的基本目录是 C：\KEIL。表 3-2 列出的文件夹结构是包括所有 8051 开发工具的全部安装信息。如果需要将软件安装到其他文件夹，则需要在软件安装过程中调整路径名，以适应安装。

表 3-2   **Keil C51 文件夹结构**

文件夹路径及名称	内容描述
C：\KEIL\C51\ASM	汇编 SFR 定义文件和模板源程序文件
C：\KEIL\C51\BIN	8051 工具的执行文件
C：\KEIL\C51\EXAMPLES	示例应用文件
C：\KEIL\C51\RTX51	完全实时操作系统文件
C：\KEIL\C51\RTX_TINY	小型实时操作系统文件
C：\KEIL\C51\INC	C 编译器包含文件

续表

文件夹路径及名称	内容描述
C:\KEIL\C51\LIB	C 编译器库文件, 启动代码和常规 I/O 资源文件
C:\KEIL\C51\MONITOR	目标监控文件和用户硬件的监控配置文件
C:\KEIL\C51\UV2	普通 μVision2 文件

μVision IDE 是一个基于 Windows 的开发平台, 其中包含一个高效的编辑器、一个项目管理器和一个 MAKE 工具。

μVision 支持所有的 Keil 8051 工具, 包括 C 编译器、宏汇编器、连接/定位器、目标代码到 HEX 的转换器。μVision 通常具有以下主要特性:

(1) 全功能的源代码编辑器;

(2) 器件库用来配置开发工具;

(3) 项目管理器用来创建和维护项目;

(4) 集成的 MAKE 工具可以完成程序的汇编、编译和连接;

(5) 所有开发工具的设置都采用标准对话框形式;

(6) 真正的源代码级 CPU 和外围器件调试器;

(7) 高级 GDI(AGDI)接口用来在目标硬件上进行软件调试以及和 Monitor-51 进行通信功能。

2. μVision3 集成开发环境

μVision3 界面提供一个菜单、一个可以快速选择命令的快捷按钮工具栏, 还有源代码的显示与编辑窗口、对话框和信息显示窗口、项目工程窗口等。μVision3 集成开发环境的布局如图 3.14 所示。

采用 Keil 及 μVision 集成开发环境进行软件开发的流程, 本书主要以 MCS-51 单片机为例, 讲解智能化仪器仪表的组成。不论采用哪一种微处理器, 凡是用高级语言编写的程序, 最终都要转换成由二进制"0"和"1"构成的机器语言, 才能被微处理器所认知和执行。由于把机器语言全部记下来并进行相应的排列是非常困难的事情, 因此, 在智能化仪器仪表的开发过程中, 往往是先用易于理解的高级语言(例如 C51)编写程序, 然后再通过编译和连接转换成机器语言代码。

用带有 μVision 集成开发环境的 Keil 工具进行软件开发的流程如图 3.15 所示。

3.3.2　Keil μVision 调试环境的配置

Keil μVision 是一款功能强大的工具软件, 对于初学者来说, 有些过于庞杂而无从入手。这里结合上一节中用 Proteus 创建的用按钮控制点亮红色和绿色 LED 的实例, 引导读者学会使用 μVision3 创建属于自己的应用。

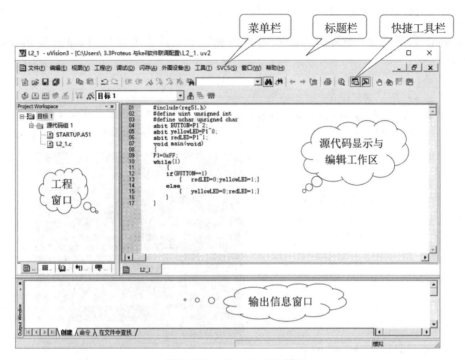

图 3.14　μVision3 IDE 界面

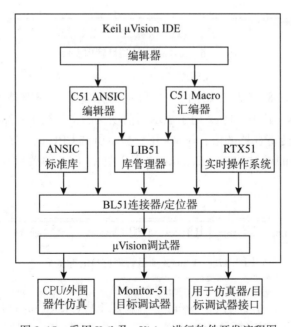

图 3.15　采用 Keil 及 μVision 进行软件开发流程图

1. 启动 μVision3 并创建一个项目

μVision3 启动以后，程序窗口的左边会出现一个项目管理窗口(Project Work-space)，如图 3.16 所示。

图 3.16　μVision3 的项目管理窗口

项目管理窗口的底部有 5 个如图 3.17 所示的标签页，分别是 Files、Regs、Books、Functions 和 Templates。其中，Files 用于显示当前项目的文件结构；Regs 用于显示 CPU 的寄存器及部分特殊功能寄存器的值；Books 用于显示所选 CPU 的附加说明文件；Functions 用于显示项目文件中的函数构成；Templates 用于显示 C51 的关键字，并提供快捷输入方式。

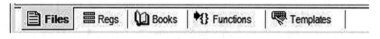

图 3.17　μVision3 项目管理窗口的标签页

(1)创建新项目。使用"工程(Project)"→"新建工程(New Project)"菜单创建一个新项目，弹出如图 3.18 所示创建新项目对话框。在"文件名"框中为新项目命名，默认的项目文件拓展名为". uv2"。为了与上一章中的实例电路相适应，将新项目命名为 L2_1. uv2。

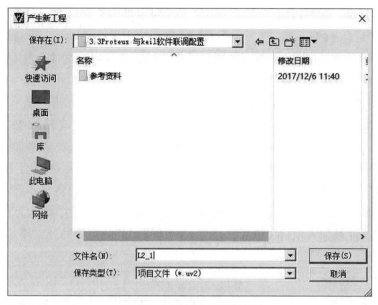

图 3.18 创建新项目对话框

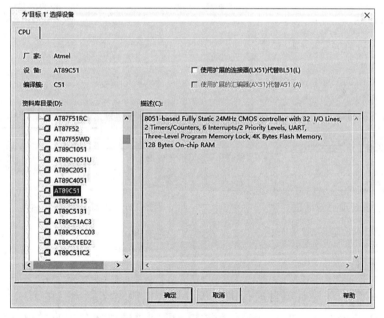

图 3.19 创建新项目对话框

单击"保存"按钮，弹出第二个对话框，如图 3.19 所示。这个对话框要求选择目标CPU，即用户使用的微处理器芯片型号，从图 3.19 可以看出，Keil 支持的 CPU 种类繁多，几乎所有目前流行芯片厂家的 CPU 型号都包括在内。这里我们选择 Atmel 公司生产的 AT89C51 单片机。选好以后，单击"确定"，返回主界面，此时在项目管理窗口的文件页中，出现了"目标 1(Targets1)"，前面有"+"号，单击"+"号展开，可以看到下一层的"源代码组 1(Source Group1)"，这时的项目还是空的，里面一个文件也没有，需要手动将已经编写好的源程序加入项目中。

　　(2)为项目添加文件。单击"源代码组 1(Source Group1)"使其高亮显示，然后，单击鼠标右键，弹出如图 3.20 所示的下拉菜单。选中其中的"添加文件到组'源代码组 1'(Add files to Group'Source Group1')"，将弹出另一个对话框，要求添加源文件，如图 3.21 所示。选择已经编写好的源程序 L2_1.c。添加完成后，在项目管理窗口中的"SourceGroup1"下面将显示出"L2_1.c"，单击"L2_1.c"，源代码将显示在源代码显示与编辑窗体中，如图 3.22 所示。注意，该对话框下面的"文件类型"默认为 C 语言源文件(∗.c)，一个文件被加入项目中以后，还可以继续添加其他需要的源文件。

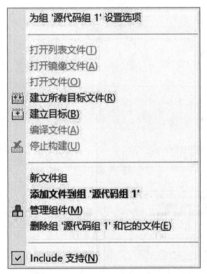

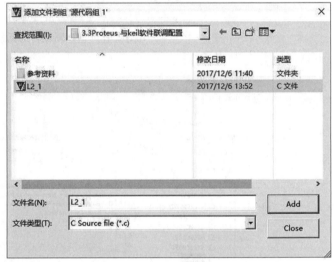

图 3.20　创建新项目对话框　　　　　　　　图 3.21　添加源文件对话框

2. 项目设置

　　项目建立好后，需要对项目进行进一步设置，以满足实际项目的要求。项目设置在"目标选项设置(Options for Target)"对话框中。可以通过快捷菜单直接进入"目标选项设置(Options for Target)"对话框，也可以通过右键单击项目管理窗口中"目标 1(Target1)"，在弹出菜单中选择进入。"目标选项设置(Options for Target)"对话框如图 3.23 所示。

　　"目标选项设置(Options for Target)"对话框由 10 个页面构成，绝大部分的设置取系统默认值即可。下面针对需要设置的页面内容加以简单的描述。

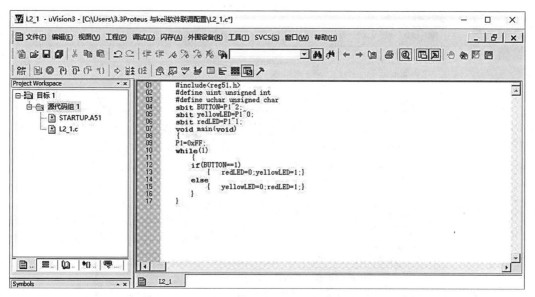

图 3.22　添加源文件后的用户界面

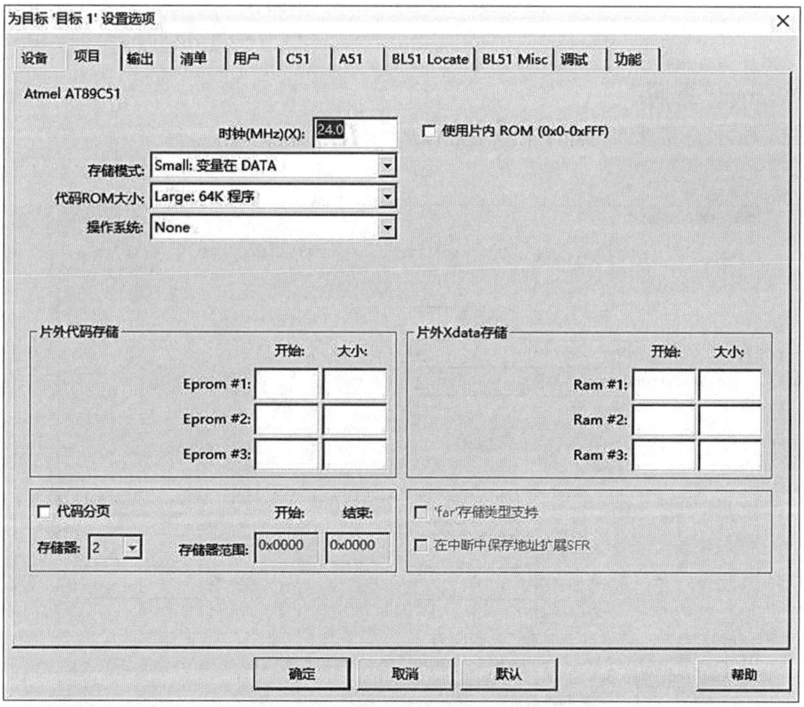

图 3.23　项目设置对话框

1)设备(Device)页面

如图 3.24 所示,主要用于选择应用系统所用的微处理器型号。

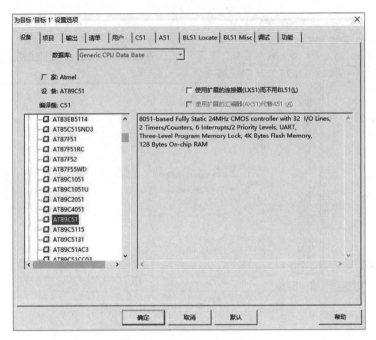

图 3.24　设备(Device)页面

2) 项目(Target) 页面

如图 3.25 所示, 需要设置的主要包括以下内容:

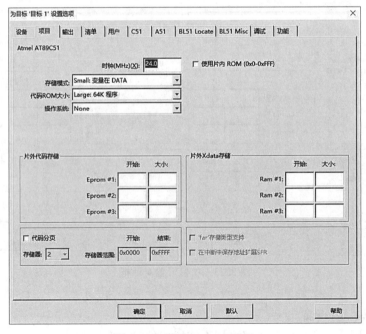

图 3.25　项目(Target)页面

（1）时钟（Xtal）：后面的数值是晶振频率值，默认值是所选择目标微处理器的最高可用频率值，该数值与最终产生的目标代码无关，仅用于软件模拟调试时显示程序执行时间。正确设置该参数值，可使显示时间与实际所用时间一致，一般将其设置为实际开发的硬件所选用的晶振频率。

（2）存储模式（Memory Model）：用于设置 RAM 的使用范围，有 3 个项目供选择，"Small"表示所有变量都在微处理器内部 RAM 中；"Compact"表示可以使用一页外部扩展 RAM；"Large"表示可以使用全部外部扩展 RAM。

（3）代码 ROM 大小（Code ROM Size）：用于设置 ROM 空间的使用。选择"Small"模式时，只使用低于 2kB 的程序空间；选择"Compact"模式时，单个函数的代码不能超过 2kB，但整个程序可以使用 64kB 的全部程序空间；选择"Large"模式时，可用全部 64kB 程序空间。

（4）操作系统（Operating）：操作系统选择。一般情况下不使用操作系统，可以保持默认值"None"。

（5）片外代码存储（Off_ chip Code Memory）：用于确定系统扩展 ROM 的地址范围。

（6）片外 Xdata 存储（Off_ chip XData Memory）：用于确定系统 RAM 的地址范围这些选择项必须根据所用硬件来决定。

3）输出（Output）页面

如图 3.26 所示，由于 Proteus 仿真选件需要装载的是 HEX 文件，因此在本页面中需要选择"创建 HEX 文件 HEX 格式（Create HEX file）"选项，生成的可执行文件名一般和项目文件名一致。

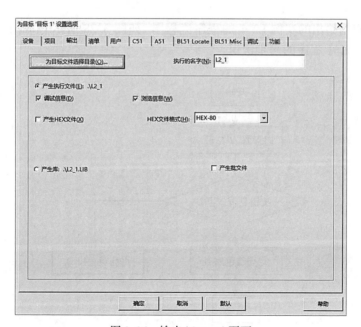

图 3.26　输出（Output）页面

4）调试（Debug）页面

如图 3.27 所示，本页面的大部分选项可以保持默认设置，需要注意的是，在与 Proteus 进行联合调试时，必须对使用的"调试工具（Use）"选项进行重新设置。

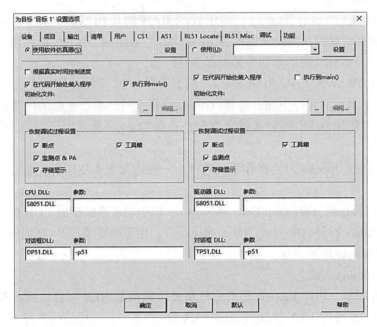

图 3.27　调试（Debug）页面

下面我们根据给出的实例 L2_1 的程序流程图（如图 3.28 所示）和源代码尝试编写程序，以建立起对 C51 程序的初步认识。

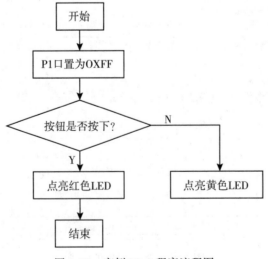

图 3.28　实例 L2_1 程序流程图

实例 L2_1 C51 源程序：

```
#include<reg51.h>
#define uint unsigned int
#define uchar unsigned char
sbit BUTTON = P1^2;
sbit yellowed = P1^0;
sbit redLED = P1^1;
void main(void)
{
    P1 = 0xFF;
    while(1)
    {
        if(BUTTON = =1)
        {redLED = 0;yellowed = 1;}
    else
      {yellowLED = 0;redLED = 1;}
    }
}
```

3. 编译与连接

项目建立并设置好以后，就可以对项目进行编译了。如果一个项目包含多个源程序文件，而仅对某一个文件进行了修改，则不用对所有文件进行编译，仅对修改过的文件进行编译即可。编译可以通过"工程(Project)"菜单进行操作，如图 3.29 所示，也可以通过快捷工具栏中的快捷按钮操作，如图 3.30 所示。

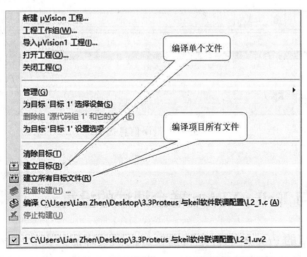

图 3.29　通过"工程(Project)"菜单进行编译

图 3.30　通过快捷按钮进行编译

如果源程序没有语法错误，将生成 Proteus 软件所需要的 HEX 文件；如果源程序有语法错误，则需要进一步修改和重新编译，直到排除所有语法错误。每次编译的错误信息将显示在 IDE 界面下方的输出窗口中，如图 3.31 所示。

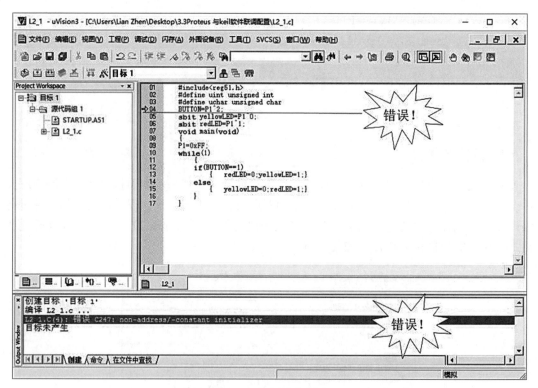

图 3.31　错误信息提示

3.4　Proteus 与 Keil μVision 联合调试的设置

在前两节中介绍的 Proteus 软件是目前较好的微处理器仿真软件，Keil 则在软件模拟调试方面具有明显的优势。虽然由 Keil 或第三方编译器生成的 HEX 文件可以加载到

Proteus 设计的硬件微处理器中进行软硬件联合调试，但是若想实现第三方编译器与 Proteus 结合进行单步调试等，则是极其困难的。Proteus 和 Keil μVision 均提供了与第三方调试软件的接口功能，经过简单的设置，便可以实现二者的联合调试。

要想实现 Proteus 和 Keil μVision 的联合调试，需要对两个软件进行必要的设置。实践中我们发现，不同的 Proteus 和 Keil μVision 版本的设置过程略有不同。下面分别以 Proteus 6.7 以下和 Proteus7.0 以上版本为例加以介绍。

3.4.1 Proteus6.7 与 Keil μVision 的联合调试设置

(1) 安装 Proteus6.7 或以下版本和 Keil C51 μVision2 软件。其中，Keil 的默认安装路径为 C：\ KEIL。

(2) 将 C：\ Program Files \ Labcenter Electronics \ Proteus6 Professiona1 \ MO-DELS \ 目录下的 VDM51. dll 文件复制到 C：\ Keil \ C51 \ BIN 文件夹下。这里的路径都是安装时默认的，可以根据实际安装的目录进行修改。

(3) 用记事本打开 Keil 根目录下的 TOOLS. INI 配置文件，在 [C51] 栏目下加入 TDRV8 = BIN \ VDM51. DLL("Proteus VSM Simulator")，其中"TRV8"中的"8"要根据实际情况改写，不要和原来的重复。修改后的 TOOLS. INI 配置文件如图 3.32 所示。

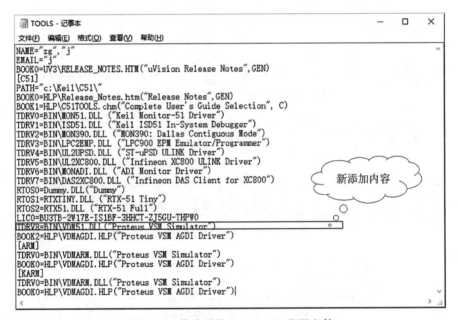

图 3.32 修改后的 TOOLS. INI 配置文件

(4) 进入 Keil μVision，按前面所述的方法新建一个项目，命名为 L2_ 1. UV2，并为该工程选择一个合适的 CPU(如 AT89C51)，加入源程序 L2 _ 1. C。需要特别说明的是，要将 Keil μVision 创建的工程文件与 Proteus 的原理图文件放在同一个文件夹内。单击快捷工具栏的 Option for Target 按钮，或者单击"工程（Project）"菜单→"Options for Target1"选项，弹出如图 3.33 所示的对话框。选中"调试（Debug）"选项卡，然后在右上部的下拉菜单里选中"Proteus VSM Simulator"，最后选中其前面的"使用（Use）"单选项。

如果是在网络中的两台计算机上进行调试，则需要配置通信端口，单击图 3.33 中的"设置（Setting）"按钮，弹出如图 3.34 所示的通信配置对话框。在"Host"后面的文本框中添加另一台电脑的 IP 地址，在"Port"后面的文本框中添加"8000"，设置好后，单击"OK"按钮即可。

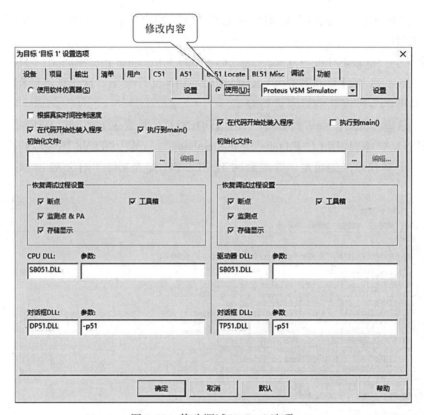

图 3.33　修改调试（Debug）选项

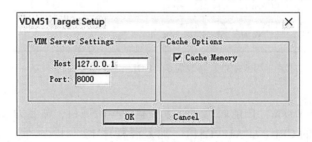

图 3.34　通信配置窗口

如果 Keil μVision 和 Proteus 软件安装在同一台计算机上运行，则通信配置选项不需要进行修改。

（5）运行 Proteus ISIS，单击菜单"Debug"，选中"Use Remote Debuger Monitor"项，如图 3.35 所示。

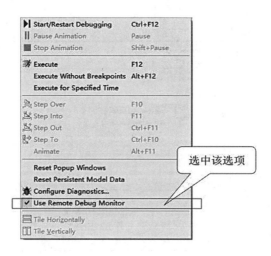

图 3.35　Proteus 的远程调试选项

（6）将 Keil μVision 中的项目进行编译，进入调试状态，再看看 Proteus，已经发生变化了。这时再执行 Keil μVision 中的程序，Proteus 已经在进行仿真了，并且可以单步、设置断点和全速执行程序。

3.4.2　Proteus7 与 Keil μVision 的联合调试设置

Proteus 软件从 6.9 版本开始，不再单独提供 VDML.DLL，这一功能已经集成到 Keil 的驱动安装文件 vdmagdi.exe 功能之中，因此，实现 Proteus 7 及以上版本与 KeilμVision 的联合调试设置更为简单快捷，具体步骤如下：

（1）安装 Proteus7 以上版本和 Keil μVision 软件。

（2）运行 vdmagdi.exe 文件，在 C：\KEIL\C51\BIN 下将自动生成 VDML.dll 文件，同时 C：\KEIL 文件夹下的 TOOLS.ini 文件也将自动完成。

（3）其他设置与 Proteus6.7 版本相同。

3.4.3　Proteus 仿真实例

1. 编译与装载程序

下面我们以前面已经在 Proteus 和 Keil μVision 中分别建立起来的原理图 L2_1.DSN 和项目 L2_1.UV2 为例，进一步说明 Proteus 与 Keil μVision 联合调试的方法。这里采用的软件版本分别为 Proteus 7.5 和 Keil μVision3。

　　第一步，在 Keil μVision3 中调出已经创建的 L2_1.UV2 项目，加入项目源文件 L2_
1.C，经过编辑、修改和编译后生成 L2_1.HEX 文件，如图 3.36 所示。

图 3.36　已经通过编译的项目 L2_1

　　第二步，在 Proteus ISIS 中打开已经绘制好的原理图文件 L2_1.DSN，按照前面所述
方法将 Keil μVision3 中生成 L2_1.HEX 文件装载到单片机中，如图 3.37 所示。

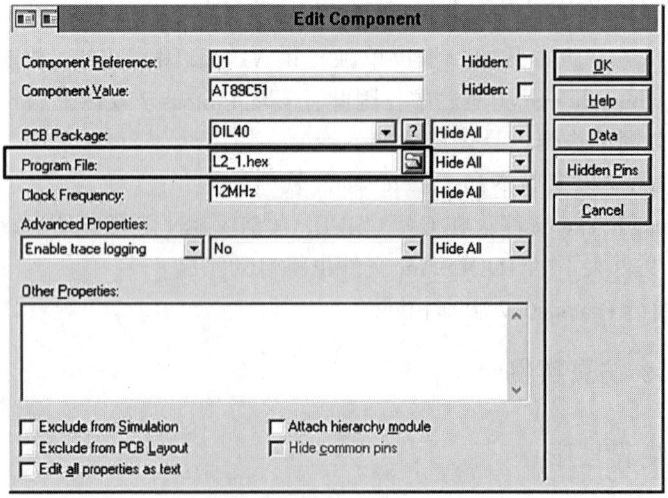

图 3.37　为单片机装载程序

2. 仿真运行

完成 Proteus 与 Keil μVision3 联合调试的相关设置以后，在 Keil μVision3 中便可以启动调试功能和软件进行联合调试了。

1）Keil μVision3 的调试选项说明

Keil μVision3 的"调试（Debug）"菜单如图 3.38 所示。各菜单项的主要功能见表 3-3。

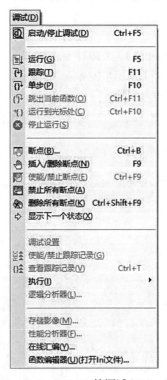

图 3.38　Keil μVision3 的调试（Debug）菜单

表 3-3　　　　　　　　**Keil μVision3 调试（Debug）菜单主要项目及功能**

菜 单 项	功 能 描 述
Start/Stop Debug Session	启动或停止 μVision3 调试模式
运行（Go）	运行程序，直到遇到断点
跟踪（Step）	单步执行程序，遇到子程序（函数）调用跟踪进入其内部执行
单步（Step Over）	单步执行程序，遇到子程序（函数）调用一步执行完
运行到光标行（Run to Cursor Line）	执行程序到光标所在行

续表

菜 单 项	功 能 描 述
停止运行(Stop Running)	停止运行程序
断点(Breakpoint)	打开断点对话框
插入/删除断点(Inser/Remove Breakpoint)	设置/取消当前行的断点
删除所有断点(Kill All Breakpoint)	删除程序中的所有的断点

2)启动运行

在 Keil μVision3 的"调试(Debug)"菜单中选择"Start/Stop Debug Session",启动调试功能,然后选择"运行(Go)",可以看到 Proteus 中的仿真功能也自动启动了,并且 Keil μVision3 的单步运行等功能也为有效状态,实现了 Keil μVision3 与 Proteus 真正意义上的联合调试,这和硬件仿真调试差不多,实例 L2_1 的联合调试运行结果界面如图 3.39 所示。

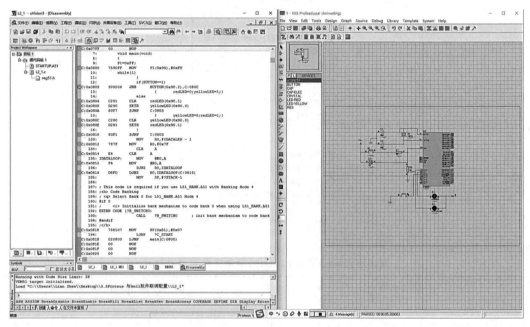

图 3.39　实例 L2_1 μVision3 与 Proteus 联合调试结果

第4章 MCS-51普通I/O口的电路设计

键盘、显示器和打印机等是仪器操作人员与智能仪器交换信息的主要手段，它们常被称作智能仪器中的人机对话通道。操作人员利用键盘等输入设备向智能仪器输入数据、命令等有关信息，实现对仪器的控制与管理；利用显示器或打印机等输出设备把智能仪器的测量结果或中间结果等信息显示或打印输出。因此，通常情况下，键盘、显示器和打印机等是智能仪器中不可缺少的组成部分。本章将讨论智能仪器中这些人机对话通道的扩展方法，以及智能仪器对它们的管理方法。

4.1 键盘接口技术

键盘实际上是一组按键开关的集合。一些仪表上，除了0~9的数字键外，还包括一些自检、量程转换、自动切换等特殊功能按钮。通常，在智能仪器中，每个按键都将被赋予一定的功能。

4.1.1 键盘的电路结构

由若干个按键组成的键盘，其电路结构可分为独立键盘结构和矩阵键盘结构。独立按键结构如图4.1所示，图中每个键单独占用一根I/O口线，每根I/O口线上的按键工作状态不会影响其他I/O线上的状态。矩阵键盘结构如图4.2所示，按键排列为行列式矩阵结构，也称为行列式键盘结构，4行4列，共16个键，只占用8根I/O口线，故按键数目较多时，可节省I/O口线。

4.1.2 键盘的工作方式

通常CPU在执行数据采集、数据处理、数据输出等任务，只在有按键操作时，才需根据闭合键执行相应的按键处理任务。设计时，应考虑仪器内CPU任务的分量，进而确定键盘工作方式。

键盘的工作方式可分为编程控制方式和中断控制方式。CPU在一个工作周期内，利用完成其他任务的空余时间，调用键盘扫描子程序。经程序查询，若无键操作，则返回；若有键操作，则进一步判断是哪个键，并执行相应的键处理程序，这种方式为编程扫描方式。

智能仪器在正常应用过程中，并不会经常进行键操作，因而编程控制方式使CPU经常处于空查询状态。在 CPU 工作任务十分繁重的情况下，为提高 CPU 的效率，可采用中断控制方式。只要有键按下，便向 CPU 申请中断，CPU 响应中断后，在中断服务程序中进行键盘扫描、查键值与按键处理等工作。

图 4.1 和图 4.2 均为中断输入方式键盘电路，若将其中的与门去掉，则为编程控制输入方式键盘电路。

当键数较多时，可将按键排成矩阵形式，以减少键盘接口的引出线。按键的这种组织形式称为矩阵式键盘或行列式键盘。其识键方法有行扫描法和线反转法两种。

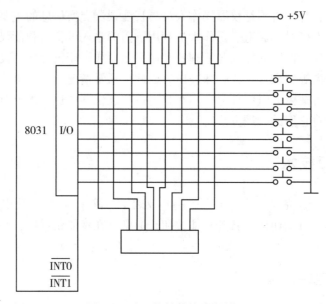

图 4.1　独立按键结构中断输入

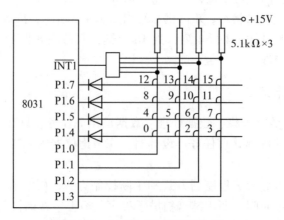

图 4.2　中断方式矩阵键盘电路

1. 行扫描法

图 4.3 给出了一种 3×3 矩阵式键盘的结构形式，图中的列线通过上拉电阻接 +5V。当键盘上没有按键闭合时，所有的行线与列线均断开，列线呈高电平。当键盘上某一个按键闭合时，则该按键所对应的列线与行线短路。例如，键盘中 5 号键按下时，行线 x_1 与列线 y_2 短路，y_2 的电平由 x_1 送出的电平所决定。如果将列线 $y_0 \sim y_2$ 接到微处理器的输入口，将行线 $x_0 \sim x_2$ 接到微处理器的输出口，则行扫描法识键的过程为：在键盘扫描程序的控制下，先使行线 x_0 为低电平，x_1、x_2 为高电平，接着读取列线 y_0、y_1、y_2 的电平；假如 y_0、y_1、y_2 都呈高电平，则说明 x_0 这一行没有按键闭合。然后，使行线 x_1 为低电平，x_0、x_2 为高电平，再读取列线 y_0、y_1、y_2 的电平。在 5 号键按下的情况下，读取的列线 y_0、y_1、y_2 中的 y_0、y_1 为高电平，而 y_2 为低电平。这样，微处理器就得到一组与 5 号键按下时相对应的唯一的输入—输出码 011-101（$y_2 \sim y_0$-$x_2 \sim x_0$）。由于这组码与按键所在的行列位置相对应，因此常被称为键位置码。一般情况下，键位置码不同于所要识别的键读数（键号），因此必须进行转换。具体可采用查表法或其他方法来完成。采用查表法时，先按照键读数的顺序，从 K_0 键（键读数/键号 = 0）开始，把键位置码列表存在存储器中。同时，还需设置一个初值为零的键读数计数器。当键盘扫描程序获得一个键位置码时，就从表头开始，把它与表内各项逐一比较。每比较一次，键读数计数值加 1，直至比较相等。显然，此时计数器中的内容即为键读数（键号）。

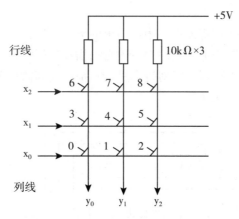

图 4.3　矩阵式键盘结构

2. 线反转法

采用扫描法时，当所按下的键在最后一行（列）时，要扫描完所有行（列）时才能获得键位置码。而若采用线反转法，则只要经过两个步骤即可。仍以图 4.3 所示的 3×3 矩阵式键盘为例，来说明线反转法的识键原理（但行线 $x_0 \sim x_2$ 的右侧需像列线 $y_0 \sim y_2$ 那样分别加接上拉电阻）。

第一步，$x_0 \sim x_2$ 为输出(输出为全 0)，$y_0 \sim y_2$ 为输入。此时，若无键按下，则三条列线均为 1；若有键按下，则行线的 0 电平通过闭合键使相应的列线变为 0。图 4.3 中 5 号键按下时，读到列线 $y_2 \sim y_0$ 的电平为 011。

第二步，线反转，即将第一步中 $x_0 \sim x_2$ 及 $y_0 \sim y_2$ 的输入输出方向反转，即 $x_0 \sim x_2$ 为输入，$y_0 \sim y_2$ 为输出。列线 $y_2 \sim y_0$ 输出第一步时读入的 011，然后读入行线 $x_2 \sim x_0$ 的电平。此时，读入行线 $x_2 \sim x_0$ 的电平为 101。第二步的输出-输入码 011-101($y_2 \sim y_0$-$x_2 \sim x_0$)即为键 5 的键位置码。与扫描法时类似，通过查表法等方法即可得到与该键位置码相对应的键读数(键号)。显然，如果出现同时按键，则在前三位或后三位会出现多于一个 0 的情况。当出现这种非法键位置码时，可使程序转入与之对应的分支，该分支的程序是使上述识键过程重复一遍，直至仅有一个键被按下为止。

4.1.3　键盘信号的获取

智能仪器获取键盘信号的方法有以下三种：

1. 程序扫描法

智能仪器通过程序用扫描的方法判别是否有键按下。当有键按下时，智能仪器根据键号转入执行相应的操作。但有时智能仪器在执行相应的操作后很难再回到执行扫描键盘的操作，从而使智能仪器不能响应新的按键。

2. 中断扫描法

智能仪器设计成按任何键都能引起中断请求的形式。这样，当有键按下时，智能仪器响应中断并转入相应的中断服务子程序进行键盘扫描和键码分析等操作。这种方法的优点是，当没有键按下时，微处理器不必对键盘进行扫描而提高微处理器的利用率，但需独自占有一个外部中断源，如图 4.4 所示。

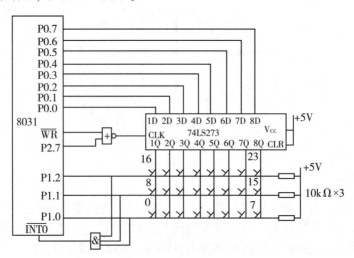

图 4.4　按键中断键盘接口

3. 定时中断法

每隔一段时间，微处理器内部产生一定时中断，键盘扫描及键码分析在定时中断程序中完成。由于定时间隔较短，操作者仍能感觉对按键的响应是实时的。采用这种方法时，须在初始化程序中对定时器写入相应的命令，使之能够产生定时中断申请。

4.1.4 键盘按键抖动的消除

目前使用的按键一般采用机械式触点。由于机械式触点的弹性作用，在按键闭合及断开的瞬间，均会产生抖动现象。因此，按键过程中希望产生的矩形负脉冲实际上变成了如图 4.5 所示的抖动波。图中 t_1 与 t_3 分别为按键闭合和断开过程中的抖动期(呈现一串负脉冲)，抖动时间的长短与按键的机械特性有关一般为 5~10ms，t_2 为按键稳定闭合期，其时间由操作人员的按键动作确定。显然，按键时产生的抖动会引起一次按键被多次识别，必须采用有效的措施加以消除。

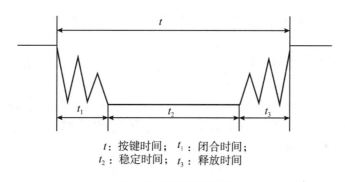

t：按键时间；　t_1：闭合时间；
t_2：稳定时间；　t_3：释放时间

图 4.5　按键抖动波形

通常，采用两种措施来消除按键抖动。一种是硬件措施，即用 R-S 触发器或单稳态电路来消除按键抖动。但在键数较多时，会使键盘的硬件电路复杂化，并增加硬件成本。另一种是软件措施，即通过程序消除按键抖动，此时常用软件延时法来消除按键抖动。

软件延时法是通过执行延时程序来避开按键时产生机械抖动的方法。具体做法是：在检测到有键按下时，执行一个 10ms 左右的延时子程序，然后再判断与按键对应的电平信号是否仍然保持在闭合状态，如果是，则确认为有键按下。显然，通过执行延时程序能避开按键闭合时的抖动期。由于键松开也有抖动，因此，如有必要，也可采用类似的方法检测按键是否松开。

4.2　LED/LCD 显示

目前，LED/LCD 作为显示模块越来越常见，LED 是发光二极管(Light Emitting Diode)的简称，其应用形式有多种，例如单个 LED 显示管、七段 LED 数码显示器以及点阵式

LED 字符显示器等，其具有结构简单、价格低、编程开发方便、可靠性高等优点。伴随着低功耗硬件设计需求，液晶显示器 LCD(Liquid Crystal Diodes)因功耗低，抗干扰能力很强，可以直接由 CMOS 集成电路驱动，寿命达 5 万小时以上等特点，通常是开发人员的首选。下面具体介绍这两种显示模块。

4.2.1　LED/LCD 基本结构和工作原理

1. LED 结构及特点

LED 显示器的基本单元均为 LED。LED 的基本特点是：
(1)工作电压为 1.5V 左右；
(2)功耗为 150mW 左右；
(3)响应时间大致为 1.0μs；
(4)正向工作电流为 2~20mA 时发光在此电流范围内，LED 的发光强度基本上与正向工作电流成比例。

智能仪器下，单个 LED 显示管常用作状态指示，可用二极管或 74LS06/07 等作为驱动器。

LED 数码显示器是智能仪器中最常用的显示器，它由若干个发光二极管组成。常用的七段 LED 数码显示器如图 4.6 所示，它有共阳和共阴两种结构。发光二极管的正(阳)极连在一起的称共阳极显示器(CA)负(阴)极连在一起的称共阴极显示器(CC)。当发光二极管导通时，相应的一个点或一个笔段发光。控制不同组合的笔段，就能显示数字、若干字母及符号，如表 4-1 所示。

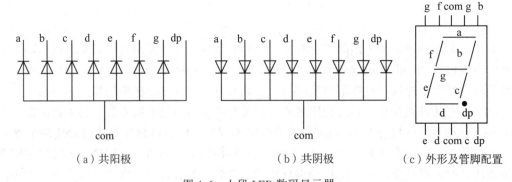

(a)共阳极　　　　　　　(b)共阴极　　　　　　(c)外形及管脚配置

图 4.6　七段 LED 数码显示器

智能仪器中的显示装置一般由 N 个 LED 数码显示器组成。常把每个数码显示器中并接的引出线称为位选线，而把组成显示内容的各段 LED 的引出线称为段选线。因此，由 N 个 LED 数码显示器组成的显示装置共有 N 根位选线和 8×N 根段选线。智能仪器中的 CPU 可通过相应的硬件接口，使这 N 个 LED 数码显示器工作在静态或动态两种显示方式。

表 4-1 　　　　　　　　　　　七段 LED 数码显示器显示内容与代码(dp-a)关系表

显示内容	共阴极代码	共阳极代码	显示内容	共阴极代码	共阳极代码
0	0x3F	0xC0	C	0x39	0xC6
1	0x06	0xF9	d	0x5E	0xA1
2	0x5B	0xA4	E	0x79	0x86
3	0x4F	0xB0	F	0x71	0x84
4	0x66	0x99	P	0x73	0x8C
5	0x6D	0x92	U	0x3E	0xC1
6	0x7D	0x82	Γ	0x31	0xCE
7	0x07	0xF8	y	0x6E	0x91
8	0x7F	0x80	H	0x76	0x89
9	0x6F	0x90	L	0x38	0xC7
A	0x77	0x88	"灭"	0x00	0xFF

　　LED 数码显示器工作在静态显示方式时，各显示器的公共阴极或公共阳极连在一起（接地或+5V）；每位的段选线与一个八位并行口相连。CPU 只要送一次与需显示的字符所对应的段选码到各 I/O 口锁存，经驱动后，显示将一直保留到下一次 CPU 重新送段选码为止。显然，显示控制方便，占用 CPU 的工作时间少。但是，由于 N 位显示器要有 8× N 根 I/O 口线，因此，当位数较多时，占用 I/O 口资源较多，此时往往采用动态显示方式。

　　LED 数码显示器工作在动态显示方式时，所有位的段选码并联在一起，由一个八位 I/O 口控制，而共阴极点或共阳极点分别由另外的 I/O 口线控制。这样，八位 LED 动态显示电路只需两个八位 I/O 口，其中一个控制段选码，一个控制位选码。由于所有的段选码皆由一个八位 I/O 口控制，因此，要想每位显示不同的字符，必须采用扫描方式，即在每一瞬间，段选控制 I/O 口输出与显示字符相对应的段选码，位选控制 I/O 口在该显示位送出选通电平（共阴极送低电平，共阳极送高电平）。通过一位一位地轮流，使每位显示该位应显示的字符，并保持一段时间。只要对每个显示器来说，选通频率大于 50Hz，就可造成视觉暂留效果（即人的眼睛并不会感觉显示器是闪动的）。由于动态显示时每个 LED 显示器点亮的时间不大于扫描周期的 1/ N ，因此，为保证动态显示时每个 LED 示器仍能达到其单独点亮时的亮度，每段驱动电流的值应不小于静态显示方式时的 N 倍。动态显示方式的优点是节省硬件，缺点是 CPU 必须周期性地对各显示器进行扫描。

2. LCD 显示

1）液晶显示原理

利用液晶的物理特性，通过电压对其显示区域进行控制，有电就有显示，这样即可以显示出图形。液晶显示器具有厚度薄、适用于大规模集成电路直接驱动、易于实现全彩色显示的特点，目前已经被广泛应用于便携式电脑、数字摄像机、PDA 移动通信工具等众多领域。

2）液晶显示器的分类

分类方法有很多种，通常可按其显示方式分为段式、字符式、点阵式等。除了黑白显示外，液晶显示器还有多灰度和彩色显示等。如果根据驱动方式来分，可以分为静态驱动（Static）、单纯矩阵驱动（Simple Matrix）和主动矩阵驱动（Active Matrix）三种。

3）液晶显示器各种图形的显示原理

点阵图形式液晶由 $M \times N$ 个显示单元组成。假设 LCD 显示屏有 64 行，每行有 128 列，每 8 列对应 1 字节的 8 位，即每行由 16 字节，则共 $16 \times 8 = 128$ 个点组成，屏上 64×16 个显示单元与显示 RAM 区 1024 字节相对应，每一字节的内容和显示屏上相应位置的亮暗对应。例如，屏的第一行的亮暗由 RAM 区的 000H～00FH 的 16 字节的内容决定，当（000H）= FFH 时，则屏幕的左上角显示一条短亮线，长度为 8 个点；当（3FFH）= FFH 时，则屏幕的右下角显示一条短亮线；当（000H）= FFH，（001H）= 00H，（002H）= 00H，…，（00EH）= 00H，（00FH）= 00H 时，则在屏幕的顶部显示一条由 8 段亮线和 8 条暗线组成的虚线。这就是 LCD 显示的基本原理。

4.2.2　LED 显示实例

【例 4-1】用 C 语言编写的 51 单片机数码管驱动程序，电路连接图如图 4.7 所示。

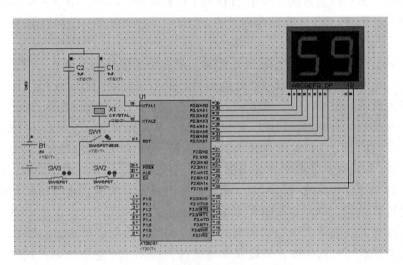

图 4.7　两位数码管动态显示电路图

代码：

```
#include<reg52.h>
#define uint unsigned int
```

```
void delay7ms(void)   //误差 -0.217013888891us
{
unsigned char a,b;
for(b=208;b>0;b--)
    for(a=14;a>0;a--);
}
void delay2ms(void)   //误差 -0.217013888889us
{
    unsigned char a,b;
    for(b=80;b>0;b--)
        for(a=10;a>0;a--);
}


void main(void)
{
uint led[10] = {0xc0,0xf9,0xa4,0xb0,0x99,0x92,0x82,0xf8,0x80,0x90};
uint m,n=0,a=0;
for(m=0;m<=10;m++)
{
  while(a<30)
  {
    if(m==10)
    {
        m=0;
        n++;
        if(n==10)
          n=0;
    }
    P0=led[m];
    P2=0x40;
    delay7ms();
    P2=0x00;
    delay2ms();
    P0=led[n];
    P2=0x80;
    delay7ms();
```

```
        P2 = 0x00;
        delay2ms();
         a++;
      }
    a = 0;
    }
  }
```

4.2.3　LCD 显示方式

1. 字符的显示

用 LCD 显示一个字符时比较复杂，因为一个字符由 6×8 或 8×8 点阵组成，既要找到和显示屏幕上某几个位置对应的显示 RAM 区的 8 字节，还要使每字节的不同位为"1"，其他的为"0"，为"1"的点亮，为"0"的不亮。这样一来，就组成某个字符。但对于内带字符发生器的控制器来说，显示字符就比较简单了，可以让控制器工作在文本方式，根据在 LCD 上开始显示的行列号及每行的列数找出显示 RAM 对应的地址，设立光标，在此送上该字符对应的代码即可。

2. 汉字的显示

汉字的显示一般采用图形的方式，事先从微处理器中提取要显示的汉字的点阵码(一般用字模提取软件)，每个汉字占 32B，分左右两半，各占 16B，左边为 1，3，5…，右边为 2，4，6…，根据在 LCD 上开始显示的行列号及每行的列数，可找出显示 RAM 对应的地址，设立光标，送上要显示的汉字的第一字节，光标位置加 1，送第二个字节，换行按列对齐，送第三个字节……直到 32B 显示完，就可以 LCD 上得到一个完整汉字。

4.2.4　1602 字符型 LCD

字符型液晶显示模块是一种专门用于显示字母、数字、符号等点阵式 LCD，目前常用 16×1，16×2，20×2 和 40×2 行等的模块。下面以长沙太阳人电子有限公司的 1602 字符型液晶显示器为例，介绍其用法。一般 1602 字符型液晶显示器实物如图 4.8 所示。

1. 1602LCD 的基本参数及引脚功能

1602LCD 分为带背光和不带背光两种，基控制器大部分为 HD44780，带背光的比不带背光的厚，它们在应用中并无差别，两者尺寸差别如图 4.9 所示。

1602LCD 主要技术参数：

显示容量：16×2 个字符；

芯片工作电压：4.5~5.5V；

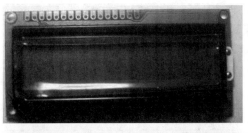

图 4.8　1602 字符型液晶显示器实物图

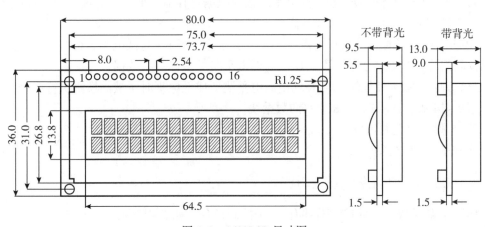

图 4.9　1602LCD 尺寸图

工作电流：2.0mA(5.0V)；

模块最佳工作电压：5.0V；

字符尺寸：2.95×4.35(W×H)mm。

2. 引脚功能说明

1602LCD 采用标准的 14 脚(无背光)或 16 脚(带背光)接口，各引脚接口说明如表 4-2
所示。

表 4-2　　　　　　　　　　　　　　　　引脚接口说明表

编号	符号	引脚说明	编号	符号	引脚说明
1	V_{SS}	电源地	9	D2	数据
2	V_{DD}	电源正极	10	D3	数据
3	V_L	液晶显示偏压	11	D4	数据
4	RS	数据/命令选择	12	D5	数据
5	R/W	读/写选择	13	D6	数据
6	E	使能信号	14	D7	数据
7	D0	数据	15	BLA	背光源正极
8	D1	数据	16	BLK	背光源负极

第 1 脚：V_{SS} 为电源地。

第 2 脚：V_{DD} 接 5V 正电源。

第 3 脚：V_L 为液晶显示器对比度调整端，接正电源时对比度最弱，接地时对比度最高，对比度过高时会产生"鬼影"，使用时可以通过一个 10K 的电位器调整对比度。

第 4 脚：RS 为寄存器选择，高电平时选择数据寄存器、低电平时选择指令寄存器。

第 5 脚：R/W 为读写信号线，高电平时进行读操作，低电平时进行写操作。当 RS 和 R/W 共同为低电平时，可以写入指令或者显示地址；当 RS 为低电平、R/W 为高电平时，可以读取信号；当 RS 为高电平、R/W 为低电平时，可以写入数据。

第 6 脚：E 端为使能端，当 E 端由高电平跳变成低电平时，液晶模块执行命令。

第 7~14 脚：D0~D7 为 8 位双向数据线。

第 15 脚：背光源正极。

第 16 脚：背光源负极。

3. 1602LCD 的指令说明及时序

1602 液晶模块内部的控制器共有 11 条控制指令，如表 4-3 所示。

表 4-3　　　　　　　　　　　　　　　　控制命令表

序号	指　令	RS	R/W	D7	D6	D5	D4	D3	D2	D1	D0
1	清显示	0	0	0	0	0	0	0	0	0	1
2	光标返回	0	0	0	0	0	0	0	0	1	*
3	置输入模式	0	0	0	0	0	0	0	1	I/D	S
4	显示开/关控制	0	0	0	0	0	0	1	D	C	B
5	光标或字符移位	0	0	0	0	0	1	S/C	R/L	*	*
6	置功能	0	0	0	0	1	DL	N	F	*	*

序号	指　令	RS	R/W	D7	D6	D5	D4	D3	D2	D1	D0
7	置字符发生存储器地址	0	0	0	1	字符发生存储器地址					
8	置数据存储器地址	0	0	1	显示数据存储器地址						
9	读忙标志或地址	0	1	BF	计数器地址						
10	写数到 CGRAM 或 DDRAM	1	0	要写的数据内容							
11	从 CGRAM 或 DDRAM 读数	1	1	读出的数据内容							

注：1602 液晶模块的读写操作、屏幕和光标的操作都是通过指令编程来实现的。表中：1 为高电平、0 为低电平。

为了能够将信息显示在 1602 液晶模块上，其时序表及时序状态如表 4-4 及表 4-5 所示。按读写操作时序如图 4.10 和图 4.11 所示进行编程。

表 4-4　　　　　　　　　　　　　基本操作时序表

指令 1	清显示，指令码 01H，光标复位到地址 00H 位置
指令 2	光标复位，光标返回到地址 00H
指令 3	光标和显示模式设置 I/D：光标移动方向，高电平右移，低电平左移 S：屏幕上所有文字是否左移或者右移。高电平表示有效，低电平则无效
指令 4	显示开关控制 D：控制整体显示的开与关，高电平表示开显示，低电平表示关显示 C：控制光标的开与关，高电平表示有光标，低电平表示无光标 B：控制光标是否闪烁，高电平闪烁，低电平不闪烁
指令 5	光标或显示移位 S/C：高电平时移动显示的文字，低电平时移动光标
指令 6	功能设置命令 DL：高电平时为 4 位总线，低电平时为 8 位总线 N：低电平时为单行显示，高电平时双行显示 F：低电平时显示 5×7 的点阵字符，高电平时显示 5×10 的点阵字符
指令 7	字符发生器 RAM 地址设置
指令 8	DDRAM 地址设置
指令 9	读忙信号和光标地址 BF：忙标志位，高电平表示忙，此时模块不能接收命令或者数据；低电平表示不忙
指令 10	写数据
指令 11	读数据

表 4-5

时 序 状 态

读状态	输入	RS＝L，R/W＝H，E＝H	输出	D0～D7＝状态字
写指令	输入	RS＝L，R/W＝L，D0～D7＝指令码，E＝高脉冲	输出	无
读数据	输入	RS＝H，R/W＝H，E＝H	输出	D0～D7＝数据
写数据	输入	RS＝H，R/W＝L，D0～D7＝数据，E＝高脉冲	输出	无

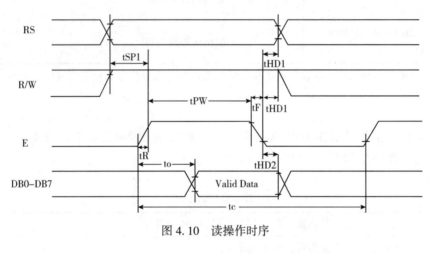

图 4.10　读操作时序

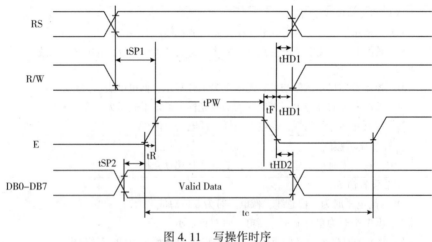

图 4.11　写操作时序

4. 1602LCD 的 RAM 地址映射及标准字库表

液晶显示模块是一个慢显示器件，所以在执行每条指令之前，一定要确认模块的忙标志为低电平，表示不忙；否则此指令失效。显示字符时，要先输入显示字符地址，也就是告诉模块在哪里显示字符，图 4.12 所示是 1602 的内部显示地址。

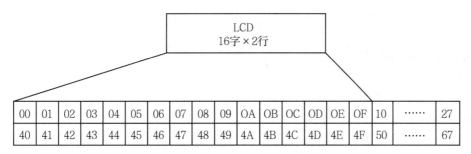

图 4.12　1602LCD 内部显示地址

　　例如，图 4.12 中，第二行第一个字符的地址是 40H，那么是否直接写入 40H 就可以将光标定位在第二行第一个字符的位置呢？这样不行，因为写入显示地址时要求最高位 D7 恒定为高电平 1，所以实际写入的数据应该是 01000000B（40H）＋10000000B（80H）＝ 11000000B（C0H）。在对液晶模块的初始化中，要先设置其显示模式，在液晶模块显示字符时，光标是自动右移的，无须人工干预。每次输入指令前，都要判断液晶模块是否处于忙的状态。

　　1602 液晶模块内部的字符发生存储器（CGROM）已经存储了 160 个不同的点阵字符图形，如表 4-6 所示，这些字符有：阿拉伯数字、英文字母的大小写、常用的符号和日文假名等，每一个字符都有一个固定的代码，比如大写英文字母"A"的代码是 01000001B（41H），显示时，模块把地址 41H 中的点阵字符图形显示出来，我们就能看到字母"A"。

表 4-6　　　　　　　　CGROM 和 CGRAM 中字符代码与字符图形对应关系

低位＼高位	0000	0010	0011	0100	0101	0110	0111	1010	1011	1100	1101	1110	1111
××××0000	CGRAM(1)		0	a	P	\	p		―	夕	三	a	P
××××0001	(2)	!	1	A	Q	a	q	口	ア	チ	ム	ä	q
××××0010	(3)	"	2	B	R	b	r	厂	イ	川	メ	β	θ
××××0011	(4)	#	3	C	S	c	s	」	ウ	ラ	モ	ε	∞
××××0100	(5)	$	4	D	T	d	t	、	エ	ト	ヤ	μ	Ω
××××0101	(6)	%	5	E	U	e	u	口	オ	ナ	ユ	B	0
××××0110	(7)	&	6	F	V	f	v	テ	カ	二	ヨ	ρ	Σ
××××0111	(8)	>	7	G	W	g	w	ア	キ	ヌ	ラ	g	π
××××1000	(1)	(	8	H	X	h	x	イ	ク	ネ	リ	∫	X
××××1001	(2)	)	9	I	Y	i	y	ウ	ケ	ノ	ル	−1	y
××××1010	(3)	·	:	J	Z	j	z	エ	コ	リ	レ	j	千
××××1011	(4)	+	:	K	[	k	{	オ	サ	ヒ	ロ	×	万
××××1100	(5)	フ	<	L	￥	l	|	ヤ	シ	フ	ワ	¢	円
××××1101	(6)	−	=	M	]	m	}	ユ	ス	へ	ソ	モ	÷
××××1110	(7)	.	>	N	‾	n	.	ヨ	セ	ホ	ハ	ñ	
××××1111	(8)	/	?	O	―	o	←	ツ	ソ	マ	口	ö	

1602LCD 的一般初始化(复位)过程：

延时 15ms；

写指令 38H(不检测忙信号)；

延时 5ms；

写指令 38H(不检测忙信号)；

延时 5ms。

写指令 38H(不检测忙信号)。

以后每次写指令、读/写数据操作均需要检测忙信号。

写指令 38H：显示模式设置；

写指令 08H：显示关闭；

写指令 01H：显示清屏；

写指令 06H：显示光标移动设置；

写指令 0CH：显示开及光标设置。

4.2.5　1602 字符型 LCD 软硬件设计实例

图 4.13 给出了 1602 与 89C51 的硬件连线图，其中 1602 液晶模块的 RS 端由 P2.0 控制，RW 端由 P2.1 控制，使能端 E 由 P2.2 控制，需要注意的是，忙标志位由 P0.7 监听，整个流程图如图 4.14 所示。

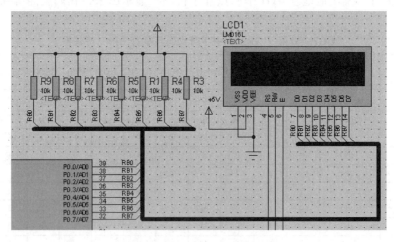

图 4.13　1602LCD 实验演示图

程序清单：

```c
#include <reg51.h>
#include<intrins.h>

sbit RS=P2^0;  //寄存器选择位，将 RS 位定义为 P2.0 引脚
```

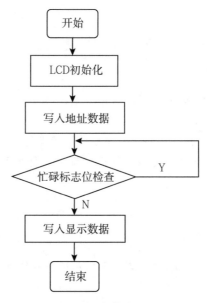

图 4.14　软件流程图

```
sbit RW = P2^1;      //读写选择位，将 RW 位定义为 P2.1 引脚
sbit E = P2^2;       //使能信号位，将 E 位定义为 P2.2 引脚
sbit BF = P0^7;      //忙碌标志位，将 BF 位定义为 P0.7 引脚


unsigned char BusyCheck(void);
void WriteData(unsigned char x);
void WriteAddr(unsigned char addr);
void SendData(unsigned char s);
void LCDInit(void);


unsigned char BusyCheck(void)
{
  bit result;
  RS = 0;         //根据规定，RS 为低电平，RW 为高电平时，可以读状态
  RW = 1;
  E = 1;          //E = 1，才允许读写
  _nop_();        //空操作
  _nop_();
  _nop_();
  _nop_();        //空操作 4 个机器周期，给硬件反应时间
  result = BF;    //将忙碌标志电平赋给 result
```

```
    E = 0;
    return result;
}


void WriteData(unsigned char x)
{
    while(BusyCheck( )= =1);    //如果忙就等待
    RS = 0;          //根据规定, RS 和 R/W 同时为低电平时, 可以写入指令
    RW = 0;
    E = 0;
    _nop_( );
    _nop_( );
    P0 = x;      //将数据送入 P0 口, 即写入指令或地址
    _nop_( );
    _nop_( );
    _nop_( );
    _nop_( );
    E = 1;      //E 置高电平
    _nop_( );
    _nop_( );
    _nop_( );
    _nop_( );
    E = 0;             //当 E 由高电平跳变成低电平时, 液晶模块开始执行命令
}


void WriteAddr(unsigned char addr)
{
    WriteData(addr | 0x80); //显示位置的确定方法规定为"80H+地址码 x"
}


void SendData(unsigned char s)
{
    while(BusyCheck( )= =1);
    RS = 1;    //RS 为高电平, RW 为低电平时, 可以写入数据
    RW = 0;
    E = 0;    //E 置低电平(根据表 4-5, 写指令时, E 为高脉冲, 就是让 E 从 0 到 1
              发生正跳变, 所以应先置"0")
```

```
    P0 = s;    //将数据送入 P0 口，即将数据写入液晶模块
    _nop_(); _nop_();   _nop_();   _nop_();
    E = 1;    //E 置高电平
    _nop_()  _nop_();   _nop_();   _nop_();
    E = 0;    //当 E 由高电平跳变成低电平时，液晶模块开始执行命令
}


void LCDInit(void)
{
    delayXMs(15);    //延时 15ms，首次写指令时应给 LCD 一段较长的反应时间
    WriteData(0x38); //(不检测忙信号)，显示模式设置：16×2 显示，5×7 点
                     阵，8 位数据接口
    delayXMs(5);
    WriteData(0x38); //(不检测忙信号)
    delayXMs(5);
    WriteData(0x38); //显示模式设置
    delayXMs(5);
    WriteData(0x0C); //显示模式设置：显示开，无光标，光标不闪烁
    delayXMs(5);
    WriteData(0x06); //显示光标移动设置，写一个字符后地址指针加 1
    delayXMs(5);
    WriteData(0x01); //显示清屏
    delayXMs(5);
}


unsigned char code str[] = {"Learning C51"};
unsigned char code digit[] = {"0123456789"}; //定义字符数组显示数字
void main()
{
    unsigned char i, j;
    unsigned int x;
    unsigned char value[5]; //个，十，百，千，万
    LCDInit();
    delayXMs(10);
    while(1)
    {
        WriteData(0x01); //清显示：清屏幕指令
```

```
    WriteAddr(0x00); //设置显示位置为第一行的第 5 个字
    //WriteAddr(0x07); //将显示地址指定为第 1 行第 8 列
    //SendData('A');    //将字符常量"A"写入液晶模块
    i = 0;
    while(str[i]! = '\0')
    {
      SendData(str[i]);
      i++;
    delayXMs(150);
  }
  delayXMs(1000);

  while(1)
  {
    x = rand();
    value[0] = x%10;
    value[1] = (x%100)/10;
    value[2] = (x%1000)/100;
    value[3] = (x%10000)/1000;
    value[4] = x/10000;
    WriteAddr(0x45);    //从第 2 行第 6 列开始显示
    SendData(digit[value[4]]); //将万位数字的字符常量写入 LCD
    SendData(digit[value[3]]);
    SendData(digit[value[2]]);
    SendData(digit[value[1]]);
    SendData(digit[value[0]]);
    SendData('.');
    SendData(digit[0]);
    delayXMs(250);
    }
  }
}
```

4.3　I/O 的扩展

当单片机应用系统中扩展了程序存储器或数据存储器或 A/D、D/A 等功能器件时。单片机的 P2 口和 P0 口被用于地址线和数据线，P3 口的部分口线（$\overline{\text{WR}}$，P3.6，$\overline{\text{RD}}$，

P3.7)也已被使用，作为整体能被使用的 I/O 口只有 P1 口。当采用系统复杂时，I/O 口就不够用了，必须加以扩展。I/O 口的扩展可以采用并行 I/O 口扩展方法，也可以采用串行 I/O 口扩展方法，常用的是并行 I/O 口扩展。

并行 I/O 口扩展方法主要有两种：一种是利用通用 TTL 或 CMOS 总线扩展接口；另一种是采用专用的 I/O 扩展芯片，如 8155、8255 等。

4.3.1 简单的并行 I/O 扩展

根据输入三态、输出锁存的原则，采用 TTL 或 CMOS 电路组成简单的并行 I/O 接口。可以使用的芯片有 74LS373、74LS273、74LS244 和 74LS245 等。图 4.15 所示为某一实用电路。

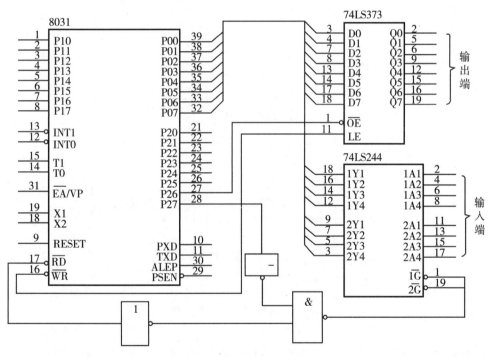

图 4.15　简单 I/O 扩展

如图 4.15 所示，用具有三态缓存器的 74LS244 构成输入口，用具有锁存功能的 74LS373 组成输出口。

扩展 I/O 接口时，I/O 扩展芯片的片选引脚接 P2 口的某个引脚，即将其看作地址线。每一 I/O 芯片安排唯一的地址。I/O 扩展芯片的地址与外部 RAM 共同编址，对它们的访问都用 MOVX 指令。

当使用多个芯片扩展 I/O 接口时，可以使用译码法。

I/O 扩展接口与外部数据存储器统一编址。对图 4.15 中的输出端口，其地址编码为

P2.6=0，其他 P2 口引脚和 P0 口任意，令其均为 1，即 1011111111111111 = 0xBFFF。图 4.15 中的输入端口的地址编码为 0x7FFF。编程时可定义如下：

```
#include<absacc.h>
#include<reg51.h>
#define OUT XBYTE[0xBFFF]
#define IN XBYTE[0x7FFF]
```

　　要输出数据时，可用指令："OUT=x;"。

　　输入数据时可用指令："a=IN;"。

8155 芯片为 40 引脚双列直插封装，单一的+5V 电源，8155 的内部逻辑结构如图 4.16 所示。由图可以看出，8155 由三部分组成，即：存储单元为 256 字节的静态 RAM；3 个可编程的 I/O，其中 2 个口（A 口和 B 口）为 8 位口，1 个口（C 口）为 6 位口；1 个 14 位的定时器/计数器。其中：

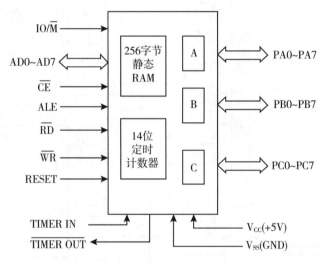

图 4.16　8155 的内部逻辑结构

PA0-PA7：A 口的输入输出信号线。该口作输入还是输出，由软件决定。

PB0-PB7：B 口的输入输出信号线。该口作输入还是输出，由软件决定。

PC0-PC5：C 口信号线。该口除了可作输入、输出口外，还可以传送控制和状态信号，因此 C 口共有四种工作方式，即：输入方式（ALT1），输出方式（ALT2），A 口控制端口方式（ALT3），以及 A 口和 B 口控制端口方式（ALT4）。其工作方式由软件决定。

AD0-AD7：地址/数据总线，与 P0 口直接相连。8155 内部都有八位地址锁存器，该地址作为内部 RAM 或输入输出口的地址。传送数据时，由$\overline{WR}$或$\overline{RD}$信号决定是读出还是写入。

$\overline{CS}$：片选信号。低电平有效。

IO/$\overline{\text{M}}$：IO/MEMORY 选择。区别对 8155 的操作是对 RAM 还是对 I/O 口。IO/$\overline{\text{M}}$＝0，选中 RAM；IO/$\overline{\text{M}}$＝1，选中 I/O 口。

ALE：地址锁存信号。除了进行 AD0～AD7 的地址锁存控制外，还用于把片选信号 $\overline{\text{CS}}$ 和 IO/$\overline{\text{M}}$ 等信号进行锁存。

$\overline{\text{RD}}$：读选通信号，与 MCS-51 的 $\overline{\text{RD}}$ 相连。

$\overline{\text{WR}}$：写选通信号，与 MCS-51 的 $\overline{\text{WR}}$ 相连。RD 和 WR 的操作对象由 IO/$\overline{\text{M}}$ 的状态决定。

RESET：复位信号。复位后 A 口、B 口和 C 口均为数据输入方式。

TIMER：定时器/计数器的计数脉冲输入端。

TIMEORT：定时器/计数器。

由以上可知，8155 有 A 口、B 口、C 口和定时器/计数器低 8 位以及定时器/计数器高 8 位这 5 个端口，另外，8155 内部还有一个命令/状态寄存器，所以 8155 内部共有 6 个端口。对它们只需要使用 AD0～AD3 即可实现编址，如表 4-7 所示。

表 4-7　　　　8155 的端口地址编码

AD7	AD6	AD5	AD4	AD3	AD2	AD1	AD0	对应端口
×	×	×	×	×	0	0	0	命令/状态寄存器
×	×	×	×	×	0	0	1	A 口
×	×	×	×	×	0	1	0	B 口
×	×	×	×	×	0	1	1	C 口
×	×	×	×	×	1	0	0	定时器/计数器低 8 位
×	×	×	×	×	1	0	1	定时器/计数器高 8 位

8155 的 A 口有输入和输出两种工作方式，B 口也有输入和输出两种工作方式，而 C 口有输入方式（ALT1），输出方式（ALT2），A 口控制端口方式（ALT3）以及 A 口 和 B 口控制端口方式（ALT4）四种工作方式。这些端口的工作方式是由 8155 内部的命令寄存器（命令字）来控制的。命令字除了规定端口的工作方式，此外，还规定了定时器/计数器的工作方式。命令字只能进行写操作。其格式如图 4.17 所示。

当以无条件方式进行数据输入输出时，由于不需要任何联络信号，因此这时 A 口、B 口和 C 口都可以进行数据的输入/输出操作。当 A 口或者 B 口以中断方式进行数据传送时，所需要的联络信号由 C 口提供，其中 PC0～PC2 为 A 口提供，PC3～PC5 为 B 口提供。

状态字只能读不能写，所以 8155 的命令字和状态字共用一个地址。当对命令/状态字进行写操作时，写进去的是命令；当对命令/状态字进行读操作时，读出来的是状态。状态字用于寄存各端口及定时器/计数器的工作状态。其格式如图 4.18 所示。

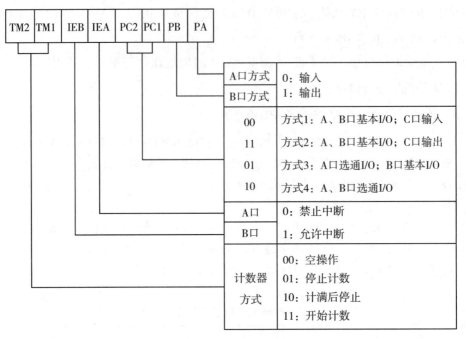

图 4.17　命令字格式

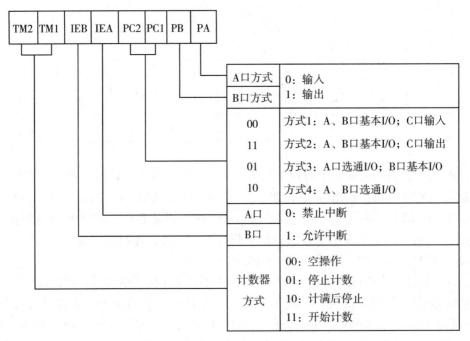

图 4.18　状态字格式

8155 与 MCS-51 单片机的连接比较简单，因为 8155 的许多信号与 MCS-51 单片机兼容，可以直接连接。表 4-8 列出了这些信号的对应关系。

AD0~AD7 是数据地址复用线，之所以能与 P0 口线直接相连而不需地址锁存器，是基于 8155 内部已有锁存器可以进行地址锁存，因此连接时不需要再加锁存器。

IO/$\overline{\text{M}}$ 是 8155 与 MCS-51 单片机连接的关键，它是 8155 特有的信号，然而 MCS-51 单片机中没有相应的信号，因此需要设法形成这个信号，提供给 8155 使用。

表 4-8   **8155 与 MCS-51 单片机兼容的信号**

8155	MCS-51 单片机	8155	MCS-51 单片机
AD0~AD7	P0 口	$\overline{\text{RD}}$	$\overline{\text{RD}}$
ALE	ALE	$\overline{\text{WR}}$	$\overline{\text{WR}}$
RESET	RST		

IO/$\overline{\text{M}}$ 信号的形成有多种方法，不同的形成方法对应着不同的编址方法。下面介绍比较常用的一种方法：用高位地址线作 IO/$\overline{\text{M}}$ 信号。这种方法实际上就是编址技术中的线选法。例如，以 P2.0 接 IO/$\overline{\text{M}}$，则 8155 与 8051 的连接如图 4.19 所示。这种 IO/$\overline{\text{M}}$ 信号产生方法中，对 8155 需要使用 16 位地址进行编址。这种方法适用于有多片 I/O 扩展及存储器扩展的较大单片机系统中，因此要使用片选信号。例如图中使用 P2.1 作为片选信号与 $\overline{\text{CS}}$ 直接相连。

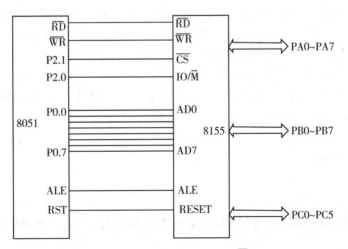

图 4.19   高位地址直接作为 IO/$\overline{\text{M}}$ 信号

假设没有用到的地址位，其值为系统复位后的值，即为 1。当 $IO/\overline{M}=1$ 时，端口地址范围为：0FDF8H~0FDFDH；当 $IO/\overline{M}=0$ 时，8155 内部 RAM 地址范围是：0FC00H~0FCFFH。

8155 的定时器/计数器是一个 14 位的减法计数器，由两个 8 位寄存器构成，如图 4.20 所示。以其中的低 14 位组成计数器，剩下的两个高位(M_2，M_1)用于定义计数器输出的信号形式。

图 4.20　8155 定时器/计数器

8155 的定时器/计数器与 MCS-51 单片机芯片内部的定时器/计数器，在功能上是完全相同的，同样具有定时和计数两种功能。但是，在使用上却与 MCS-51 单片机的定时器/计数器有许多不同之处。具体表现在：

(1)8155 的定时器/计数器是减法计数，而 MCS-51 单片机的定时器/计数器却是加法计数，因此确定计数初值的方法是不同的。

(2)MCS-51 单片机的定时器/计数器有多种工作方式，而 8155 的定时器/计数器只有一种固定的工作方式，即 14 位计数。通过软件方法进行计数初值加载。

(3)MCS-51 单片机的定时器计数器有两种计数脉冲。定时功能时，以机器周期为计数脉冲；计数功能时，从芯片外部引入计数脉冲。但 8155 的定时器/计数器，不论是定时功能还是计数功能，都是由外部提供计数脉冲，其信号引脚是 TIMERIN。

(4)MCS-51 单片机的定时器/计数器，计数溢出时，自动置位 TCON 寄存器的计数溢出标志位(TF)，供用户查询或中断方式使用；但 8155 的定时器/计数器，计数溢出时向芯片外部输出一个信号(TIMEROUT)。而且这一信号还有脉冲和方波两种形式，可由用户进行选择。具体由 M_2、M_1 两位定义：

$M_2\ M_1=00$，单个方波；

$M_2\ M_1=01$，连续方波；

$M_2\ M_1=10$，单个脉冲；

$M_2\ M_1=11$，连续脉冲。

8155 定时器/计数器的工作方式由命令字中的最高两位 D7、D6 进行控制。具体说明如下：

D7D6=00，不影响计数器工作；

D7D6=01，停止计数，如计数器未启动则无操作，如计数器正运行则停止计数；

D7D6=10，达到计数值(计数器减为 0)后停止；

D7D6＝11 启动, 如果计数器没运行, 则在装入计数值后开始计数; 如果计数器已运行, 则在当前计数值计满后, 再以新的计数值进行计数。图 4.21 给出了 8051 通过 8155 扩展 I/O 控制的 8 位 LED 动态显示接口, 其中 PB 口输出段选码, PA 口输出位选码, 位选码占用输出口线数取决于显示器位数(74LS437 为 8 位集成驱动芯片)。

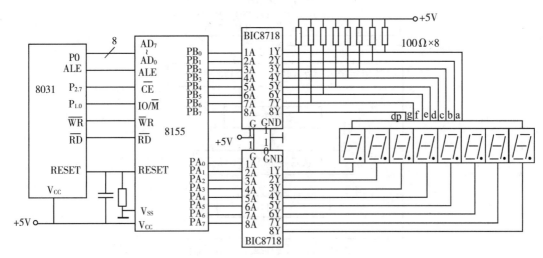

图 4.21 8155 扩展 I/O 口控制的 8 位 LED 动态显示接口

下面针对图 4.21 所示的动态显示接口, 动态显示子程序框图如图 4.22 所示。

```
#include<reg51.h> //定义单片机所有特殊寄存器
#include<absacc.h> //绝对地址访问宏定义头文件
#include <intrins.h> //延时头文件
#include<math.h> //通用数学计算头文件
#define uint unsigned int
#define uchar unsigned char //宏定义后便于书写
//定义 8155 端口地址
#define COM8155 XBYTE[0x7F00]
#define PA8155 XBYTE[0x7F01]
#define PB8155 XBYTE[0x7F02]
#define PC8155 XBYTE[0x7F03]
unsigned char code Table1[16] = {0x3F, 0x06, 0x5B, 0x4F, 0x66,
0x6D, 0x7D, 0x07, 0x7F, 0x6F, 0x77, 0x7C, 0x39, 0x5E, 0x79, 0x71}; //
0~F 的段码
unsigned char Dis_BUF[4]={0, 1, 2, 3}; //显存
void delay(unsigned int itime)//延时函数
{
```

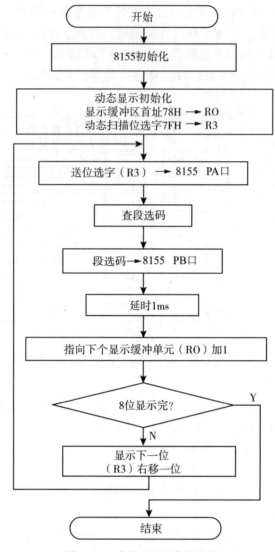

图 4.22 动态显示程序流程图

```
    while(itime--);
}
void Disp_LED(unsigned char *Bufptr)
{
  unsigned char disi;
  unsigned char BitCT=0X01;
  for(disi=0; disi<4; disi++)
  {
    PA8155=BitCT; //选中个位数码管
```

```
    PB8155 = ~Table1[ * Bufptr++]; //取段码
    BitCT = _crol_(BitCT, 1); //左移一位
    delay(30000);
  }
}
//主函数
void main()
{
  COM8155 = 0x03; //初始化 8155 控制口
  while(1) //不断循环
  {
    Disp_LED(Dis_BUF);
  }
}
```

4.3.2 继电器接口电路

继电器类是单片机控制系统中常用的开关元件,用于控制电路的接通和断开,包括电磁继电器、接触器和干簧管。继电器由线圈及动片、定片组成。线圈未通电(即继电器未吸合)时,与动片接触的触点称为常闭触点,当线圈通电时,与动片接触的触点称为常开触点。

继电器的工作原理是:利用通电线圈产生磁场,吸引继电器内部的衔铁片,使动片离开常闭触点,并与常开触点接触,实现电路的通、断。由于采用触点接触方式,接触电阻小,允许流过触点的电流大(电流大小与触点材料及接触面积有关)。另外,控制线圈与触点完全绝缘,因此控制回路与输出回路具有很高的绝缘电阻。

根据线圈所加电压类型,可将继电器分为两大类,即直流继电器和交流继电器。其中,直流继电器使用最为广泛,只要在线圈上施加额定的直流电压,即可使继电器吸合。直流继电器与单片机连接非常方便。

直流继电器线圈的吸合电压以及触点额定电流是直流继电器两个非常重要的参数。例如,对于 6V 继电器来说,驱动电压必须在 6V 左右,当驱动电压小于额定吸合电压时,继电器吸合动作缓慢,甚至不能吸合,或颤抖,这会影响继电器寿命或造成被控设备损坏;当驱动电压大于额定吸合电压时,则会因线圈过流而损坏。

小型继电器与单片机接口电路如图 4.23 所示,其中二极管 V_D 是为了防止继电器断开瞬间引起的高压击穿驱动管。

当 P1.0 输出低电平时,7407 输出低电平,驱动管 V_1 导通,结果继电器吸合;反之,当 P1.0 输出高电平时,7407 输出高电平,V_1 截止,继电器不吸合。在继电器由吸合到断开的瞬间,由于线圈中的电流不能突变,将在线圈产生上负下正的感应电压,使驱动管集电极承受高电压,有可能损坏驱动管,因此,需在继电器线圈两端并接一只续流二极管

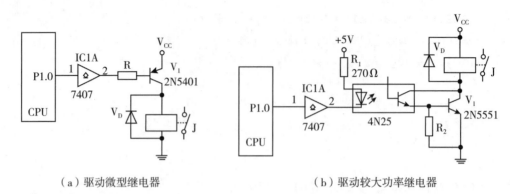

（a）驱动微型继电器　　　　　　　　　（b）驱动较大功率继电器

图 4.23　单片机与继电器连接的接口电路

V_D，使线圈两端的感应电压被钳位在 0.7V 左右。正常工作时，线圈上的电压上正下负，续流二极管 V_D 对电路没有影响。

　　由于继电器由吸合到断开的瞬间会产生一定的干扰，图 4.23(a) 电路仅适用于吸合电流较小的微型继电器。当继电器吸合电流较大时，在单片机与继电器驱动线圈之间需要增加光耦隔离器件等，如图 4.23(b) 所示。其中，R_1 是光耦内部 LED 限流电阻，R_2 是驱动管 V_1 基极泄放电阻(防止电路过热造成驱动管误导通，提高电路工作可靠性)，R_2 一般取 4.7~10kΩ 之间，太大会失去泄放作用，太小则会降低继电器吸合的灵敏度。当然，如果需要控制的继电器数目较多，为提高系统的可靠性、减小 PCB 板面积、降低成本，对于中小功率直流继电器来说，最好采用 OC 输出高压大电流达林顿结构专用反相驱动器，如 8 反相 OC 输出高压大电流驱动芯片 ULN2803(输入与护 TTL 兼容) ULN2804、ULN2802、7 反相 OC 输出高压大电流驱动芯片 MC1413(输入与 TTL 兼容)、ULN20xx、75468 等，这些反相高压大电流反相驱动器内部包含了 8(或 7) 个反相驱动器，并在每个驱动器上并接了续流二极管，如图 4.24(a) 所示；各单元内部等效电路如图 4.24(b) 所示，由达林顿管 (V_1、V_2)、限流电阻 R_1、泄放电阻 R_2 及 R_3、保护二极管 V_{D1} 及 V_{D2}、续流二极管 V_n 组成，每个反相驱动器最多可以吸收 200~500 mA 的电流，最大耐压为 50V，完全可以驱动

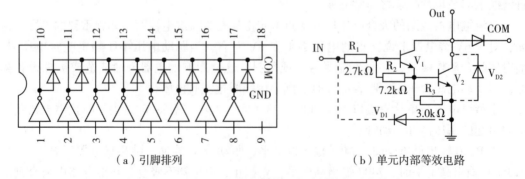

（a）引脚排列　　　　　　　　　　（b）单元内部等效电路

图 4.24　ULN2803 芯片内部单元电路结构与引脚排列

小功率直流继电器。

尽管图 4.24 仅给出了 ULN2803 芯片内部单元等效电路，不过 ULN 系列驱动芯片内部电路形式几乎相同，只是电阻、三极管参数略有不同。可见，这类专用集成驱动芯片功能完善，可直接用于驱动多个小型继电器，如图 4.25 所示。

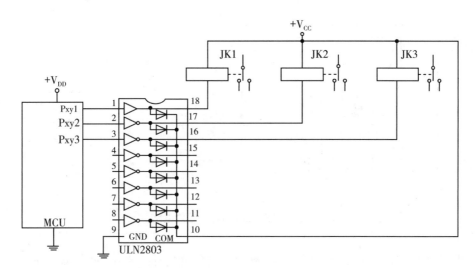

图 4.25　借助 ULN2803 芯片驱动多个直流继电器

4.3.3　光电耦合器件接口电路

光电耦合器件是将砷化镓制成的发光二极管(发光源)与受光源(如光敏三极管、光敏晶闸管或光敏集成电路等)封装在一起，构成电-光-电转换器件，其内部结构如图 4.26 所示。从发光二极管特性看出，发光强度与流过发光二极管中的电流大小有关，这样就将输入回路中变化的电流信号转化为变化的光信号，而光敏三极管中集电极电流大小与注入的光强度有关，从而实现了电-光-电的转换。由于输入回路与输出回路之间通过光实现耦合，因此光电耦合器件也称为光电隔离器件，或简称耦合。

光耦器件具有如下特点：

(1)输入回路与输出回路之间通过光实现耦合，彼此之间的绝缘电阻很高，并能承受 2000V 以上高压，因此输入回路与输出回路之间在电气上完全隔离。由于输入、输出自成系统，无须共地，绝缘和隔离性能都很好，因此，可有效地避免输入、输出回路之间的相互作用。

(2)由于光耦中的发光二极管以电流方式驱动，动态电阻很小，输入回路中的干扰，如电源电压波动、温度变化引起的热噪声等均不会耦合到输出回路。

(3)作为开关使用时，光耦器件具有寿命长，反应速度快(开关时间在微秒级)的特点，高速光耦开关时间只有 10ns。

光耦广泛应用于彼此需要隔离的数字系统中，根据受光源结构的不同，可将光耦器

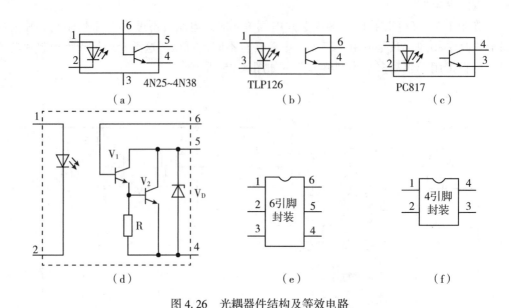

图 4.26　光耦器件结构及等效电路

件分为晶体管输出的光电耦合器件和晶闸管输出的光电耦合器件两大类。在晶体管输出的光电耦合器件中，受光源为光敏三极管。光敏三极管可以有基极(如图 4.26(a)所示的 4N25~4N38 等)，也可以没有基极(如图 4.26(b)(c)所示的 TLP126、PC817 等)，部分光耦输出回路的晶体管采用达林顿结构，以提高电流传输比(如图 4.26(d)所示的 4N33、H11G1、H11G2，H11G3 等)，其中泄放电阻 R 的作用是给 V_1 管的漏电流提供泄放通路，防止热电流引起 V_2 管误导通；二极管 V_n 的作用是防止输出管 CE 结反偏，保护输出管。

　　晶体管输出的光电耦合器件与单片机的基本接口电路如图 4.27 所示，其中，输入回路的工作原理与 LED 发光二极管驱动电路相同，当单片机 I/O 引脚输出低电平时，7407 输出级饱和导通，光耦内部的 LED 发光，工作电流 I_F 输出回路的三极管因光照而饱和导通，集电极输出低电平。

　　在基极开路的情况下，输出回路的集电极电流 I_C 与输入回路发光二极管的工作电流 I_F 有关，I_F 越大，I_C 也越大，I_C/I_F 称为光电耦合器件的电流传输比。电流传输比受 I_F 影响较大，当 I_F<10mA 时，发光二极管处于非线性区，电流传输比较小；当 I_F>20mA 时，发光二极管出现亮度饱和现象，电流传输比也会下降；当 I_F 在 10~20mA 范围内时，I_C/I_F 近似为常数，仅与光耦器件类型有关。对于单个晶体管输出的光耦，电流传输比一般在 0.2 左右，即 I_F 在 15mA 时，I_C 约为 3mA；对于达林顿管输出的光耦，如 4N33，电流传输比高达 500。

　　当单片机 I/O 引脚输出高电平时，7407 输出级截止，光耦内部的 LED 不导通，三极管由于没有光照而截止，集电极输出高电平。如果 I/O 引脚输出脉冲信号，则光耦集电极也将输出一个脉冲信号。但由于光耦导通时，需要光注入后才能形成基极电流，导通延迟

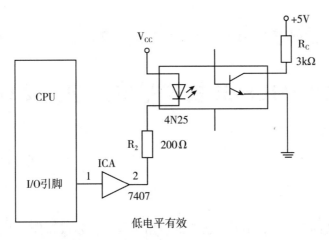

图 4.27   4N25 与单片机的接口电路

时间 t_{on} 约为数微秒；输入回路截止时，即停止光注入后，也需要延迟一段时间 t_{off}，集电极才能输出高电平，t_{off} 约为几微秒到几十微秒(与输出回路中三极管的结构有关)。因此，普通光耦只能传输 10kHz 以内的脉冲信号。

第 5 章　MCS-51 模拟量输入输出接口技术

5.1　概述

随着现代科技的发展，数字系统已广泛应用于各学科领域和日常生活中，MCS-51 单片机也是一个典型的数字系统。但数字系统只能对输入的数字信号进行处理，其输出的信号也是数字信号。而在工业检测控制和生活中，许多物理量都是连续变化的模拟量，如温度、压力、流量、速度等，这些模拟量可以通过传感器或换能器变成与之对应的电压、电流或频率等电模拟量。为了实现数字系统对这些电模拟量进行检测、运算和控制，就需要一个模拟量与数字量之间相互转换的过程。

将模拟量转换为数字量的过程简称为 A/D 转换；完成这种功能的电路称为模数转换器(Analog to Digital Converter，简称 ADC)。而将数字量转换为模拟量的过程称为 D/A 转换，完成这一功能的电路称为数模转换器(Digital to Analog Converter，简称 DAC)。DAC 的功能是把数字量转换为与其成比例的模拟电压或电流信号。

5.1.1　量化

在数字信号处理领域，量化是指将信号的连续取值(或者大量可能的离散取值)近似为有限多个(或较少的)离散值的过程。量化主要应用于从连续信号到数字信号的转换中。连续信号经过采样成为离散信号，离散信号经过量化即成为数字信号。

数字电路中，采样和量化过程由 ADC 完成。ADC 一般为标量均匀量化。量化的过程就是把采集到的数值(称为采样值)送到量化器编码成数字形式，一般为二进制。每个样值代表一次采样所获得的信号的瞬时幅度。设计量化器时，将标称幅度划分为若干份，称为量化级，一般为 2 的整数次幂。把落入同一级的样本值归为一类，并给定一个量化值。量化级数越多，量化误差就越小，精度就越高。例如，8 位的 ADC 可以将标称输入电压范围内的模拟电压信号转换为 8 位的数字信号。

5.1.2　特性参数

1. 分辨率

ADC 的分辨率定义为 ADC 所能识别的输入模拟量的最小变化量，可以用输入满量程值的百分数表示。但目前一般都简单地用 ADC 输出数字量的位数 n 表示，代表 ADC 有 2^n 个可能的状态，可分辨出满量程值的 $1/2^n$ 为输入变化量，此输入变化量称为 1LSB，即一个量子 Q。

2. 转换时间

转换器完成一次转换所需时间定义为转换时间。转换时间与实现转换状态所采用的电路技术有关。例如，以并行比较型为代表的高速 ADC 转换时间为几十纳秒，以逐次逼近型为代表的中速 ADC 的转换时间为几微秒，而以积分型为代表的低速 ADC 转换时间为几十毫秒至几百毫秒。采用同种电路技术的 ADC 转换时间与分辨率有关。一般而言，分辨率越高，转换时间越长。

3. 精度

(1)绝对精度，定义为：对应于产生一个给定的输出数字码，理想模拟输入电压与实际模拟输入电压的差值。在 A/D 转换时，量化带内的任意模拟输入电压都产生同一个输出码。上述定义中的理想模拟电压限定为量化带这种点对应的模拟电压，实际模拟输入电压定义为实际量化带中点对应的模拟电压。例如，一个输入电压满量程为 10V 的 12 位 ADC，理论上输入模拟电压为 $5V \pm 1.2mV$ 时产生半满量程，对应的输出码为 100000000000。如果实际上是 4.997V 到 4.999V 范围内的模拟输入都产生这一输出码，则绝对精度为 $(4.997+4.999)/2-5 = -0.002V = -2mV$。

绝对精度与增益误差、偏移误差、非线性误差以及噪声等因素的影响有关。

(2)相对精度，定义为：在整个转换范围内，任意数字输出码所对应的模拟输入实际值与理想值之差与模拟满量程值之比。相对精度以%、10^{-6}(ppm)或 LSB 的数值表示。在上例中，半满量程时的相对精度为 $0.002V/10V = 0.02\% = 200 \times 10^{-6}$。

(3)偏移误差，定义为：使 ADC 的输出最低位为 1，施加到 ADC 模拟输入端的实际电压与理论值 $0.5(V_r/2^n)$(即 0.5LSB 所对应的电压值)之差，又称为偏移电压，一般以满量程值的百分数表示。在一定环境温度条件下，偏移电压是可以消除的。但是，当温度变化时，偏移误差将再次出现，也就是说在宽温度范围内补偿这一误差是困难的。通常在 ADC 的产品技术说明书中都会给出偏移误差的温度，单位为 $10^{-6}/℃$，其值约在几到几十范围内，以便进行补偿。

(4)增益误差，定义为：ADC 输出达到满量程时，实际模拟输入与理想模拟输入之间的差值，以模拟输入满量程的百分数表示。由于存在增益误差，实际模拟输入可用式(5.1)表示：

$$E_n = KV_r(a_1 2^{-1} + a_2 2^{-2} + \cdots + a_n 2^{-n}) \tag{5.1}$$

式中，K 是增益误差因子，V_r 是输入模拟电压的满量程。当 $K=1$ 时，即没有增益误差；当 $K>1$ 时，在输入模拟信号达到满量程之前，数字输出就已"饱和"；当 $K<1$ 时，模拟输入信号已超满量程时，数字输出还未溢出。和偏移误差相似，增益误差也可以借助外接电路调整到零，但在另一环境温度下又会出现。增益误差的温度系数的单位为 $10^{-6}/℃$，其值

约为几十。

(5)线性度误差，ADC 的线性度误差包括积分线性度误差和微分线性度误差两种。

积分线性度误差定义为：偏移误差和和增益误差均已调零后的实际传输特性，与通过零点和满量程点的直线之间的最大偏离值，有时也称为线性度误差。图 5.1 示出了这种误差，该误差通常不大于 0.5LSB。

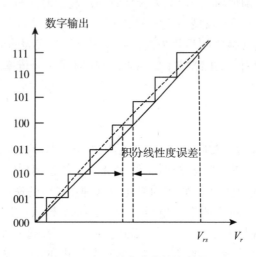

图 5.1　ADC 的积分线性度误差

积分线性度误差是从总体上来看 ADC 的数字输出，表明其误差的最大值。但是，在很多情况下，我们往往对相邻状态间的变化更感兴趣。微分线性度误差就是说明这种问题的技术参数，它定义为：ADC 传输特性台阶的宽度(实际的量子值)与理想量子值之间的误差，也就是两个相邻码间模拟输入量的差值对于 $V_r/2^n$ 的偏离值。例如，一个 ADC 的微分线性度误差为 $\pm\frac{1}{2}$LSB，则在整个传输特性范围内，任何一个量子(台阶宽度)都介于 $\frac{1}{2}$LSB(微分线性度误差为 $-\frac{1}{2}$LSB)和 $\frac{3}{2}$LSB(微分线性度误差为 $+\frac{1}{2}$LSB)之间。

图 5.2 描述了微分线性度误差情况，可以看出，最初两个台阶是理想的。台阶宽度为 Q，即 $V_r/2^n$。第三个台阶宽度只有 $\frac{1}{2}Q$，再下一个则为 $\frac{3}{2}Q$。总体来看，此 ADC 的微分线性度误差没有超过 ±0.5LSB。显然，为给出微分线性度误差这一参数，需要在整个满量程范围内对每一个台阶的值进行测量。

与微分线性度误差直接关联的一个 ADC 的常用术语是"失码"(Missing Cord)或"跳码"(Skipped Cord)，也称为非单调性。所谓失码，就是有些数字码不可能在 ADC 的输出端出现，即被丢失(或跳过)了。当 ADC 的微分线性度误差小于 ±1LSB 时，便产生失码。例如，当 ADC 的传输特性如图 5.3 所示时，011 码被丢失。

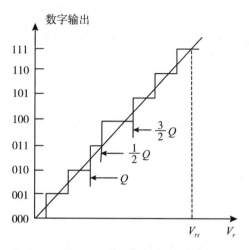

图 5.2　ADC 的微分线性度误差

ADC 的积分和微分线性度误差来源即特性与转换器所采用的电路技术有关。它们是难以用外电路加以补偿的。

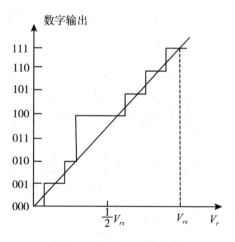

图 5.3　ADC 的失码现象

（6）温度对误差的影响，环境温度的改变会造成偏移误差、增益误差和线性度误差的变化。当 ADC 必须工作在温度变化的环境时，这些误差的温度系数将是一个重要的技术参数。温度系数是指温度改变 1℃时误差的改变量与满量程输入模拟电压的比值，常以 $10^{-6}/℃$ 表示。偏移误差使传输特性围绕坐标点旋转一个角度，温度改变使角度变化。显然，在 0~5V 范围内，不同输入电压值时的增益误差以及温度变化造成的误差增减是不同的。从增益误差的定义可知，该误差是指输入满量程时的误差，因此，该误差的温度系数也与这一定义统一，即是指输入满量程时温度改变 1℃时造成的增益误差的变化量与输入满量程之比。温度对线性度误差也会造成影响，由于线性度误差的最大值一般发生在 $\frac{1}{2}V_r$ 附近，因此该误差的温度系数的最大值一般也发生在该处附近。

5.2 ADC 接口

ADC 是一种在规定的精度和分辨率之内，把输入的模拟信号转换为成比例的数字输出信号的器件。

5.2.1 ADC 转换原理

1. 比较性 ADC

比较型 ADC 可分为反馈比较型及非反馈(直接)比较性两种。高速的并行比较型 ADC 是非反馈的。智能仪器中常用到的中速中精度的逐次逼近型 ADC 是反馈型的。图 5.4 给出了逐次逼近式转换器(Successive Approximation Converter)的原理。

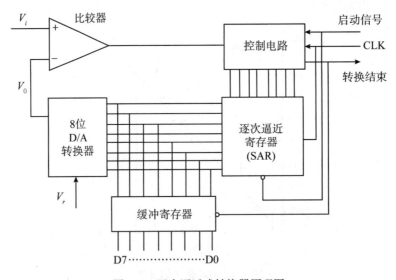

图 5.4　逐次逼近式转换器原理图

当启动信号由高电平变为低电平时，逐次逼近寄存器 SAR(Successive Approximation Register)清 0。相应的 D/A 转换器输出电压 V_0 也为 0。当该信号由低变高时，转换开始，此后 SAR 计数。

SAR 的计数方式与普通计数器不同，逐次逼近式计算器不是从低位往高位逐一进行计数和进位的，而是从最高位开始通过一位一位设置试探值来改变其内容。

设逐次逼近式 ADC 的位数为 8 位，则 A/D 的转换过程如下：第一个时钟脉冲时，控制电路把最高位送到 SAR，即 SAR 输出为 10000000，相应的，$V_0 = [128/256] V_r$，此时，若 $V_0 > V_i$，则比较器输出为低，使控制电路清除 SAR 中的最高位（即原试探值）；若 $V_0 < V_i$，则比较器输出为高，使控制电路将 SAR 的最高位保留。下一个时钟脉冲时，控制电路把次高位送到 SAR，即 SAR 的输出为 1000000；相应地，$V_0 = [(128+64)/256] V_r$，或 $V_0 = (64/256) V_r$。此时，若 $V_0 > V_i$，比较器输出为低，使控制电路清除这一位；若 $V_0 < V_i$，比较器输出为高，使控制电路保留这一位。再下一个时钟脉冲时，试探第 5 位。重复上述过程，直到试探至第 0 位为止。经过 8 次（n 位 ADC 需经过 n 次）比较后，SAR 中的值即为 A/D 转换后的结果。此时，控制电路使转换结束端产生低电平脉冲信号，将 SAR 中的内容送到缓冲寄存器，整个 A/D 转换过程结束。

由上述采用逐次逼近式原理实现 A/D 转换的过程可以看出，对于一个 n 位的 ADC，转换时间一般只需 $n+2$ 个时钟周期，即 n 次比较及一个启动周期和转换周期。

2. 积分型 ADC

1）转换原理

图 5.5(a) 所示为智能仪器中常用的双积分式 ADC 的电路结构图。A/D 转换时分为两个节拍。

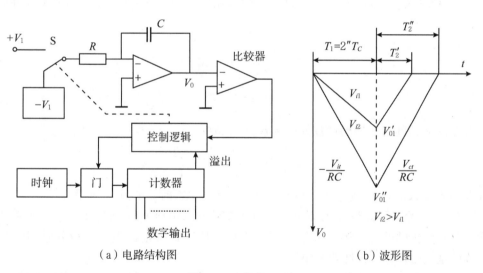

（a）电路结构图   （b）波形图

图 5.5 双积分 ADC

在第一节拍，当转换开始时，电容器电压 V_0 为 0，运放输出电压 V_0 为 0，计数器置 0。控制逻辑同时把开关 S 接通到待转换信号 V_i（设 V_i 为正值），积分器输出电压 V_0 由 0 变负，并随时间线性地变小（绝对值增大）。比较器在 V_0 变负的最初瞬间输出高电平，使控制逻辑打开门电路，时钟脉冲送入计数器计数。积分器输出电压 V_0 对时间的变化关系为

$$V_0 = -\frac{1}{RC} \int_0^1 V_i \mathrm{d}t \tag{5.2}$$

107

当待转换信号 V_i 看成恒定值时

$$V_0 = -\frac{V_i}{RC}t \tag{5.3}$$

当计数器共接收 2^n 个时钟脉冲时(n 是二进制计数器的位数，也是 ADC 的位数)，计数器溢出(计数值为 0)，同时产生溢出信号。该信号使控制逻辑把开关 S 切换到 $-V_r$ 开始第二节拍。显然，在第一节拍期间，积分时间 $T_1 = 2^n T_c$(T_c 为计数器时钟周期)。因此，这一期间是定时积分。这样，到第一节拍结束时，积分器输出电压 V_{ol} 为

$$V_{ol} = -\frac{V_i}{RC}2^n T_c \tag{5.4}$$

即 V_{ol} 与 V_i 成正比。

第二节拍是对 $-V_r$ 进行积分的过程。由于 V_r 与 V_i 极性相反，积分器输出电压 V_0 将从 V_{ol} 开始往反方向变化，即线性增大(绝对值变小)，直至 $V_0 = 0$。由于 V_r 是恒定值，所以第二节拍是定压积分。第二节拍期间积分器输出电压与时间关系为

$$V_0 = V_{ol} - \frac{1}{RC}\int_0^t (-V_r)\,\mathrm{d}t = -\frac{V_i}{RC}2^n T_c + \frac{V_r}{RC}t \tag{5.5}$$

同时，在第二节拍期间，由于比较器输出始终为高，因此，门电路始终开启，计数器从 0 开始继续计数。当 $t = T_2$ 时，$V_0 = 0$，比较器输出为低，门电路关闭，计数器停止计数。由式(5.5)可得：

$$0 = -\frac{V_i}{RC}2^n T_C + \frac{V_r}{RC}T_2 \tag{5.6}$$

即

$$T_2 = \frac{V_i 2^n T_c}{V_r} \tag{5.7}$$

由于在 T_2 期间计数器的计数值 $N = T_2/T_c$，故：

$$N = \frac{T_2}{T_c} = \frac{V_i 2^n T_c/V_r}{T_c} = \frac{V_i 2^n}{V_r} \tag{5.8}$$

即 N 与模拟输入电压 V_i 成正比。当 $V_i' = (2^n - 1)V_r/2^n$ 时，N 为全"1"码。

图 5.5(b)给出了此类 ADC 对两个不同模拟量输入电压 V_i($V_{i2} > V_{i1}$)进行转换时，积分器输出电压变化的情况。第一节拍是定时积分，特性斜率正比于 V_i，积分时间均为 T_1。第二节拍是定压积分，特性效率相等。

如果待转换电压 V_i 为负，则应该在第二节拍时接入 $+V_r$，积分器输出电压在第一节拍时由零线性增大，第二节拍时再降回到零。

2) 双积分式 ADC 的优点

此类 ADC 对 R、C 及时钟脉冲 T_c 的长期稳定性无过高要求即可获得很高的转换精度。只要在一个转换周期的时间内 R、C 及 T_c 保持稳定，双积分式 ADC 就可获得很高的转换精度。这是因为在两次积分之后，R、C 及 T_c 所起的作用被抵消了。由于转换周期最大约为几十至几百毫秒，因此，只要在这段时间内 R、C 及 T_c 保持稳定，即可获得很高的转换精度，显然，这样的要求是很容易满足的。

双积分式 ADC 的另外两个优点是：

第一，微分线性度极好，不会有非单调性。因为积分的输出是连续的，因此计数必然是依次进行的。相应的，计数过程中输出二进制码也必然每次增加 1LSB，所有的码都必定顺序发生。从本质上说，不会发生丢码现象。

第二，积分电路为抑制噪声提供了有利条件。双积分式 ADC 从原理上说是测量输入电压在定时积分时间 T_1 内的平均值，显然，对干扰有很强的抑制作用，尤其对正负波形对称的干扰信号(如工业现场中的工业频率 50Hz 或 60Hz 正弦波电压信号)，抑制效果更好。当然，为提高抑制干扰的效果，使用时，一般应将 T_1 选择为干扰信号周期的整数倍。

3) V/F 型 ADC

智能仪器中常用的另一种 ADC 是 V/F(电压/频率转换)型 ADC，它主要由 V/F 转换器和计数器构成。V/F 型 ADC 特点是：与积分式 ADC 一样，对工频干扰有一定的抑制能力，分辨率较高，易于实现光电隔离。由于频率信号比模拟信号更适合远距离传输，所以特别适合现场与主机系统较远的应用场合。

5.2.2 ADC 与微处理器的接口

1. AD574A 及其与微处理器的接口

1) AD574A 简介

AD574A 是一个完善的中档、中速的 12 位 ADC，按逐次逼近式工作，最大转换时间为 25μs。片内具有 4 位三段三态门输出，可直接挂在 8 位或 16 位微处理器的数据总线上。AD574A 可以在宽的温度范围内保持线性并不丢码，内有高稳定时钟及齐纳二极管稳定电源($V_{REF} = 10V$)，采用 28 脚塑料或陶瓷双列直插式封装，功耗较低(390mW)。图 5.6 所示为 AD574A 的管脚图。

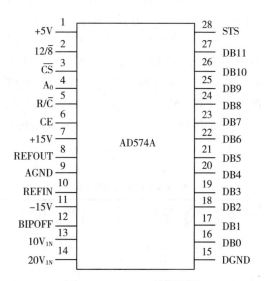

图 5.6 AD574A 的管脚图

AD574A 输入模拟量的允许范围为 0~+10V 或 0~+20V(单极性)；±5V 或±10V(双极性)。单极性输入和双极性输入的连接线路如图 5.7 所示。

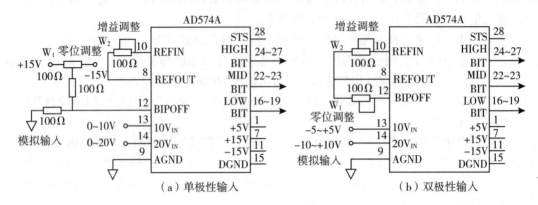

图 5.7 连接线路图

图 5.7(a)中 13 脚为+10V 输入范围，1LSB 对应模拟输入电压为 2.44mV；14 脚为+20V 输入范围，1LSB 对应 4.88mV。图 5.7(a)中的 W_1 用于零位调整(即消除偏移误差)，方法为：调整 W_1，使输入模拟量为 1.22mV(+10V 范围，相当于 1/2LSB)时，输出数字量从 000000000000 变到 000000000001。W_2 用于校准满量程(即消除增益误差)，方法为：调整 W_2，使输入模拟量为 9.9963V(+10V 范围，相当于满量程减去 1.5LSB)时，数字量从 111111111110 变到 111111111111。双极性工作时的零位及满量程调整方法为：图 5.7 (b)中调节 W_1，使模拟电压变化 1/2LSB(即对±5V 范围是+4.9988V)时，输出数字量从 000000000000 变到 000000000001；调节 W_2，使输入模拟量为满量程减去 1.5LSB(即对±5V范围是+4.9963V)时，输出数字量从 111111111110 变化到 111111111111。

AD574A 数字部分主要包括控制逻辑、时钟、SAR 及三态门输出。其 STS 端表明 ADC 的工作状态，当转换开始时，STS 呈高电平，转换完成后返回低电平。AD574A 共有 5 个控制端，可从外部用逻辑电平来控制其工作状态，具体如表 5-1 所示。由表可见，在一定的控制条件下，AD574A 可按 12 位启动转换，也可按 8 位启动转换；可将 12 位一次并行输出，也可以先输出最高 8 位数据，然后输出余下的 4 位数据(后跟 4 位 0)，两次输出时的数据格式如图 5.8 所示。图中的 DB_{11} 及 DB_0 分别为数据的最高位(MSB)及最低位(LSB)。

表 5-1 **AD574A 的控制状态表**

CE	CS	R/C	12/8	A0	操作内容
0	×	×	×	×	无操作
×	1	×	×	×	无操作
1	0	0	×		启动一次 12 位转换

续表

CE	CS	R/C	12/8	A0	操作内容
1	0	0	×		启动一次 8 位转换
1	0	1	接+5V 电源	×	12 位并行输出
1	0	1	接数字地	0	输出最高 8 位数码
1	0	1	接数字地	1	输出余下 4 位数码

注："×"表示无关位。

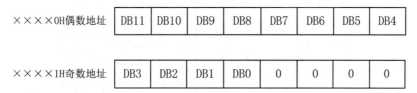

图 5.8　AD574 的 8 位输出数据格式

2)AD574A 与微处理器的接口

AD574A 使用灵活，可方便地与各种 CPU 或微处理器系统相连。为使其数据转换或数据输出能够正确进行，必须遵守有关的时序，如图 5.9 所示。根据图示时序，可方便地设计出 AD574A 与微处理器系统接口的各种电路。图 5.10 为 AD574A 与 8031 的接口电路。由图 5.9 可知，无论启动转换还是读转换结果，都要保证 CE 为高电平，故 8031 的 $\overline{RD}$、$\overline{WR}$ 信号通过与非门后与 AD574A 的 CE 端相连。转换结果分为高 8 位和低 4 位与 8031 的 8 位数据线(P0 口)相连。这样对地址 A7～A0＝0×××××00 进行写操作时，启动一

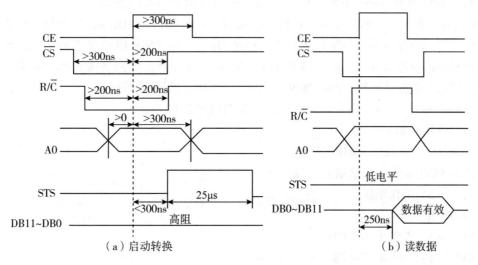

（a）启动转换　　　　（b）读数据

图 5.9　AD574A 启动转换和读数据时序

次 12 位转换；对地址 A7～A0＝0×××××10 进行写操作时，启动一次 8 位转换；对地址
A7～A0＝0×××××01 进行读操作时，读取转换结果高 8 位，对地址 A7～A0＝0×××××11 进
行读操作时，读取转换结果低 4 位。另外，8031 在启动 A/D 转换后，通过对 P1.0 引脚的
状态进行查询，来了解 A/D 转换是否结束。

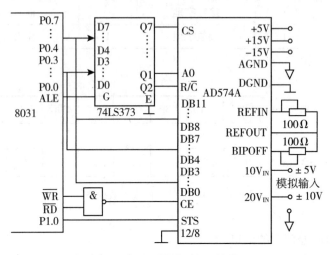

图 5.10　AD574A 与 8031 的接口

2. ADC0809 及其与微处理器的接口

1）ADC0809 简介

ADC0809 是 8 位 A/D 转换芯片，是逐次逼近型 ADC，内部结构如图 5.11 所示。

ADC0809 由单一+5V 电源供电，片内带有锁存功能的 8 路模拟多路开关，可对 8 路
0～5V 的输入模拟电压信号分时进行转换，完成一次转换约需 100μs；片内具有多路开关
的地址译码和锁存电路、高阻抗斩波器、稳定的比较器、256R 电阻 T 型网络和树状电子
开关以及逐次逼近寄存器。输出具有 TTL 三态锁存缓冲器，可直接接到单片机数据总线
上，通过适当的外接电路，ADC0809 可对 0～5V 的模拟信号进行转换。

ADC0809 是 28 脚双列直插式封装，引脚图如图 5.12 所示。

各引脚功能如下：

D7～D0：8 位数字量输出引脚。

IN0～IN7：8 路模拟量输入引脚。

V_{CC}：+5V 工作电压。

GND：地。

REF(+)：参考电压正端。

REF(−)：参考电压负端。

START：A/D 转换启动信号输入端。

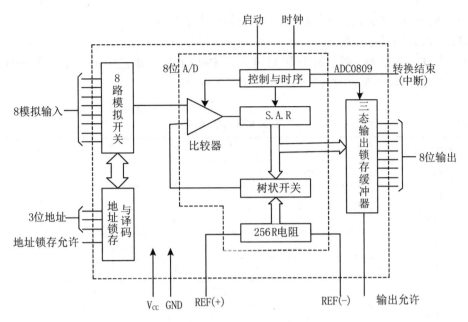

图 5.11 ADC0809 内部结构图

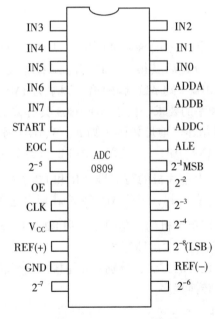

图 5.12 ADC0809 引脚图

ALE：地址锁存允许信号输入端。

（以上两信号用于启动 A/D 转换）

EOC：转换结束信号输出引脚，开始转换时为低电平，当转换结束时为高电平。

113

OE：输出允许控制端，用以打开三态数据输出锁存器。

CLK：时钟信号输入端。

A、B、C：地址输入线，位译码后可选通 IN0～IN7 八通道中的一个通道进行转换。A、B、C 的输入与被选通的通道的关系如表 5-2 所示。

表 5-2　　　　　　　　　　　　　输入与通道的关系

被选通的通道	C	B	A
IN0	0	0	0
IN1	0	0	1
IN2	0	1	0
IN3	0	1	1
IN4	1	0	0
IN5	1	0	1
IN6	1	1	0
IN7	1	1	1

2）ADC0809 微处理器的接口

由于 ADC0809 片内无时钟，ADC0809 的时钟信号 CLK 可利用 8031 提供的地址锁存允许信号 ALE 经 D 触发器二分频后获得，ALE 脚的频率是 8031 单片机时钟频率的 1/6。如果单片机时钟频率采用 6MHz，则 ALE 脚的输出频率为 1MHz，再二分频后为 500kHz，恰好符合 ADC0809 对时钟频率的要求。由于 ADC0809 具有输出三态锁存器，其 8 位数据输出引脚可直接与数据总线相连。地址译码引脚 A、B、C 分别与地址总线的低三位 A0、A1、A2 相连，以选通 IN0～IN7 中的一个通路。将 P2.7（地址总线最高位 A15）作为片选信号，在启动 A/D 转换时，由单片机的写信号 $\overline{WR}$ 和 P2.7 控制 ADC 的地址锁存和转换启动，由于 ALE 和 START 连在一起，因此 ADC0809 在锁存通道地址的同时，启动并进行转换。在读取转换结果时，用单片机的读信号 $\overline{RD}$ 和 P2.7 口经一级或非门后，产生的正脉冲作为 OE 信号，用以打开三态输出锁存器。

下面的程序是采用软件延时的方法，分别对 8 路模拟信号轮流采样一次，并依次把结果转储到数据存储区的采样转换程序。

```
MAIN:    MOV    R1, #data        //置数据区首地址
         MOV    DPTR, #7FF8H     //P2.7 = 0, 且指向通道 0
         MOV    R7, #08H         //置通道数
LOOP:    MOVX   @ DPTR, A        //启动 A/D 转换
         MOV    R6, #0AH         //软件延时, 等待转换结束
DLAY:    NOP
```

```
        NOP
        NOP
        DJNZ    R6, DLAY
        MOVX    A, @ DPTR           //读取转换结果
        MOV     @ R1, A             //转储
        INC     DPTR                //指向下一个通道
        INC     R1                  //修改数据区指针
        DJNZ    R7, LOOP            //8 个通道全采样完了吗?
    .....
```

ADC0809 与 8031 的中断方式接口电路只需将 0809 的 EOC 端经过一非门连接到 8031 的 $\overline{INT1}$ 端即可。采用中断方式可大大节省 CPU 的时间,当转换结束时,EOC 发出一个脉冲向单片机提出中断请求,单片机响应中断请求,由外部中断 1 的中断服务程序读 A/D 结果,并启动 0809 的下一次转换。外部中断 1 采用边沿触发方式。

程序如下:

```
INIT1:  SETB    IT1                 //外部中断 1 初始化编程
        SETB    EA
        SETB    EX1
        MOV     DPTR, #7FF8H //启动 0809 对 IN0 通道转换
        MOVX    @ DPTR, A
        ...
        ...
```

中断服务程序:

```
PINT1:  MOV     DPTR, #7FF8H //读取 A/D 结果送缓冲单元 30H
        MOVX    A, @ DPTR
        MOV     30H, A
        MOVX    @ DPTR, A    //启动 0809 对 IN0 通道下一次转换
        RETI
```

5.2.3 电压数据采集实例

【例 5.1】已知一个传感器的输出电压为 0~5V,试设计 ADC0809 与单片机 C51 的硬件接口,并编写 A/D 转换程序。

1. 基本目标与要求

(1)在 Proteus 环境下,设计基于 MCS-51 单片机(采用 AT89C51)单通道数据采集器。
(2)要求采用 ADC0809 芯片完成对单路模拟量的采集,输入电压范围为 0~5V。
(3)采用数码管显示采集得到的数值。
(4)设计硬件电路并在 Keil μVersion 环境中编写 C51 程序,在 Proteus 进行调试。

2. 创建文件

（1）启动 Proteus ISIS，新建设计文档 ADC0809Test. DSN。

（2）在对象选择窗口中添加下图所示元器件，元器件清单如表 5-3 所示。

（3）连线，完成硬件电路图设计，如图 5.13 所示。

表 5-3　　　　　　　　　　　　　　　　项目所用元器件

序号	器件编号	Proteus 器件名称	器件性质	参数及说明
1	U1	AT89C51	单片机	
2	U2	ADC0809	ADC	
3	X1	CRYSTAL	晶振	12M
4	C1，C2	CAP	电容	30pf
5	C4	CAP-ELEC	电解电容	1
6	RV1	POT-HG	电位器	
7	LED	7SEG-MPX4-CA	数码管	
8	R1，R6~R9，R14~R21	RES	电阻	10k
9	R2~R5	RES	电阻	1k
10	Q1~Q4	PNP	三极管	

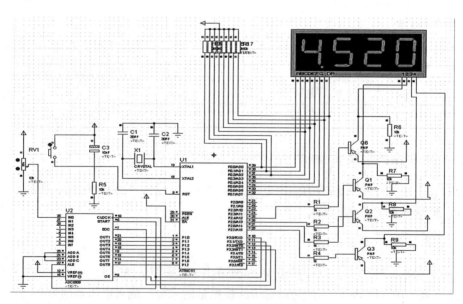

图 5.13　ADC 采样电路图

3. Keil μVersion 中创建项目及文件

(1) 启动 Keil uVersion 软件，选择 AT89C51 单片机，不加入启动代码。

(2) 软件清单：

```c
#include <reg52.h>              //头文件
#define uchar unsigned char     //宏定义无符号字符型
#define uint  unsigned  int     //宏定义无符号整型
code uchar seg7code[10] = { 0xc0, 0xf9, 0xa4, 0xb0, 0x99, 0x92,
0x82, 0xf8, 0x80, 0x90}; //显示段码 数码管字根
uchar Bt[4]={0XEf, 0XDf, 0XBf, 0X7f};    //位的控制端 //位控制码
sbit ST=P3^0;  //A/D启动转换信号
sbit OE=P3^1;  //数据输出允许信号
sbit EOC=P3^2;  //A/D转换结束信号
sbit CLK=P3^3;  //时钟脉冲
uint AD0809, data;  //定义数据类型
/* * * * * * * * * * * * * * * * * * * * * * * * * * * * * * * *
延时函数
* * * * * * * * * * * * * * * * * * * * * * * * * * * * * * * */
void delay(uchar t)
{
  uchar i, j;
    for(i=0; i<t; i++)
    {
      for(j=13; j>0; j--);
      { ;
      }
    }
}
/* * * * * * * * * * * * * * * * * * * * * * * * * * * * * * *
        数码管动态扫描
* * * * * * * * * * * * * * * * * * * * * * * * * * * * * * * */
void Show() //显示函数
{
    uint z, x, c, v;
    z=date/1000; //求千位
    x=date%1000/100; //求百位
    c=date%100/10; //求十位
```

```
    v=date%10; //求个位
    P2=0XFF;
    P0=seg7code[z]&0x7f;
    P2=Bt[0];
    delay(80);
    P2=0XFF;
    P0=seg7code[x];
    P2=Bt[1];
    delay(80);
    P2=0XFF;
    P0=seg7code[c];
    P2=Bt[2];
    delay(80);
    P2=0XFF;
    P0=seg7code[v];
    P2=Bt[3];
    delay(80);
    P2=0XFF;
}
/* * * * * * * * * * * * * * * * * * * * * * * * * * * * * * * * *
                    CLK 振荡信号
* * * * * * * * * * * * * * * * * * * * * * * * * * * * * * * * */
void timer0( )interrupt 1 //定时器 0 工作方式 1
{
TH0=(65536-2)/256;    //重装计数初值
TL0=(65536-2)%256;    //重装计数初值
CLK=! CLK;    //取反
}


/* * * * * * * * * * * * * * * * * * * * * * * * * * * * * * * * *
                      主函数
* * * * * * * * * * * * * * * * * * * * * * * * * * * * * * * * */
void main()
{
    TMOD=0X01;    //定时器中断 0
    CLK=0;    //脉冲信号初始值为 0
    TH0=(65536-2)/256;    //定时时间高八位初值
```

```
      TL0 =(65536-2)% 256;    //定时时间低八位初值
      EA =1;   //开 CPU 中断
      ET0 =1;   //开 T/C0 中断
      TR0 =1;
      while(1)   //无限循环
      {
        ST =0;  //使采集信号为低
        ST =1;  //开始数据转换
        ST =0;  //停止数据转换
        while(! EOC);  //等待数据转换完毕
        OE =1;  //允许数据输出信号
        AD0809 =P1;    //读取数据
        OE =0;  //关闭数据输出允许信号
        if(AD0809>=251)//电压显示不能超过5V
        AD0809 =250;
        data=AD0809 * 20;  //数码管显示的数据值,其中20为采集数据的毫安值
        Show();  //数码管显示函数
      }
}
```

5.3 DAC 接口

DAC(数模转换器)的功能是把数字量转换为与其成比例的模拟电压或电流信号。数字量可为任何一种编码形式,如无符号二进制、2 补数、BCD 码等。DAC 的分辨率取决于位数,通常不超过 16 位。例如,一个输出 10V 的 16 位 DAC 的最低有效位表示能分辨 $153\,\mu V =10V/(2^{16}-1)$,为总量的 0.00152%。

随着集成电路工艺的发展,DAC 也已集成化。单片 DAC 集成电路通常集成了控制开关、解码网络,有的还包括运算放大器,这时转换速度将受运算放大器的影响。现在大量使用的混合式 DAC 把标准电压、运算放大器、开关和解码网络等集成在了一起,封装在密封的双列直插式组件内部。它在价格和性能上介于分立式和单片集成电路之间。

5.3.1 DAC 转换原理

DA 转换器的内部电路构成无太大差异,一般按输出是电流还是电压、能否作乘法运算等进行分类。大多数 DA 转换器由电阻阵列和 N 个电流开关(或电压开关)构成。按数字输入值切换开关,产生比例于输入的电流(或电压)。此外,也有为了改善精度而把恒流源放入器件内部的。一般说来,由于电流开关的切换误差小,大多采用电流开关型电路,电流开关型电路如果直接输出生成的电流,则为电流输出型 DA 转换器,如果经电

流-电压转换后输出，则为电压输出型 DA 转换器。此外，电压开关型电路为直接输出电压型 DA 转换器。

1. 电压输出型

电压输出型 DA 转换器虽有直接从电阻阵列输出电压的，但一般采用内置输出放大器以低阻抗输出。直接输出电压的器件仅用于高阻抗负载，由于无输出放大器部分的延迟，故常作为高速 DA 转换器使用。

2. 电流输出型

电流输出型 DA 转换器很少直接利用电流输出，大多外接电流-电压转换电路得到电压输出，后者有两种方法：一是只在输出引脚上接负载电阻而进行电流—电压转换，二是外接运算放大器。用负载电阻进行电流-电压转换的方法，虽可在电流输出引脚上出现电压，但必须在规定的输出电压范围内使用，而且由于输出阻抗高，所以一般外接运算放大器使用。此外，大部分 CMOS DA 转换器当输出电压不为零时，不能正确动作，所以必须外接运算放大器。当外接运算放大器进行电流-电压转换时，则电路构成基本上与内置放大器的电压输出型相同，这时由于在 DA 转换器的电流建立时间上加入了运算放大器的延迟，使响应变慢。此外，这种电路中运算放大器因输出引脚的内部电容而容易起振，有时必须做相位补偿。

3. 乘算型

DA 转换器中有使用恒定基准电压的，也有在基准电压输入上加交流信号的，后者由于能得到数字输入和基准电压输入相乘的结果而输出，因而称为乘算型 DA 转换器。乘算型 DA 转换器一般不仅可以进行乘法运算，而且可以作为使输入信号数字化衰减的衰减器及对输入信号进行调制的调制器使用。

4. 一位 DA 转换器

一位 DA 转换器与前述转换方式全然不同，它将数字值转换为脉冲宽度调制或频率调制的输出，然后用数字滤波器作平均化而得到一般的电压输出（又称位流方式），用于音频等场合。

5.3.2　DAC 与微处理器的接口

1. 8 位 DAC 接口

图 5.14(a)所示为典型的 CPU 系统与 DAC 的接口。通过 8 位锁存器(74100 型)，把 8 位 DAC 连接到微处理器系统。DAC 把二进制数变换为输出电流。741 型集成运算放大器把电流变换为 0~1V 的输出电压。微处理器通过一条输出指令，把数字存入锁存器，运算放大器就输出与该数字成比例的模拟电压。下面所列程序可产生一个线性增加的电压斜

波，如图 5.14(b) 所示。锁存器的地址规定为 17H。

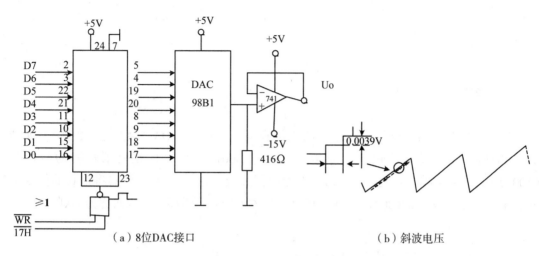

图 5.14 8 位 DAC 接口及产生的斜波电压波形

程序如下：

```
          MOV     SP, #53H
          CLR     A
          MOV     R1, #17H
LOOP:     MOVX    @R1, A
          ACALL   DELAY
          INC     A
          AJMP    LOOP
DELAY: …          //延时子程序
       …
```

该程序产生的每个斜波电压由 255 个阶梯组成。因为斜波电压的峰−峰值为 1V，所以阶梯间的电压增量为 1V/255＝0.0039V。每个阶梯的持续时间 t 取决于延时环 DELAY 的延迟时间。

2. 10 位 DAC 接口

为了能把多于 8 位的 DAC 接口到 8 位单片机应用系统，图 5.15(a) 表示这种接口的一种方法，在 10 位 DAC(内部已包含运算放大器)与单片机之间接入两个锁存器，锁存器 A 锁存 10 位数据的低 8 位，锁存器 B 锁存 10 位数据的高 2 位，单片机分两次发出 10 位数据，先发低 8 位到锁存器 A，后发高 2 位到锁存器 B，设 DPTR 规定了待转换数的地址，单片机执行下述几条指令就完成了一次 D/A 转换：

```
MOVX    A, @DPTR
MOV     R1, #2CH
MOVX    @R1, A
INC     DPTR
INC     RI
MOVX    A, @DPTR
MOVX    @RI, A
```

这种接口存在的问题是：在输出低 8 位和高 2 位中间，DAC 会产生"毛刺"，如图 5.15(b)所示。假设两个锁存器原包含了数据 0001111000，现在要求转换的数据是 0100001011。新数据分两次输出，第一次输出低 8 位。这时 D/A 转换器将把新的低 8 位和原来的高 2 位数据 0000001011 转换成电压，该电压是不需要的，因而称为毛刺。

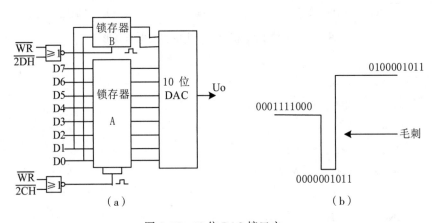

图 5.15　10 位 DAC 接口之一

避免产生毛刺的办法之一是采用双缓冲器结构，如图 5.16 所示。单片机先把低 8 位数据选通输入第一组的 74100 型 8 位锁存器，再把高 2 位数据选通输入第一组的 7475，最后同时把第一组两个锁存器内的 10 位数据选通输入第二级锁存器，并由 DAC 转换为电压。假设数据指针@DPTR 规定了转换数据的地址，各锁存器的地址码如图 5.16 所示，则执行下述几条指令就完成一次 D/A 转换：

```
MOV     R1, #2CH
MOVX    A, @DPTR
MOVX    @R1, A
INC     DPTR
MOVX    A, @DPTR
INC     R1
```

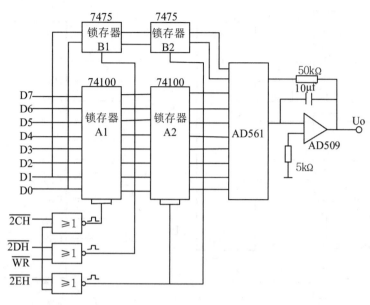

图 5.16   10 位 DAC 接口之二

```
MOVX      @ R1, A
INC       R1
MOVX      @ R1, A
```

实际上，图 5.16 中的锁存器 A1 可以省去。这样，要进行一次 D/A 转换，CPU 先将高 2 位数据送到锁存器 B1，然后再用一条输出指令，把低 8 位数据送到 A2，与此同时，已锁存在 B1 中的高 2 位数据也一起送入锁存器 B2，于是 10 位数据同时加到 10 位 DAC 去进行转换。

如果 D/A 转换器内部已有锁存器和运算放大器，接口就简单了。图 5.17(a)表示内部具有锁存器和运算放大器的 10 位 D/A 转换器与单片机的接口电路。单片机分两次输出数据，第一次送低 8 位到 8 位锁存器，第二次送高 2 位到另一 2 位锁存器，然后再执行一条输出指令产生一负脉冲加到锁存允许端，将 10 位数据一起送到 D/A 转换器去转换。

美国模拟器件公司生产的 AD7522 10 位 D/A 芯片，其内部有一个 10 位锁存器，且数据可分为低 8 位和高 2 位两次输入锁存器。如图 5.17(b)所示。数据线可直接挂在数据总线上，单片机先执行两条输出指令分别控制 HBS(高位字节选通)和 LBS(低位字节选通)。然后再执行一条输出指令产生启动 DAC 的脉冲信号加到 LDAC 端。

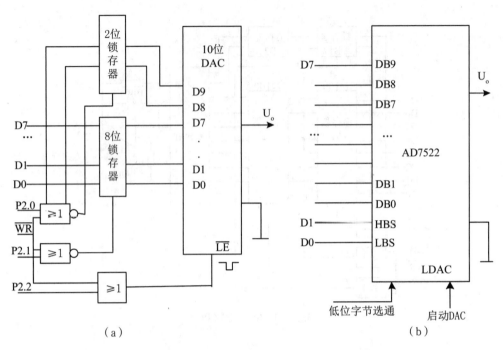

（a）　　　　　　　　　　　　　　　　　　（b）

图 5.17　内部有锁存器和运放的 DAC 与单片机接口

第6章　智能仪器的通信接口技术

在自动化测量和控制系统中，各台仪器之间需要不断地进行各种信息的交换和传输，这种信息的交换和传输是通过仪器的通信接口，按照一定的协议进行的。通信接口是各台仪器之间或者是仪器与计算机之间进行信息交换和传输的联络装置。一般而言，通信接口主要有三种类型，分别为异步串行通信接口、并行通信接口和以太网接口，其中，RS-232和 RS-422/485 串行通信接口是最常用的通信接口，USB 通信接口是应用在 PC 领域的接口技术，各种现场总线技术其物理层是串行通信。随着嵌入式以太网技术的兴起，以太网通信接口作为智能仪器的通信接口，也得到了广泛应用。

本章将系统介绍 RS-232、RS-422/485、USB 标准的串行通信接口，IEEE-488 标准的并行接口和以太网接口，最后介绍相关的几种通信协议。

6.1　串行通信接口

RS-232、RS-422 与 RS-485 都是串行数据接口标准，最初都是由电子工业协会(EIA)制订并发布的。RS-232 异步串行通信中应用最早、最广的串行总线接口之一，RS-422 由RS-232 发展而来，它弥补了 RS-232 的不足，解决了 RS-232 通信距离短、速率低的缺点。RS-422 定义了一种平衡通信接口，将传输速率提高到10Mb/s，传输距离延长到4000 英尺(当速率低于 100kb/s 时)，并允许在一条平衡总线上连接最多 10 个接收器。RS-422 是一种单机发送、多机接收的单向、平衡传输规范。为扩展应用范围，EIA 又于 1983 年在 RS-422 基础上制定了 RS-485 标准，增加了多点、双向通信能力，即允许多个发送器连接到同一条总线上，同时增加了发送器的驱动能力和冲突保护特性，扩展了总线共模范围。

RS-232、RS-422 与 RS-485 标准只对接口的电气特性做出规定，而不涉及接插件、电缆或协议，在此基础上，用户可以建立自己的高层通信协议。因此，在许多复杂的应用场合，许多厂家都建立了一套高层通信协议，公开或厂家独家使用。

6.1.1　RS-232 标准

RS-232 是异步串行通信中应用最早，也是目前应用最广的串行总线接口之一，其通信标准电特性和接口标准由工业协会(EIA)负责规定，它有多个版本，其中，应用最广泛的是修订版 C。这几个版本的接口标准定义与国际电报电话咨询委员会(CCITT)制定的标准 V. 24/V. 25 版本几乎完全相同。

1. 异步通信数据格式

图 6.1 所示为标准的异步通信数据格式，1 个字符在开始传输前，输出线必须在逻辑上处于"1"状态，这称为标识态。传输一开始，输出线由标识态变为"0"状态，从而作为起始位。起始位后为 5~8 个信息位，信息位由低往高排列。信息位后面是校验位，校验位可以是奇校验，也可以是偶校验，也可以不设置。最后的数位是停止位，停止位可为 1位、1.5 位或 2 位。

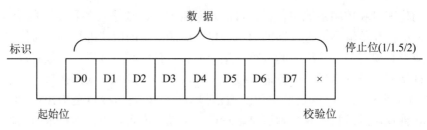

图 6.1   标准的异步通信数据格式

2. 传输率

所谓传输率，就是指每秒传输多少位，传输率也常叫波特率。国际上规定了一个标准波特率系列为 110bps、300bps、600bps、1200bps、1800bps、2400bps、4800bps、9600bps、115200bps 和 19200bps。

3. 电气特性

RS-232 采用负逻辑电平，将−5~−15V 规定为"1"，5~+15V 规定为"0"。它要求 RS-232C 接收器必须能识别低至 3V 的信号作为逻辑"0"，而识别高至−3V 的信号作为逻辑"1"，这意味着有 2V 的噪音容限。由于 RS-232C 的逻辑电平不与 TTL 电平相兼容，因此，为了与 TTL 器件连接，必须进行电平转换。表 6-1 列出了 RS-232C 的主要电气参数。

表 6-1 　　　　　　　　　　　　　　**RS-232C 电气参数**

项 目	参 数 指 标
最大电缆长度	15m
最大数据率	20kb/s
驱动器输出电压(开路)	±25V(最大)
驱动器输出电压(满载)	±5~±25V
驱动器输出电阻	>300Ω

项　目	参　数　指　标
驱动器输出短路电流	<0.5A
接收器输入电阻	3~7kΩ
接收器输入门限电压	−3~+3V
接收器输入电压	−25~+25V
最大负载电容	2500pF

4. 引脚定义

一个完整的 RS-232 接口是 25 针的 D 型插座。由于有些调制解调器配备了两个信道，所以这里也定义了主要的与辅助的两个通信信道。在实际应用中，通常只使用了一个主信道，于是就产生了一个简化的 RS-232 9 针 D 型插座。表 6-2 和图 6.2 列出了各引脚的定义，以及 25 针与 9 针引脚的对应关系。

表 6-2　　　　　　　　　　　　　　**RS-232 引脚信号定义**

9针	25针	信号	功　能
	1	PG	保护地
3	2	TxD	发送数据
2	3	RxD	接收数据
7	4	RTS	请求发送
8	5	CTS	清除发送
6	6	DSR	数据通信设置（DCE）准备就绪
5	7	SG	信号公共参考地
1	8	DCD	数据载波检测
	9		空
	10		空
	11		空
	12	DCD	辅助信道接收信号检测
	13	CTS	辅助信道清除发送
	14	TXD	辅助信道发送数据
	15	TXC	发送时钟
	16	RXD	辅助信道接收数据

续表

9 针	25 针	信号	功　能
	17	TXC	接收时钟
	18		空
	19	RTS	辅助信道请求发送
4	20	DTR	数据终端设备(DTE)准备就绪
	21		信号质量检测
9	22	RI	振铃指示
	23	CI	数据信号速率选择
	24		发送时钟
	25		空

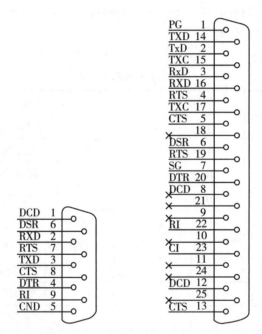

图 6.2　9 针及 25 针串口接口示意图

RS-232C 标准接口上的信号线基本上可分成四类：数据信号(4 根)、控制信号(12根)、定时信号(3 根)和地(2 根)。下面对这些信号的简单功能加以说明。

1)数据信号

"发送数据"(TXD)和"接收数据"(RXD)信号线是一对数据传输线,用来传输串行的位数据信息。对于异步通信,传输的串行位数据信息的单位是字节。发送数据信号由数据终端设备(DTE)产生,送往数据通信设备(DCE)。在发送数据信息的间隔期间或无数据信息发送时，数据终端设备(DTE)保持该信号为"1"。"接收数据"信号由数据通信设备(DCE)发出，送往数据终端设备(DTE)。同样，在数据信息传输的间隔期间或无数据信息传输时，该信号应为"1"。

对于"接收数据"信号，不管何时，当"接收线信号检测"信号复位时，该信号必须保持"1"态。在半双工系统中，当"请求发送"信号置位时，该信号也保持"1"态。

辅信道中的 TXD 和 RXD 信号作用同上。

2) 控制信号

数据终端设备发出"请求发送"信号到数据通信设备，要求数据通信设备发送数据。在双工系统中，该信号的置位条件保持数据通信设备处于发送状态。在半双工系统中，该信号的置位条件维持数据通信设备处于发送状态，并且禁止接收；该信号复位后，才允许数据通信设备转为接收方式。在数据通信设备复位"清除发送"信号之前，"请求发送"信号不能重新发出。

数据通信设备发送"清除发送"信号到数据终端设备，以响应数据终端设备的请求发送数据的要求，表示数据通信设备处于发送状态，且准备发送数据，数据终端设备做好接收数据的准备。当该控制信号复位时，应无数据发送。

数据通信设备的状态由"数据装置就绪"信号表示。当设备连接到通道时，该信号置位，表示设备不在测试状态和通信方式，设备已经完成了定时功能。该信号置位并不意味着通信电路已经建立，仅表示局部设备已准备好，处于就绪状态。"数据终端就绪"信号由数据终端设备发出，送往数据通信设备，表示数据终端处于就绪状态，并且在指定通道已连接数据通信设备，此时数据通信设备可以发送数据。完成数据传输后，该信号复位，表示数据终端在指定通道上和数据通信设备逻辑上断开。

当数据通信设备收到振铃信号时，置位"振铃指示"信号。当数据通信设备收到一个符合一定标准的信号时，则发送"接收线信号检测"信号。当无信号或收到一个不符合标准的信号时，"接收线信号检测"信号复位。

确信无数据错误发生时，数据通信设备置位"信号质量检测"信号，若出现数据错误，则该信号复位。在使用双速率的数据装置中，数据通信设备使用"数据信号速率选择"控制信号，以指定两种数据信号速率中的一种。若该信号置位，则选择高速率；否则，选择低速率。该信号源来自数据终端设备或数据通信设备。

辅信道控制信号的作用同上。

3) 定时信号

数据终端设备使用"发送信号定时"信号指示发送数据线上的每个二进制数据的中心位置；而数据通信设备使用"接收信号定时"信号指示接收线上的每个二进制数据的中心位置。

4) 地

"保护地"又称屏蔽地。"信号地"是 RS-232C 所有信号公共参考点的地。

大多数计算机和终端设备仅需要使用 25 根信号线中的 3~5 根线就可工作。对于标准系统，则需要使用 8 根信号线。在使用 RS-232C 接口的通信系统中，其中数据信号线和控制信号线是最常用的。"发送数据"和"接收数据"提供了两个方向的数据传输线,而"请求发送"和"数据装置就绪"用来进行联络应答、控制数据的传输。通信系统在工作之前,需要进行初始化,即进行一系列控制信号的交互联络。首先,由终端发出"请求发送"信号(高电平),表示终端设备要求通信设备发送数据;数据通信设备发出"清除发送"信号(高电平)予以响应,表示该设备准备发送数据;而终端设备使用"数据终端就绪"信号进行回答,表示它已处于接收数据状态。此后,即可发送数据。在数据传输期间,"数据终端就绪"信号一直保持高电平,直至数据传输结束。"清除发送"信号变低后,可复位"请求发送"信号线。

5. TTL 电平到 RS-232 的电平转换

由于 RS-232C 的逻辑电平不与 TTL 电平相兼容,因此,为了与 TTL 器件连接,必须进行电平转换。MC1488 驱动器和 MC1489 接收器是 RS-232C 通信接口中常用的集成电路转换器件,如图 6.3 所示。其中,图 6.3(a)为 MC1489 四路 RS-232C 接收器引脚和功能原理图,只要用一个电阻就可编排出每个接收器的门限电压。为滤除干扰,控制输入端可通过小电容旁路接地;图 6.3(b)为 MC1488 四路 RS-232C 驱动器引脚和功能原理图,唯一的外部元件是从每一个输出端到地所接的小电容,用以限制转换速度,有时也可不需要。

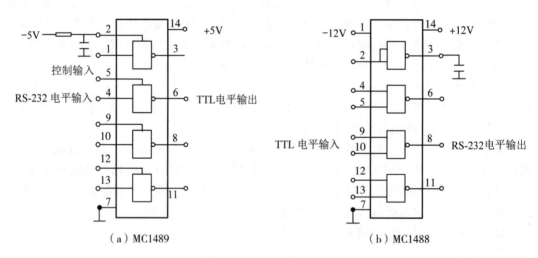

图 6.3　MC1489/MC1488

由于 MC1488/1489 是功能单一的发送/接收器,所以在双向数据传输中,各端都要同时使用这两个器件,此外,又必须同时具备正负两组电源,因而在很多场合下显得很不方便。现在,已经有一些新型的 RS-232C 电平转换器芯片供应市场。其中,美国 MAXIM 公司生产的 MAX RS-232C 收发器芯片系列产品十分丰富。图 6.4 所示为美国 MAXIM 公司生产的 MAX 系列 RS-232C 收发器芯片 MAX220、MAX232、MAX232A 的引脚分配、内部功能框图及外接电容等信息。片内除了发送驱动器与接收器外，还有两个电源变换电路，一个将+5V 变换为+10V，另一个将+10V 变换为−10V。对于外接电容，MAX232 要求 C1～C5 全为 1.0μF，MAX232A 全要求为 0.1μF，MAX220 要求 C1、C2 与 C5 为 4.7μF，C3 与 C4 为 10μF。

为了与+3.3V 低电源电压逻辑电路兼容，MAXIM 公司还推出了+3V 系列的 RS-232 产品，如 MAX3218、MAX3221、MAX3223、MAX3232、MAX3237 等。

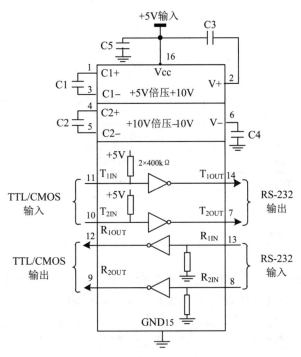

图 6.4 MAX220/232/232A

6.1.2 RS-422 标准

RS-232C 接口是一种基于单端非对称接口电路，即一根信号线和一根地线，这种结构对共模信号没有抑制能力，它同差模信号叠加在一起，在传输电缆上产生了较大的压降损耗，压缩了有用信号的范围，因而不能实现远距离与高速的信号传输。为弥补 RS-232 的不足，EIA 又发布了适应于远距离传输的 RS-422(平衡传输线)和 RS-423(不平衡传输线)标准。

RS-422 标准有 RS-422A、RS-422B 等版本，它的全称是"平衡电压数字接口电路的电气特性"。它采用了平衡差分传输技术，即每路信号都使用一对以地为正负信号线。从理论上讲，这种电路结构对共模信号的抑制比为无穷大，从而大大减小了地线电位差引起的麻烦，且传输距离和速率都有明显的提高。RS-422/485 的电气特性见表 6-3 所示。

表 6-3　　　　　　　　　　　　　　　　　**RS-422/485 电气特性**

规定		RS-422	RS-485
工作方式		差分	差分
节点数		10	32/64/128/256
最大传输电缆长度		1200m	1200m
最大驱动输出电压		-0.25~+6V	-7~+12V
驱动器输出信号电平 （负载最小值）	负载	±2.0V	±1.5V
驱动器输出信号电平 （空载最大值）	空载	±6V	±6V
驱动器负载阻抗(Ω)		100	54
接收器输入电压范围		-10~+10V	-7~+12V
接收器输入门限		±200mV	±200mV
接收器输入电阻(Ω)		4kΩ(最小)	≥12kΩ
驱动器共模电压		-3~+3V	-1~+3V
接收器共模电压		-7~+7V	-7~+12V

　　图 6.5 所示是 RS-422A 的 DB9 连接器引脚定义。由于接收器采用高输入阻抗和发送驱动器比 RS232 具有更强的驱动能力，故允许在相同传输线上连接多个接收节点，最多可接 10 个节点，即一个主设备(Master)，其余为从设备(Salve)，从设备之间不能通信，所以 RS-422 支持点对多的双向通信。接收器输入阻抗为 4k，故发端最大负载能力是 10×4k+100Ω(端接电阻)。RS-422 四线接口由于采用单独的发送和接收通道，因此不必控制数据方向，各装置之间任何必需的信号交换均可以按软件方式(XON/XOFF 握手)或硬件方式(一对单独的双绞线)实现。

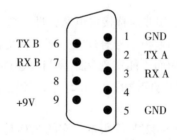

图 6.5　RS-422A 连接器输出管脚

　　RS-422 的最大传输距离为 4000 英尺(约 1219m)，最大传输速率为 10Mb/s。其平衡双绞线的长度与传输速率成反比，在 100kb/s 速率以下，才可能达到最大传输距离。只有在很短的距离下才能获得最高速率传输，一般 100m 长的双绞线上所能获得的最大传输速率仅为 1Mb/s。

RS-422 需要一端接电阻，要求其阻值约等于传输电缆的特性阻抗。在短距离传输时，可不需端接电阻，即一般在 300m 以下不需端接电阻。端接电阻接在传输电缆的最远端。

图 6.6 所示是 RS-422A 与 TTL 电平转换最常用的传输线驱动器 SN75174 和传输线接收器 SN75175 的内部结构及引脚。图 6.7 所示是 RS422A 的接口电路示意图，发送器将 TTL 电平转换成标准的 RS-422A 电平，接收器 SN75175 将 RS422A 接口信号转换成 TTL 电平。

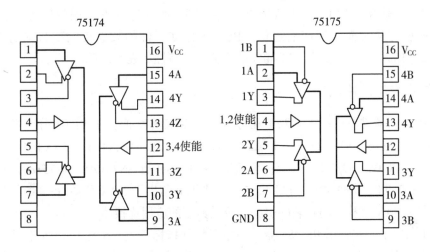

图 6.6 RS-422 电平转换芯片 SN75174 与 SN75175

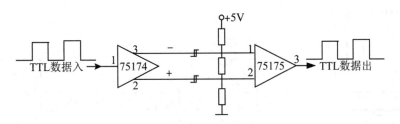

图 6.7 RS-422A 接口电平转换电路

RS-423 是 RS-232 与 RS-422 之间的过渡标准，由于当前使用很少，此处不予介绍，有兴趣的读者请查阅相关书籍。

6.1.3 RS-485 标准

RS-485 具有远距离、多节点以及传输线成本低的特性，使之成为工业应用中数据传输的首选标准。许多应用于现场的智能仪器都采用 RS-485 接口进行通信。当前自动控制系统中常用的网络，如现场总线 CAN、Profibus、Modbus 等的物理层都是基于 RS-485 总线。

RS-485 是从 RS-422 基础上发展而来的，所以 RS-485 许多电气规定与 RS-422 相仿。例如，都采用平衡传输方式，都需要在传输线上接端接电阻等。RS-485 可以采用二线与四线方式。采用四线连接时，与 RS-422 一样，它只能实现点对多的通信，即只能有一个主设备，其余为从设备。但它比 RS-422 有改进，无论四线还是二线连接方式，总线上可多接到 32 个设备(后期推出的版本则多达 64、128、256 个节点)。二线制可实现真正的多点双向通信。无论是点到多，还是多点系统，都有单工与双工两种工作方式。在多点系统中，通常使用一个设备作为主站，余下作为从站。当主站发送数据时，在数据包中嵌入从站固有的 ID 识别码，从而实现主站与任一从站之间的通信。如果不附带任何从站识别码，则可以面向所有从站而实现广播通信。RS-485 标准器件的数据传输率目前有 12Mb/s、10Mb/s、2.5Mb/s 等各种规格。RS-485 的主要电气特性如表 6-3 所示。

1. 常用接口器件及应用

RS-485 接口器件有应用于半双工和应用于全双工两种通信方式的区分，半双工通信的芯片有 SN75176、SN75276、SN75LBC184、MAX481、MAX483、MAX485、MAX487、MAX1487、MAX3082、MAX1483 等；全双工通信的芯片有 SN75179、SN75180、MAX488、MAX489、MAX490、MAX491、MAX1482 等。图 6.8 给出了 MAX 公司 RS-485 接口器件的 DIP、SO 与 μMAX 三种不同封装的引脚图及其典型的应用连接图。

表 6-4 列出了一些常用 RS-485 器件的主要特性指标，表 6-5 是 RS-485 器件发送驱动器与接收驱动器的逻辑功能表，表中的"×"表示不确定状态，可以忽略而不予考虑。

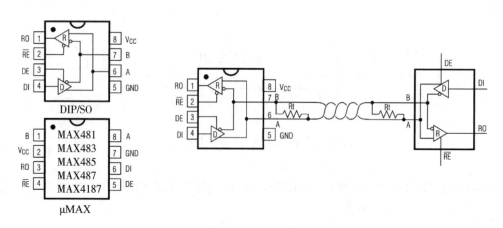

（a）MAX481、MAX483、MAX485、MAX487、MAX1487 引脚图及其典型的应用连接图

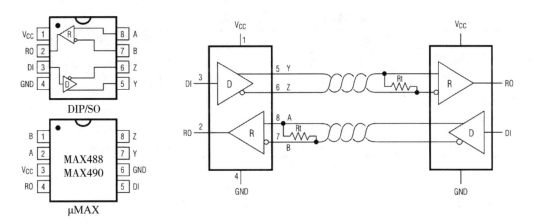

（b）MAX488、MAX490 引脚图及其典型的应用连接图

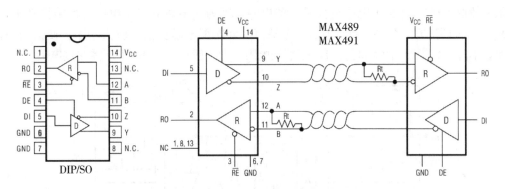

（c）MAX489、MAX491 引脚图及其典型的应用连接图

图 6.8

表 6-4　　　　　　　　　　　　常用 RS-485 器件的主要特性指标

器件型号	双工方式	最高速率（Mbps）	使能端控制	接收输入阻抗(kΩ)	静态电流（μA）	节点数	其他说明
MAX481	半双工	2.5	有高阻态	12	500/300	32	有关闭方式
MAX483	半双工	0.25	有高阻态	12	350/120	32	有关闭方式
MAX485	半双工	2.5	有高阻态	12	500/300	32	
MAX487	半双工	0.25	有高阻态	48	250/120	128	有关闭方式
MAX488	全双工	0.25	无	12	120	1	
MAX489	全双工	0.25	有高阻态	12	120	32	
MAX490	全双工	2.5	无	12	300	1	
MAX491	全双工	2.5	有高阻态	12	300	32	

表 6-5　　　　　　　　　　　发送驱动器与接收驱动器的逻辑功能表

发　送　器					接　收　器			
输　入			输　出		输　入			输出
$\overline{RE}$	DE	DI	Z	Y	$\overline{RE}$	DE	A－B	RO
×	1	1	0	1	0	0	≥+0.2V	1
×	1	0	1	0	0	0	≤−0.2V	0
0	0	×	高阻	高阻	0	0	输入开路	1
1	0	×	高阻	高阻	1	0	×	高阻

2. RS-485 网络拓扑

RS-485 网络拓扑一般采用终端匹配的总线型结构，如图 6.9 所示。

RS-485 则在总线电缆的开始和末端并接端接电阻，目的是减少信号的终端反射。端接电阻一般取 120Ω，相当于电缆特性阻抗的电阻，因为大多数双绞线电缆特性阻抗在 100～120Ω。这种匹配方法简单有效，但有一个缺点，即匹配电阻要消耗较大功率，使信号的幅度明显下降。在短距离传输时，可不需端接电阻，即一般在 300m 以下不需端接电阻。

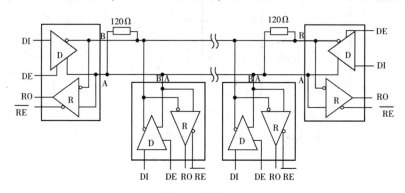

（a）半双工通信电路

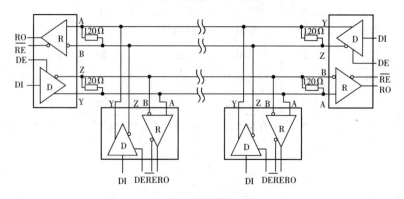

（b）全双工通信电路

图 6.9

3. RS-485/422 的网络与接口安装注意事项

1）网络的结构

RS-422 支持 10 个节点，RS-485 支持 32 个节点，因此是多节点构成的网络。网络拓扑一般采用终端匹配的总线型结构，不支持环形或星形网络。在构建网络时，应采用一条双绞线电缆作总线，将各个节点串接起来，使总线是一条单一、连续的信号通道，总线到每个节点的引出线长度应尽量短，以便使引出线中的反射信号对总线信号的影响最低。应注意总线特性阻抗的连续性，在阻抗不连续点会发生信号的反射；总线的不同区段采用了不同电缆，或某一段总线上有过多收发器紧靠在一起安装，或是过长的分支线引出到总线，都会产生这种不连续性。

2）接地问题

RS-422/485 接口的智能仪器通常在现场使用，RS-422/485 传输网络的接地十分重要，如接地系统不合理，会影响整个网络的稳定性，尤其是在工作环境比较恶劣和传输距离较远的情况下，对于接地的要求更为严格，否则接口损坏率较高。对于不同的干扰信号，有不同的解决方式。对于高阻型共模干扰，采用信号地接地技术。一条低阻的信号地将两个接口的工作地连接起来，使共模干扰电压被短路。这条信号地可以是额外的一条线（非屏蔽双绞线），或者是屏蔽双绞线的屏蔽层。信号地的一端可靠地接入大地，另一端悬空。

当共模干扰源内阻较低时，会在接地线上形成较大的环路电流，影响正常通信。这种情况下，可以在接地线上加 100Ω/1W 左右的限流电阻，以限制干扰电流。接地电阻的增加，可能会使共模电压升高，但只要控制在适当的范围内，就不会影响正常通信。

采用浮地技术隔断接地环路，也是十分有效的一种方法。当共模干扰内阻很小时，上述方法已不能奏效，此时可以考虑将引入干扰的节点（例如处于恶劣的工作环境的现场设备）浮置起来（也就是系统的电路地与机壳或大地隔离），这样就隔断了接地环路，不会形成很大的环路电流。

3）RS-422 与 RS-485 的瞬态保护（抗雷击）

实际应用环境下，还是存在高频瞬态干扰的可能。一般在切换大功率感性负载，如电机、变压器、继电器等，或闪电过程中，都会产生幅度很高的瞬态干扰，如果不加以适当防护，就会损坏 RS-422 或 RS-485 通信接口。因此，当智能仪器在恶劣的环境下使用时，为了保证通信的质量和对智能仪器的保护，必须考虑智能仪器的输入信号与内部电路隔离，以及供电电路内部电路隔离。

6.2　并行通信接口

IEEE-488 标准是为可程控仪器仪表设计的，最初由美国 Hewlett-Packard 公司拟制，因此也称为 HP-IB。1975 年，IEEE 将其作为规范化的 IEEE-488 标准予以推荐。1977 年后，IEC 予以认可，并将其作为国际标准。此后，HP-IB 同时使用了 IEEE-488、GPIB、IEC-IB 的不同名称。用 IEEE-488 标准总线，可以很方便地组成一个自动测量系统或一个控制系统，因此，这一标准得到十分广泛的应用。图 6.10 所示为 GPIB 插座的引脚图。智能化测量控制仪表配以 GPIB 接口，可以方便地组成一个自动测控系统。

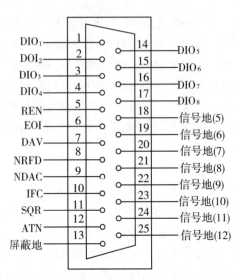

图 6.10　GPIB 插座的引脚图

6.2.1　IEEE-488 接口系统的基本特性

（1）仪器容量：由于受发送器负载能力的限制，系统内仪器最多不得超过 15 台。

（2）传输距离：最大传输距离为 20m，或者仪器数乘分段电缆长度总和不超过 20m。如果距离过长，则信号可能发生畸变，传输的可靠性下降，数据的传输速率也就降低。

（3）总线构成：由 16 条信号线构成，其中 8 条为数据线，3 条为握手（Handshake）线，5 条为管理线。

（4）数传方式：采用串行字节、并行位、三线连锁握手技术、双向异步的数传方式。

（5）数传速度：标准接口总线在 20m 距离内，若每 2m 内等效的标准负载相当于使用 48mA 集电极开路式发送器，则最高速率为 250kb/s；若采用三态门发送器，一般速率为 500kb/s，最高可达 1Mb/s。

（6）地址容量：基本地址可有听地址 31 个、讲地址 31 个。使用扩展地址，容量最多可扩展到 961 个。

（7）控制转移：系统中至少有一个控者，若系统中有多个控者，则可根据测试要求，在某一时间内选择某个控制器起作用。

（8）消息逻辑：在总线上采用负逻辑，并规定：高电平（$\geq +2.0V$）为逻辑"0"；低电平（$\leq +0.8V$）为逻辑"1"。

（9）连接方式：总线式连接，仪器直接并联在总线上，相互可以直接通信，而无须通过中介单元。

（10）接口功能。共有 10 种功能。

（11）使用场合。一般适用于电气干扰轻微，如实验室、生产测试环境等场合。

6.2.2　IEEE-488 总线结构

IEEE-488 总线由一根 24 芯无源电缆所组成，包括 8 条双向数据线、3 条数据传送控制线（握手线）、5 条接口控制线、8 条逻辑地线及屏蔽线。

GB-IB 总线中的 16 根信号线，按其功能可分为以下三组：

（1）8 条双向数据总线（$DIO_1 \sim DIO_8$）用来传送设备命令、地址或数据，即控者发出的各种通令、指令、地址和副令，讲者发送的各种测量数据。

（2）3 条数据传送控制线（握手线）用于实现输入设备和输出设备之间的信号交换，提供数据总线上信息交换的时序。它们是：NRFD（未准备好接收数据）、DAV（数据有效）、NDAC（数据未接收完毕）。

NRFD = 1（低电平），表示系统中至少有一台仪器未准备好接收数据，示意讲者或控者不得通过 DIO 发送数据，即使数据已置于 DIO 线上，也不能令数据有效。

NRFD = 0（高电平），表示系统中所有被寻址为听者的仪器都已准备好接收数据，此时讲者或控者可以向 DIO 线发送数据。

DAV = 1（低电平），表示 DIO 线上数据有效，各寻址为听者的仪器均可从 DIO 线上接收数据。

DAV = 0（高电平），表示 DIO 线上数据无效，各听者仪器不能接收 DIO 线上的数据。

NDAC = 1（低电平），表示系统中至少还有一台仪器尚未接收完数据。此时讲者或控者不得撤销 DIO 线上的数据，应保持 DAV 线继续有效。

NDAC = 0（高电平），表示系统中各监听者均已接收到数据，此时讲者或控者可向总线传送新的数据。

（3）5 条接口管理总线用于控制接口的状态。它们是：ATN（规定 DIO 线上的消息的类型）、IFC（接口清除线）、REN（遥控允许线）、SRQ（服务请求线）和 EOI（结束或识别线）。

ATN = 1（低电平），表示 DIO 线上的消息是由控者发出的多线接口消息，如通令、指令或地址等。在 ATN = 1 期间，只允许控者发布各种接口消息，系统中其他装置则从 DIO 线上接受控者发出的接口消息。

ATN = 0（高电平），表示 DIO 线上的消息是仪器消息。这类消息由被指定为讲者的仪器发出，由被指定为听者的仪器接收并加以处理。未被指定为讲者或听者的仪器不进行任何操作，处于空闲状态。

IFC = 1（低电平），表示系统控者发出接口清除消息，系统中一切仪器的接口功能都必须返回初始状态。IFC 通常在测试开始和结束时发出，或者在系统仪器重新组态时发出。

IFC = 0（高电平），各仪器的接口功能不受影响，仍按各自状态运行。IFC 是一个瞬时消息，接口标准规定 IFC 有效时间小于等于 100ns。

REN = 1（低电平），表示控者发出远控命令，并接于总线上的所有仪器均可进入远控状态。此时，只要控者发出某仪器的讲（或听）地址，该仪器就被寻址，进入系统远控状态，接受控者的控制，系统正常运行时，REN 线一直保持着低电平。

REN=0（高电平），表示控者放弃对系统仪器的控制，各仪器都返回到本地（即面板控制状态）。

SRQ=1（低电平），表示系统中至少有一台仪器向控者提出服务请求。

SRQ=0（高电平），表示系统工作正常，没有任何仪器提出服务请求。

该线由控者使用，当 EOI=1 且 ATN=1 时，表示控者发布并行点名消息，此时控者进行并行点名识别操作。各有关仪器接收到识别信号后，开始响应，以使控者识别出是哪一台仪器发出了服务请求。该线由讲者使用，当 EOI=1 且 ATN=0 时，表示讲者已发送完数据，一次数据传送过程结束。

6.2.3　IEEE-488 基本接口功能要素

在自动测控系统中，为了进行有效的信息传递，一般要包括三种基本的接口功能要素，即：控者、讲者和听者。

控者，是对系统进行控制的设备。它能发出各种命令、地址，也能接收其他仪器发来的信息。控者对总线进行接口管理，规定每台仪器的具体操作。一个系统中可以有多个控者，但每一时刻只能有一个控者在起作用。

讲者，是产生和向总线发送仪器消息（即测量数据和状态信息）的设备。一个系统中可以有两个以上的讲者，但在每一时刻，只能有一个讲者在工作。这是因为总线不能同时传输多个仪器消息，如果同时有两个讲者把数据送到总线上，就会引起数据传输的混乱。

听者，是接收总线上传来的数据的设备。一个系统内，可以同时有若干个听者在工作，同时接收总线上的数据。

控者、讲者和听者是任何数据传输过程必不可少的三个基本设备。在一个系统中，它们扮演的角色又不是固定不变的。在一次数据传输过程中的讲者，在另一次数据传输过程中可能变成为听者。例如，当系统控制器发送命令给数字电压表，要求改变电压表的工作方式，变直流电压测量为交流电压测量，系统控制器就是控者，电压表为听者；当数字电压表把测量数据经总线传输给控制器处理时，系统控制器就变成了听者，而电压表则成了讲者。一台设备何时充当讲者，何时充当听者，要根据系统的功能以及所要完成的任务，由控者视情况而定。系统总线上每一个设备都有自己的地址，听地址和讲地址各有 31 个，根据需要对它们分别进行寻址。

6.2.4　消息及其编码

各台仪器之间通过接口总线传输的各种信息，称为消息。仪器之间的通信就是发送和接受消息的过程，消息通过接口中的信号线传输，由信号线的逻辑电平的高低来体现。消息变为信号线上逻辑电平的过程，称为编码。发送一条消息时，接口内部的编码电路将消息转换为相应的代码，经总线发送器使总线中的一条或多条信号线呈现预定的逻辑电平；接受消息时，受方从总线上接收由源方送来的消息编码，经译码器换成相应的一条消息

(即控制信号)加以执行。

　　总线上传送的消息,按用途,可分为接口消息和仪器消息两大类。接口消息是用于管理系统接口的消息,通过各种命令、地址使接口功能的状态发生变迁。它只能在接口功能与总线之间传递,并为接口功能利用和处理,但绝不允许传送到仪器功能部分去。仪器消息是与仪器功能有关的消息,如程控命令、测量数据和状态字节等。仪器消息在仪器功能之间传输,由仪器功能所利用和处理,它不改变接口功能与状态。

　　总线上传送的消息,按使用信号线数目,又可分为单线消息和多线消息。单线消息是由一条信号线传送的消息,多线消息是由两条以上信号线传送的消息,如各种通用命令、寻址命令、地址等。多线仪器消息与仪器特性密切相关,难以作出统一的规定,由设计者自己选择,只要求其编码格式能被有关仪器所识别。

　　多线接口消息则应作出统一规定,以确保接口的通用性。多线接口消息分为通用命令、寻址命令和地址三大类。

　　(1)通用命令:由控者发出的命令,一切设备都必须听,并遵照执行。

　　(2)寻址命令:由控者发出的命令,但只有被寻址的设备才能听。

　　(3)地址:分为听地址、讲地址和副地址。

　　总线上传送的消息,按消息来源,还分为远地消息和本地消息。远地消息是经总线传送的消息,用3个大写字母表示,如LLO(本地封锁)、LAD(听者地址)等;本地消息是由设备本身产生的,只能在设备内部传递的消息,用3个小写字母表示,如lon(只听)、pon(电源开)等。本地消息不能传送到总线上去。表6-6列出了通用命令、寻址命令、副令及其编码。

表6-6　　　　　　　　　　　　　　　　　多线接口消息

	名　　称	代号	编　　码	
通用命令	本地封锁	LLO	×001	0001
	仪器清除	DCL	×001	0100
	串行点名可能	SPE	×001	1000
	串行点名不可能	SPD	×001	1001
	并行点名不编辑	PPU	×001	0101
寻找命令	群执行触发	GET	×000	1000
	进入本地	GTL	×000	0001
	并行编辑组	PPC	×000	0101
	选择仪器清除	SDC	×000	0100
	取　　控	TCT	×000	1001
地　　址	听者地址	LAD (MLA)	×01 $L_5L_4L_3L_2L_1$	
	讲者地址	TAD (MTA)	×10 $T_5T_4T_3T_2T_1$	

续表

	名　称	代号	编　码
副地址 和副令	副地址	SAD	$\times 11S_5S_4S_3S_2S_1$
	并行点名不可能	PPD	$\times 111D_4D_3D_2D_1$
	并行点名	PPE	$\times 110SP_3P_2P_1$

6.2.5　接口功能

IEEE-488 标准中的接口功能是完成系统中各装置之间的正确通信，确保系统正常工作的能力。IEEE-488 标准共规定了十种功能。

(1)讲者功能(Talker Function)，简称为讲功能(T 功能)。将仪器的测量数据或状态字节，程控命令或控制数据通过接口发送给其他仪器，只有控者指定仪器为讲者时，它才具有讲功能。

在具有双重地址的仪器接口中，还要设置扩展讲功能(Extended Talker Function)，简称为 TE 功能。

(2)听者功能(Listener Function)，简称为听功能(L 功能)。从总线上接收来自系统中由控者发布的程控命令或由讲者发送的测量数据。只有当该仪器被指定为听者时，才能从总线上接受消息。系统中所有仪器都必须设置听功能。

在具有双重听地址的仪器接口中，还要设置扩展听者功能(Extended Listener Function)，简称 LE 功能。

讲者功能和听者功能只解决于系统仪器之间发送和接收数据的问题，要保证数据准确可靠的传送，必须要在仪器之间设置联络信号。为此，GPIB 标准采用了三线握手技术，分别设置了源功能和受功能。

(3)源握手功能(Source Handshake Function)，简称为 SH 功能。该功能用来在数据传输过程中，源方向受方进行联络，以保证多线消息的正确可靠传送。当讲者把数据送到数据线上时，源用它向总线输出"数据有效"消息，并检测受方通过总线送来的"未准备好接收数据"消息和"未接收到数据"消息的握手信号线。源功能是讲者和控者必须配置的一种接口功能。

(4)受者握手功能(Accepter Handshake Function)，简称为 AH 功能。该功能赋予仪器能够正确接收多线消息的能力。它是数据传输过程中，受方向源方进行握手联络用的。用它向总线输出"未准备好接受数据"消息和"未接收到数据"消息，并检测由源方发来的"数据有效"信号线上的握手联络信号。AH 功能是系统中所有听者必须配置的一种功能。

(5)控者功能(Controller Function)，简称 C 功能。该功能产生对系统的管理消息，接受各种仪器的服务请求和状态数据。它担负着系统的控制任务，发布各种通用命令，指定数据传输过程中的讲者和听者，进行串行或并行点名等。

(6)服务请求功能(Service Request Function)，简称为 SR 功能。该功能实现仪器向控者发出服务请求的信息。仪器请求服务有两种情况：一是测量仪器已获得测量数据并存放于输出寄存器中,请求向总线输出测量数据;另一种是系统在运行中,某些仪器出现硬件或软件的故障,请求控者进行处理。

(7)并行点名功能(Parallel Poll Function),简称为 PP 功能。该功能是控者为快速查询服务而设置的点名功能。在并行点名时,只有配置有 PP 功能的仪器才能做出响应。

(8)远控/本控功能(Remote/Local Function)简称 R/L 功能。仪器接收总线发来的程控命令称为远控,接收面板按键人工操作称为本控,一台仪器任何时候只能有一种控制方式,或者远控,或者本控。控者可以通过总线使配置有 R/L 功能的仪器在本控和远控之间随意切换。

(9)仪器触发功能(Devicc Trigger Function),简称为 DT 功能。该功能使仪器从总线接收触发消息,进行触发操作。

(10)仪器清除功能(Device Clear Function),简称 DC 功能。系统中的某些仪器功能可以单独地或有选择地被清除,使其回到某种指定的初始状态,这种操作称为仪器清除。

6.2.6 IEEE-488 接口芯片

为了简化 IEEE-488 接口设计,许多厂家设计出符合 IEEE-488 标准的芯片,将其功能集中在一块或两块芯片上。IEEE-488 专用的大规模集成芯片有两类。一类完全由硬件完成接口功能(如 96LS488),另一类主要靠编程功能完成接口功能(如 TMS9914A)。表 6-7 给出了常用的芯片。

表 6-7 **IEEE-488 标准常用接口芯片**

公司	型号	电源(V)	时钟(MHz)	数传速率(kb/s)	功能	完成功能方法
Intel	8291 8292	5 5	8 6	448	讲/听/控	软、硬件
TI	TMS9914	5	5	250	讲/听/控	软、硬件
Fairchild	96LS488	5	10	1k	讲/听	硬件
Motorola	MC68488	5	1~15	125	讲/听	软、硬件
Philips	HEF4738	4.5~12.5	2	200	讲/听	硬件

6.3 USB 通信接口

USB 的全称是通用串行总线(Universal Serial Bus),它不是一种新的总线标准,而是应用在 PC 领域的新型接口技术。2000 年发布的 USB2.0 规范,向下兼容 USB1.1 规范,数据的传输率达到 120~240Mb/s。

USB 接口具有以下特点:

(1)低成本。为了把外围设备连接到 PC 上去,USB 提供了一种低成本的解决方案。所有系统的智能机制都驻留在主机并嵌入芯片组中,方便了外设制造。

143

(3)热插拔。真正的"即插即用"（P&P，Plug and Play）。设备连接后由 USB 自检测，并且由软件自动配置，完成后立刻就能使用，不需要用户进行干涉。

(3)单一的连接器类型。USB 定义了一种简单的连接器，仅用一个四芯电缆，它可以用来连接任何一个 USB 设备。多个连接器可以通过 USB 集线器连接。

(4)127 个设备。每个 USB 总线支持 127 个设备的连接，树状拓扑。

(5)低速或全速设备。USB 2.0 目前最高可达 480Mbps。较低传输速率的能够适合低速、低成本的 USB 设备。因为数据线不需要带屏蔽，所以降低了所使用的数据线的成本。

(6)数据线供电。外围设备能够直接通过数据线进行供电。5V 的直流电压可以直接加在数据线上。电流大小则取决于集线器的端口，范围从 100mA 至 500mA。

(7)不需要系统资源。USB 设备不需要占用内存或 I/O 地址空间，而且也不需要占用 IRQ 和 DMA 通道，所有的事务处理都是由 USB 主机管理。

(8)错误检测和恢复。USB 事务处理包括错误检测机制，它们用以确保数据无错误发送。在发生错误时，事务处理可以重来。

(9)电源保护。如果连续 3ms 没有总线活动的话，USB 就会自动进入挂起状态。处于挂起状态的设备消耗的电流不超过 500μA。

(10)支持四种类型的传输方式。USB 定义了四种不同的传输类型来满足不同设备的需求，这四种传输类型包括：等待传输（适用于音视频设备等，无纠错），块传输（适用于打印机、扫描仪、数码相机等），中断传输（适用于键盘、鼠标、游戏杆等)和控制传输。

6.3.1　USB 的物理接口和电气特性

USB 总线由 VBUS(USB 电源)、D+(数据)、D-(数据)和 GND(USB 地)4 根线组成，用以传送信号和提供电源。线缆的最大长度不超过 5m，如图 6.11 所示。

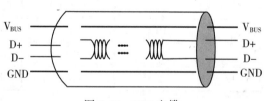

图 6.11　USB 电缆

图 6.12 所示为高速外设的 USB 线缆与电阻的连接图。图中 FS 为全速(高速)；LS 为低速：$R_1 = 15\Omega$，$R_2 = 1.5\Omega$。USB 外设可以使用计算机里的电源(+5V，500mA)，也可外接 USB 电源。在所有的 USB 信道之间动态地分配带宽是 USB 总线的特征之一，这大大提高了 USB 带宽的利用率。当一台 USB 外设长时间(3ms 以上)不使用时，就处于挂起状态，这时只消耗 0.5mA 电流。按 USB 标准，USB 器件应为 USB 线缆产生 1 个时钟脉冲序列。这个脉冲序列成为帧开始数据包(SOF)。高速外设长度为每帧 12000bit(位)，而低速外设长度只有每帧 1500bit。1 个 USB 数据包可包含 0~1023 字节数据。每个数据包的传送都以 1 个同步字段开始。

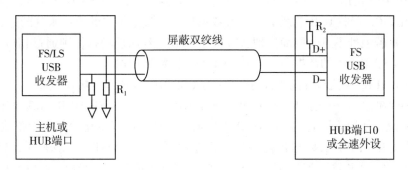

图 6.12 高速外设的 USB 线缆与电阻的连接图

6.3.2 USB 系统的组成

1. USB 系统硬件组成

一个 USB 系统包括三类硬件设备：USB 主机（USB HOST）、USB 设备（USB DEVICE）、USB 集线器（USB HUB），如图 6.13 所示。

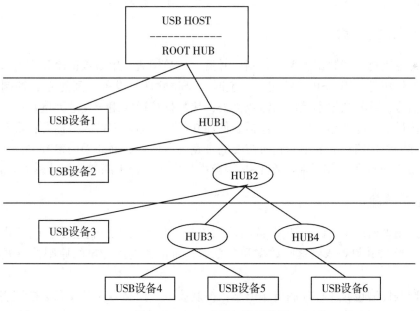

图 6.13 USB 系统拓扑结构图

（1）USB HOST。在一个系统中，有且仅有一个 USB HOST。USB HOST 有以下功能：管理 USB 系统；每秒产生一帧数据；发送配置请求对 USB 设备进行配置操作；对总线上的错误进行管理和恢复。

（2）USB DEVICE。在一个 USB 系统中，USB DEVICE 和 USB HUB 总数不能超过 127 个。USB DEVICE 接收 USB 总线上的所有数据包，通过数据包的地址来判断是否为发给自己的数据包：若地址不符，则简单地丢弃该数据包；若地址相符，则通过相应 USB HOST 的数据包与 USB HOST 的数据包与 USB HOST 进行数据传输。

（3）USB HUB。用于设备扩展连接，所有 USB DEVICE 都连接在 USB HUB 的端口上。一个 USB HOST 总与一个根 HUB（USB ROOT HUB）相连。USB HUB 为其每个端口提供 100mA 电流设备使用。同时，USB HUB 可以通过端口的电气变化诊断出设备地插拔操作，并通过响应 USB HOST 的数据包把端口状态汇报给 USB HOST。一般来说，USB 设备与 USB HUB 间的连线长度不超过 5m，USB 系统的级联不能超过 5 级（包括 ROOT HUB）。

2. USB 系统软件组成

（1）主控制器驱动程序（Host Controller Driver）。主控制器驱动程序完成对 USB 交换的调度，并通过根 HUB 或其他的 USB 完成对交换的初始化，在主控制器与 USB 设备之间建立通信通道。

（2）设备驱动程序。设备驱动程序是用来驱动 USB 设备的程序，通常由操作系统或 USB 设备制造商提供。

（3）USB 芯片驱动程序。USB 芯片驱动程序在设备设置时读取描述寄存器，以获取 USB 设备的特征，并根据这些特征，在请求发生时组织数据传输。

6.3.3　USB 的传输方式

USB 传输支持 4 种数据类型：控制信号流、块数据流、中断数据流和实时数据流。控制数据流的作用是：当 USB 设备加入系统时，USB 软件与设备之间建立起控制信号流来发送控制信号，这种数据不允许出错或丢失；块数据流通常用于发送大量数据；中断数据流是用于传送少量随即输入信号，包括事件通知信号，输入字符或坐标等；实时数据流用于传输连续的固定速率的数据，它所需要的带宽与所传输数据的采样率有关。

与 USB 数据流类型相对应，在 USB 规范中规定了 4 种不同的数据传输方式：

1. 控制传输方式

该方式用来处理主机的 USB 设备的数据传输，包括设备控制指令、设备状态查询及确认命令。当 USB 设备收到这些数据和命令后，将依据先进先出的原则按方式处理到达的数据。

USB 控制传输包含 3 种控制传输形态：控制读取、控制写入以及无数据控制。它们又可再分为 2～3 个层：设置层、数据层（无数据控制没有此层）以及状态层，如图 6.14 所示。

USB 协议规定每一个 USB 设备要用端点 0 来完成控制传送，在 USB 设备第一次被 USB 主机检测到时，与 USB 主机交换信息，提供设备配置，对外设设定、传送状态这类双向通信。

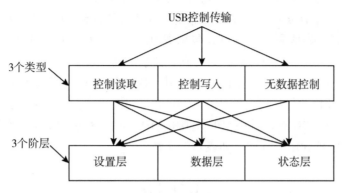

图 6.14 USB 控制传输图

2. 批处理方式

批处理可以是单向的，也可以是双向的。该方式用来传输要求正确无误的数据。通常，打印机、扫描仪和数码相机以批处理方式与主机连接。

3. 中断传输方式

中断传输是单向的，且仅输入到主机。该方式传送的数据量很小，但这些数据需要及时处理，以达到实时效果。此方式主要用于键盘、鼠标以及游戏手柄等外部设备上。

USB 的中断是查询(Polling)类型，主机要频繁地请求端点输入。USB 设备在满速情况下，其查询周期为 1~255ms；对于低速情况，查询周期为 10~255ms。因此，最快的查询频率是 1kHz。

4. 等时传输方式

等时传输可以是单向的，也可以是双向的。该方式主要用于传输连续性、实时的数据，用于对数据正确性要求不高但对时间极为敏感的外部设备，如麦克风、音箱以及电话等。等时传输方式以固定的传输速率，连续不断地在主机与 USB 设备之间传输数据，在传送数据发生错误时，USB 并不处理这些错误，而是继续传送新的数据。

在上述 4 种数据传输方式中，除等时传输方式外，其他 3 种方式在数据传输发生错误时，都会试图重新发送数据，以保证其准确性。

6.3.4 USB 交换的格式包

USB 总线的数据传输交换是通过包来实现的，包是组成 USB 交换的基本单位。USB 总线的每一次交换至少需要 3 个包才能完成。USB 设备之间数据传输首先由主机发出标志(令牌)包开始。标志包中有设备地址码、端点号、传输方向和传输类型等信息。其次是数据源向数据目的地发送数据包或者发送无数据传送的指示信息。在一次交换中，数据包可以携带的数据最多为 1024bit。最后是数据接收方向数据发送方回送一个握手包，提供数据是否正常发送出去的反馈信息，如果有错误，则重发。除了等时传输外，其他传输类型都需要握手包。可见，包就是用来产生所有的 USB 交换的机制，也是 USB 数据传输的基本方式。在这种传输方式下，几个不同目标的包可以组合在一起，共享总线，且不占用 IRQ 线，也不需要占用 I/O 地址空间，节约了系统资源，提高了性能，又减少了开销。

　　表 6-8 给出了包的类型，其中包的分类由 PID 表示。8 位 PID 中只有高 4 位用于包的分类编码，低 4 位校验用，其含义如表 6-9 所示。

表 6-8　　　　　　　　　　　　　　　　包 的 类 型

类 型	PID 名称	$PID_3 \sim PID_0$	描　　述
Token （标志）	OUT	0001	主机到设备传输的地址+端点号
	IN	1001	设备到主机传输的地址+端点号
	SOF	0101	帧开始标志与帧编号
	Setup	1101	主机到设备 Setup 传输的地址+端点号
Data （数据）	$DATA_0$	0011	有偶同步位的数据包
	$DATA_1$	1011	有奇同步位的数据包
	$DATA_2$	0111	高带宽同步传输，数据包高速 PID
	MDATA	1111	分流传输与高带宽同步传输，数据包高速 PID
Handshake （握手）	ACK	0010	接收器接收数据正确
	NAK	1010	接收设备不能接收数据或发送设备不能发送数据
	STALL	1110	端点暂停或控制请求不支持
	NYET	0110	接收设备还没有响应
Special （特殊）	PRE	1100	主机希望在低速方式下与低速设备通信时，主机发送预告
	ERR	1100	分流传输错误标志（与 PRE 重用）
	SPLIT	1000	高速分流传输标志
	PING	0100	高速传输空间大小和控制检测
	RESERVED	0000	保留

表 6-9　　　　　　　　　　　　　　　　ID 域的格式

PID0	PID1	PID2	PID3	P̲I̲D̲0̲	P̲I̲D̲1̲	P̲I̲D̲2̲	P̲I̲D̲3̲

　　下面介绍 PID0 包的种类及格式。

1. 标志包

USB 总线是一种基于标志的总线协议，所有的交换都以标志包(Token)为首部。标志包定义了要传输交换的类型，包含包类型域(PID)、地址域(ADDR)、端点域(ENDP)和检查域(CRC)，其格式如表 6-10 所示。

表 6-10 标志包格式

8 位	8 位	7 位	4 位	5 位
SYNC	PID	ADDR	ENDP	CRC

SYNC：所有包的开始都是同步(SYNC)域，输入电路利用它来同步，以便有效数据到来时识别，长度为 8 位。

PID：包类型域，Token 包有 4 种类型：OUT、IN、Setup 和 SOF。

ADDR：设备地址域，确定包的传输目的地。7 位长度，可有 128 个地址。

ENDP：端点域，确定包是传输到设备的哪个端点。4 位长度，一个设备可以有 16 个端点号。

CRC：检查域，5 位长度，用于 ADDR 域和 ENDP 域的校验。

标志包有 4 种类型，分别为帧开始包、接收包、发送包和设置包。

2. 数据包

若主机请求设备发送数据，则送 IN Token 到设备某一端点，设备将以数据(Data)包形式加以响应。若主机请求目标设备接收数据，则送 OUT Token 到目标设备的某一端点，设备将接收数据包。一个数据包包含 PID 域、数据域和 CRC 域 3 个部分，其格式如表 6-11 所示。通过数据包的 PID 域即能识别 DATA0 和 DATA1 两种类型数据包。

表 6-11 数据包格式

8 位	8 位	0~23 位	5 位
SYNC	PID	DATA	CRC

3. 握手包

设备使用握手包来报告交换的状态，通过不同类型的握手包可以传送不同的结果报告。握手包由数据的接收方(可能是目标设备，也可能是 HUB)发往数据的发送方。等时传输没有握手包。握手包只有一个 PID 域，其格式如表 6-12 所示。握手包有 ACK(应答包)、NAK(无应答包)、STALL(挂起包)和 NYET(接收设备还没有响应)4 种类型。

表 6-12   握手包格式

8 位	8 位
SYNC	PID

4. 预告包

当主机希望在低速方式下与低速设备通信时，主机将发送预告包，作为开始包，然后与低速设备通信。预告包由一个同步序列和一个全速的 PID 域组成，PID 之后，主机必须在低速包传送前延迟 4 个全速字节时间，以便主 HUBs 打开低速端口并准备接收低速信号。低速设备只支持控制和中断传输，而且交换中携带的数据仅限于 8 字节。

6.3.5　USB 器件选型

USB 芯片分为三种类型：一种是专门为 USB 应用设计的，如 Cypress 公司的 CY7C63××× 系列；另一种建立在现有芯片系列基础上的，如 Intel 的 8×931 是建立在基本的 8051 基础上的，8×930、EZ-USB 是建立在高速、增强的 8051 基础上的；还有一种是只处理 USB 通信，必须被一个外部微处理器所控制，如 Philips 公司的 PDIUSBD11、PDIUSBD12，NetChip 公司的 NET2888，NS 公司的 USBN9603/9604 等。

1. CY7C63001

CY7C63001 是 Cypress 公司生产的 USB 控制器，该芯片具有 1 个 USB 端口、12 根 I/O 线，以及 35 条基本的数据移动、数据操作和程序跳转指令，只支持低速传输。图 6.15 所示为芯片的结构图。

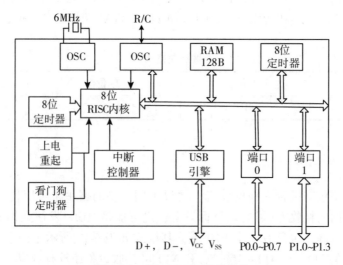

图 6.15　CY7C63001 芯片结构

CPU 是一个 8 位 RISC(简化指令集计算机)。引脚图如图 6.16 所示。

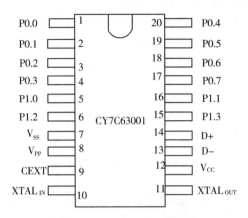

图 6.16　CY7C63001 引脚图

CY7C63001 片内具有 4kB 程序存储器，128 字节 RAM 和 32 字节宽的寄存器。芯片有 12 个通用 I/O 引脚，每个引脚都可以用作输入或输出，并可以触发一个中断。端口 1 的引脚的吸收电流可以直接驱动光电晶体管和其他元件。

CY7C63001 有终端 0 中断、终端 1 中断、唤醒中断、通用 I/O 中断、1.024 毫秒定时器中断和 128 微秒定时器中断。全局中断能使寄存器用来控制中断的允许和禁止。

串行接口引擎(SIE)用来控制 USB 通信。SIE 和提供到 USB 电缆的硬件接口的 USB 收发器一起组成了 USB 引擎。

图 6.17 所示为一个利用 CY7C63001 设计的迷你型的智能 IC 卡 USB 接口读写器的原理图。读写器的主要功能如下：

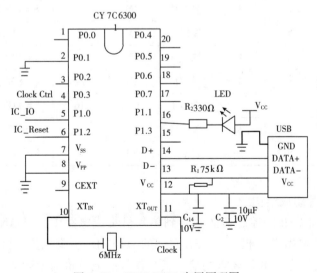

图 6.17　CY7C63001 应用原理图

（1）主频：6MHz；IC 卡时钟：6MHz。

（2）PC USB 接口通信，波特率为 1.5Mbps。

（3）与卡片通信波特率为 16130bps。

（4）USB 口取+5V DC，无须外接电源。

（5）上电后 LED 亮，对卡片操作时 LED 闪烁。

（6）支持 T0、T1 协议。

（7）支持字符重发机制。

2. EZ-USB

Cypress 公司推出的 EZ-USB 系列单片机带有智能 USB 接口，给开发有 USB 接口的外设带来了极大的方便。

根据不同的速率要求，以及不同的系统和价格要求。EZ-USB 分为三个系列，分别为 EZ-USB 2100，EZ-USB FX 和 EZ-USB FX2。这里仅对 EZ-USB 2100 系列单片机进行介绍，如表 6-13 所示。

表 6-13　**EZ-USB 2100 产品系列**

| 型号 | RAM 大小 (kB) | 主要特性 | | | | | 封　装 | 最大 UART 速度 (kbaund) |
		是否支持 ISO	端点数量	数据线或端口 B	I/O 速率 (b/s)	可编程 I/O		
AN2121S	4	Y	32	端口 B	600k	16	S = 44PQFP	116. 2
AN2121S	4	N	13	端口 B	600k	16	S = 44PQFP	230. 4
AN2121T	4	N	13	端口 B	600k	19	T = 48PQFP	230. 4
AN2125S	4	Y	32	数据线	2M	8	S = 44PQFP	116. 2
AN2126S	4	N	13	数据线	2M	8	S = 44PQFP	230. 4
AN2126T	4	N	13	数据线	2M	11	T = 48PQFP	230. 4
AN2131Q	8	Y	32	都有	2M	24	Q = 80PQFP	116. 2
AN2131S	8	Y	32	端口 B	600K	16	S = 44PQFP	116. 2
AN2135S	8	Y	32	数据线	2M	8	S = 44PQFP	116. 2
AN2136S	8	N	16	数据线	2M	8	S = 44PQFP	116. 2

1）EZ-USB 芯片组成结构

EZ-USB 芯片将 USB 的控制功能整合到单片机集成电路中，以 AN2131S 为例，如图 6.18 所示，集成的 USB 收发模块与 USB 总线的 D+和 D−引脚相连。SIE 进行串行数据译码和错误更正以及其他 USB 所要求的信号级操作等。最后再与 USB 收发模块接口进行数据字节的传输。

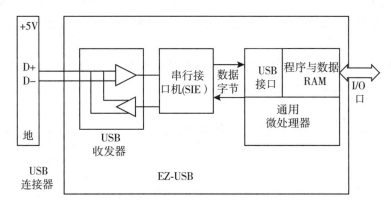

图 6.18 AN2131S 功能框图

内部的微处理器在标准 8051 上缩短了执行时间，并增加了新的特性。它用内部 SRAM 存储程序和数据，使 EZ-USB 系统具有软配置的特性。USB 主机经 USB 总线将 8051 的程序代码和描述符装入 SRAM 中。然后，EZ-USB 芯片利用已下载程序中定义的外设特性进行重新连接，这个过程也称为再枚举。

EZ-USB 系列使用了强大的 SIE/USB 接口（称为 USB 内核）。这个具有强大功能的内核可以自动完成 USB 协议的转换，简化了 8051 的代码。

EZ-USB 芯片在 3.3V 电压下就可以运行，简化了 USB 设备总线电压的设计。

2）EZ-USB 特性

（1）改进的 8051 内核。性能可达到标准 8051 的 5~10 倍，与标准 8051 的指令完全兼容。

（2）高度集成。传统 USB 外设的硬件设计通常包括非易失性存储器（如 EPROM，E2PROM、FLASH ROM）、微处理器、RAM、SIE 和 DMA 等。EZ-USB 将上述多个模块集成在一个芯片中，从而减少了各芯片接口部分时序配合时的麻烦。

（3）USB 内核。EZ-USB 可以代替 USB 外设开发者完成 USB 协议中规定的 80%~90% 的通信工作，使得开发者不需要深入了解 USB 的低级协议即可顺利地开发出所需要的 USB 外设。EZ-USB 系列芯片接收全部 USB 的吞吐量。这种采用 EZ-USB 的设计，可以不受端点数目、缓存区大小及传输速率的限制。

（4）软配置。在外设未通过 USB 接口连接到 PC 机之前，外设上的设备软件存储在 PC 上；一旦外接到 PC 机上，PC 即会知道该外设是"谁"（即读设备描述符），然后将该外设的设备软件下载到 EZ-USB 的 RAM 中并执行。这个特性给 USB 外设的开发者带来了许多方便。这种基于 RAM 的软件配置方法，可以允许无限配置和升级。

（5）易用的软件开发工具。设备软件可独立于驱动程序。驱动程序和设备软件的开发与调试相互独立，可加快开发的速度。

3）EZ-USB 微处理器

EZ-USB 微处理器是一个改进的 8051 内核，使用标准 8051 指令系统。EZ-USB 微处理

153

器包括两大功能，一是实现 USB1.1 协议，使 USB 设计变得简单；二是实现 8051 的主要功能，片内具有丰富的输入/输出资源，包括 I/O、UART 和 I²C 总线控制器等。主要特性如下：

（1）空闲(wasted)的总线周期被取消。一个总线周期仅包含 4 个时钟周期，而标准8051 则为 12 个时钟周期，速度提高了 3 倍；

（2）24MHz 时钟；

（3）双数据指针，可用于存储器块之间的传输；

（4）双 UART；

（5）3 个 16 位计数器/定时器；

（6）与非多路复用 16 位地址总线的高速存储器直接接口；

（7）增加了 7 个中断源(INT2～INT5、PFI、T2 和 UART)；

（8）可变的 MOVX 执行时间，适合于低速的 RAM 外设；

（9）256 字节的内部寄存器 RAM，8kB 的程序/数据复合 SRAM；

（10）3.3V 工作电压；

（11）快速外部数据块传输；

（12）USB 中断向量；

（13）CONTROL 传输的 SETUP 和 DATA 部分有各自的缓冲器。

4）EZ-USB 存储器

EZ-USB RAM 存储器分为两个区，一个区用于存储程序和数据，另一个区为 USB 缓冲器和控制寄存器。图 6.19 所示为 EZ-USB 8kB 存储器的地址分布。

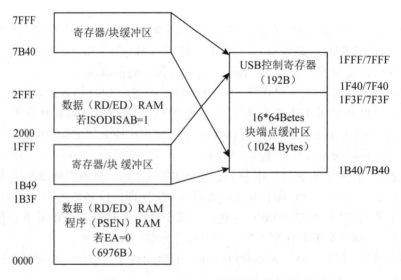

图 6.19　EZ-USB 8kB 存储器地址分布

5）EZ-USB 输入/输出

EZ-USB 芯片提供两套输入/输出系统：一组可编程的输入/输出引脚和一个可编程的 I^2C 控制器的引脚。

（1）输入/输出引脚。输入/输出引脚被 8051 及 EZ-USB 交替功能（如 UART、定时器、中断等）所共享。如图 6.20 所示。

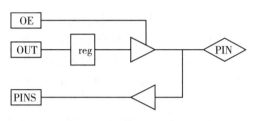

图 6.20　EZ-USB 输入/输出引脚

（2）I^2C 控制器。I^2C 控制器使用 SDA、SCL 引脚，实现通用 8051 接口与从 E^2PROM 低层装载两大功能。

6）EZ-USB 的枚举和再枚举

在 PC 机运行时，若插上或拔去一个 USB 设备，Windows 系统便会自动装载或卸去设备的驱动程序，即所谓的即插即用。这一系列动作的自动完成归因于在每一个 USB 设备中都有一个描述符表，记录了设备的要求和性能。当插上 USB 时，要经过以下几个步骤：

（1）主机向地址 0 发送"Get-Descriptor/Device"请求（设备每一次连接时，必须响应地址 0）；

（2）设备响应访问请求，并将 ID 数据发送给主机；

（3）主机向设备发出"Set-Address"请求，给设备提供一个唯一的地址，以区别其他与总线相连的设备；

（4）主机向设备发送出"Get-Descriptor"请求，获取更多的设备信息。据此，主机可以了解到该设备的其他情况，如该设备的端点个数、电气要求、所需带宽，然后下载程序。

EZ-USB 芯片是软设备，8051 的程序和数据可以通过 USB 接口从主机下载到内部 RAM 中。具有 EZ-USB 芯片的设备可以是不带 ROM、EPROM 或 FLASH ROM 工作的。

为了支持软特性，EZ-USB 芯片能自动地作为一个不需要设备软件的 USB 设备进行枚举，所以，USB 接口本身可用来下载 8051 的程序和描述符表。当 8051 复位时，EZ-USB 的内核进行如实的枚举和下载。支持程序下载的最初 USB 设备被称为"默认的 USB 设备"。

把代码描述符表从主机中下载到 EZ-USB RAM 后，8051 脱离复位状态，开始执行设备程序。EZ-USB 设备再次枚举，这一次是作为装入的设备。第二次枚举称为"再枚举"。再枚举的完成是 EZ-USB 芯片通过给 USB 加电，模拟断开和重连接来完成的。

被称为"ReNum"（再枚举）的 EZ-USB 控制位，决定由内核及 8051 中的哪一个实体处理端点的设备请求。一旦运行 8051，它能设 ReNum＝1，表示用户 8051 程序用它下载的设备软件处理子设备请求。

7）EZ-USB 端点

由于 USB 是串行总线，因此设备端点实际是一个 FIFO（先入先出）存储器。主机通过发出 4 位地址及 1 位方向位来选择设备端点。所以，USB 可定位 32 个端点：IN0～IN15 和 OUT0～OUT15。8051 从 OUT 缓冲中读取端点数据，将通过 USB 传输的端点数据写入 IN 缓冲区。

USB 端点有 4 种类型：块（bulk）、控制、中断、同步。

（1）块端点。块端点无方向控制，一个端点地址对应一个方向。所以，端点 IN2 的地址不同于端点 OUT2。EZ-USB 提供了 14 个用于块传输的端点，包括 7 个 IN 端点（EP1-IN～EP7-IN）和 7 个 OUT 端点（EP1-OUT～EP7-OUT）。每一个端点都有 1 个 64 字节的缓冲区。

（2）控制端点 0。控制端点用于传输控制信息。任何一个 USB 设备都必须有默认的控制 0。设备的枚举（即每一次插上该设备时，主机对其进行初始化的过程）就是由端点 0 引导的。主机通过端点发送所有的 USB 请求。

控制端点是双向的，它只接受 SETUP 信号。控制传输包含两个或三个阶段：SETUP、DATA（可选）和 HANDSHAKE。

（3）中断端点。中断端点与块端点大致相同。14 个 EZ-USB 端点（EP1～EP7、IN 和 OUT）可用做中断端点。中断端点的信息包的最大长度可达到 64 字节，在它们的描述符中包含一个"轮询间隔"字节，告诉主机为之服务的频率。8051 通过中断端点传送数据的方式与块端点完全相同。

（4）同步端点。同步端点通过 USB 发送高带宽、时间精确的数据。同步端点从数码相机或扫描仪等外设中获得数据，或将这些数据输出至音频数/模转换等设备。EZ-USB 包含 16 个同步端点，编号 8～15（8IN～15IN，8OUT～15OUT）。FIFO 存储器为 16 个端点提供了 1024 字节的存储单元，这些单元可作为 FIFO 存储器，提供双缓冲。作为双缓冲器，8051 从包含前一帧数据的同步端点的 FIFO 缓冲器读取 OUT 数据，同时主机将当前帧的数据写入另一个缓冲器中。相似的，8051 将 IN 数据装入同步端点的 FIFO 缓冲器中，在下一帧中通过 USB 发送，此时主机从另一个缓冲器中读取当前帧的数据。在每一个起始帧，USB FIFO 和 8051FIFO 置位开关或进行通信。

6.4 现场总线接口

现场总线是应用在生产现场、在控制设备之间，实现双向、串行、多节点通信的数字通信系统。现场总线把通用的或专用的微处理器置入传统的测量控制仪表，使之具有数字计算和数字通信能力，采用一定的介质（如双绞线、光纤等）作为通信总线，按照公开、规范的通信协议，在位于现场的多个设备之间以及现场设备与远程监控计算机之间，实现数据传输和信息交换，形成各种实际需要的自动化控制系统。

1983 年，Honeywell 推出了智能化仪表——Smar 变送器，这种智能仪表在输出的 4～

20mA 直流信号上叠加了数字信号，使现场与控制之间的连接由模拟信号过渡到了数字信号。自此之后，世界上各大公司相继推出各有特色的智能仪表。这些智能仪表的发展为现场总线的出现奠定了基础。同时，现场总线的发展又推动了应用于现场的智能仪表向现场总线的方向发展。

目前世界上约有 40 余种现场总线标准。1984 年 IEC 开始制定现场总线国际标准，IEC TC65 于 1999 年年底通过了 8 种类型的现场作为 IEC61158 国际标准。这 8 个标准为：

（1）类型 1：IEC 技术报告（即 FF 的 H1）；

（2）类型 2：ControlNet（美国 Rockwell 公司支持）；

（3）类型 3：Profibus（德国 Siemems 公司支持）；

（4）类型 4：P-Net（丹麦 Process Data 支持）；

（5）类型 5：FF HSE（即原 FF 的 H2，Fisher-Rosemount 等公司支持）；

（6）类型 6：Swift Net（美国波音公司支持）；

（7）类型 7：World FIP（法国 Alstom 公司支持）；

（8）类型 8：类型 Interbus（德国 Phonenix Contact 公司支持）。

加上 IEC TC17B 通过的 3 种现场总线国际标准，即 SDS（Smart Distributed System）、ASI（Actuator Sensor Interface）和 DeviceNet，以及 ISO 还有一个 ISO 11898 的 CAN（Controller Area Network）总线协议，国际公认的标准共有 12 种之多。下面就几种在智能仪表中应用较多的现场总线协议进行介绍。

6.4.1 CAN 总线协议

1. CAN 总线协议介绍

早在 20 世纪 80 年代初，Bosch 公司的工程人员就在探讨现有的串行总线系统运用于轿车的可能性，因为还没有一个网络协议能够完全满足汽车工程的要求。1983 年，Uwe Kiencke 开始设计一个新的串行总线系统。新的总线协议增加了新的功能，减少了导线的用量，这仅仅是从产品的角度看，还不是推动 CAN 发展的动力。起初，来自 Merccdes-Benz 的工程人员介入这个新总线系统的规范制定。后来，Intel 公司作为主要的半导体厂商也介入其中。德国 Braunschweig-Wolfenbuttel 的应用科学大学的教授 Dr Wolfhard Lawrenz 被请来作为顾问，他给这个新的网络协议起名为"Controller Area Network"（局域控制网，简称 CAN）。这是个多主网络协议。它的基础是无破坏性仲裁机制，这使得总线能以最高优先权访问报文而没有任何延时。对错误的处理也包括自动断开有问题的总线节点，使得其余节点之间的通信继续进行。被传送的报文的身份标识不是用发送器或接收器节点的地址（如其他几乎所有的总线系统），而是用它们的内容。作为报文的一部分的标识也同时具有确定报文在这个系统中优先级的功能。

在 20 世纪 90 年代初，Bosch CAN 规范（2.0 版）被提交作为国际标准。经过几次争论，特别是又有了几个法国主要轿车制造厂提出"交通工具局域网"VAN（Vehicle Area Network）后，在 1993 年 11 月公布了 CAN 的 ISO11898 标准。同时，在 CAN 协议中定义了物理层的波特率最高为 1Mbps。另外，CAN 数据传送中的错误处理方式也在 1995 年的 ISO 11519-2 中标准化，ISO 11898 标准也由于加入了描述 29 位 CAN 的标识符而得以扩充。

2. CAN 总线协议的特点

(1)CAN 为多主方式工作，网络上任一节点均可在任意时刻主动地向网络上其他节点发送信息，不分主从。

(2)在报文标识符上，CAN 上的节点分成不同的优先级，可满足不同的实时要求，优先级高的数据最多可在 134μs 内得到传输。

(3)CAN 采用非破坏总线仲裁技术。当多个节点同时向总线发送信息而出现冲突时，优先级较低的节点会主动地退出发送，而最高优先级的节点可不受影响地继续传输数据，从而大大节省了总线冲突仲裁时间。尤其是在负载很重的情况下，也不会出现瘫痪情况（以太网则可能）。

(4)CAN 节点只需通过对报文的标识符进行滤波即可方便地实现点对点、点对多点及全局广播等几种传送接收方式。

(5)CAN 的直接通信距离最远可达 10km（速率 5kbp 以下）；通信速率最高可达 1Mbps（此时通信距离最长为 40m）。

(6)CAN 上的节点数主要取决于总线驱动电路，目前可达 110 个。在标准帧的报文标识符有 11 位，而在扩展帧的报文标识符（29 位）的个数则几乎不受限制。

(7)报文采用短帧结构，传输时间短，受干扰概率低，保证了极低的数据出错率。

(8)CAN 的每帧信息都有 CRC 校验及其他检错措施，具有极好的检错效果。

(9)CAN 的通信介质可为双绞线、同轴电缆或光纤，选择灵活。

(10)CAN 节点在错误严重的情况下具有自动关闭输出功能，以使总线上其他节点的操作不受影响。

(11)CAN 总线协议具有较高的性能价格比。它结构简单，器件购置容易，每个节点的价格较低，而且开发技术容易掌握，能充分利用现有的单片机开发工具。

CAN 协议是建立在国际标准组织的开放系统互联模型基础上的，不过，其模型结构只有 3 层，只取 OSI 底层的物理层、数据链路层和应用层。由于 CAN 的数据结构简单，又是范围较小的局域网，因此不需要其他中间层，应用层数据直接取自数据链路层或直接向链路层写数据，结构层次少，有利于系统中实时控制信号的传送。

3. CAN 总线协议的分层结构

CAN 的 ISO/OSI 参考模型的层结构如图 6.21 所示。

(1)物理层（Physical Layer），定义信号是如何实际地传输的，因此涉及位定时、位编码/解码、同步的解释。

(2)数据链路层（Data Link Layer），包含以下两个子层：

第一，介质访问控制子层 MAC（Medium Access Control），是 CAN 协议的核心。它把

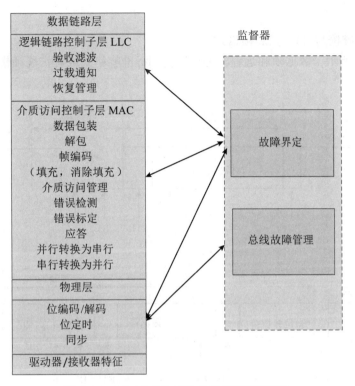

图 6.21 CAN 的 ISO/OSI 参考模型的层结构

接收到的报文提供给 LLC 子层，并接收来自 LLC 子层的报文。MAC 子层负责报文分帧、仲裁、应答、错误检测和标定。MAC 子层也受一个名为"故障界定"(Fault Confinement)的管理实体监管。此故障界定为自检机制，以便把永久故障和短时扰动区别开来。

第二，逻辑链路控制子层 LLC(Logical Link Control)，主要负责为远程数据请求以及数据传输提供服务，涉及报文滤波、过载通知以及恢复管理等。

4. CAN 总线协议报文传输

1) 帧格式

有两种不同的帧格式，它们的标识符域的长度不同，含有 11 位标识符的帧称为标准帧，而含有 29 位标识符的帧称为扩展帧。

2) 帧类型

报文传输有以下 4 个不同类型的帧：

第一，数据帧将数据从发送器传输到接收器。

第二，总线单元发出远程帧，请求发送具有同一标识符的数据帧。

第三，任何单元检测到总线错误就发出错误帧。

第四，过载帧用在相邻数据帧或远程帧之间提供附加的延时。

数据帧和远程帧可以使用标准帧及扩展帧两种格式，它们用一个帧间间隔与前面的

159

帧分开。

3）CAN 标准帧与 CAN 扩展帧格式

如图 6.22 所示，数据帧和远程帧都可以使用标准帧格式或者扩展帧格式。

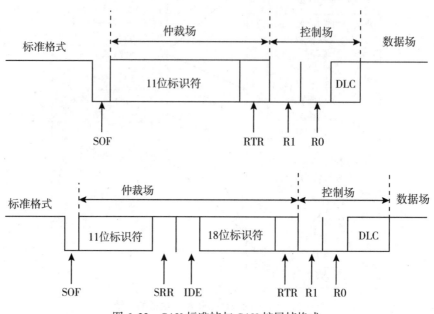

图 6.22　CAN 标准帧与 CAN 扩展帧格式

RTR：远程发送请求位，数据帧中为显性，远程帧中为隐性。

SRR：替代远程请求位（在扩展格式中在 RTR 位置，所以得此名），隐性位。此位可判断出标准帧优先于扩展帧。

IDE：标识符扩展位，标准帧-显性，扩展帧-隐性，表示该帧为标准帧还是扩展帧。

R1、R0：保留位。

DLC：数据长度代码。

CRC 段：由 CAN 控制器自动填充。

CRC 分隔符：隐性位。

ACK 段：2 位，由 CAN 控制器自动填充，包括应答位和应答界定位。应答界定位紧邻帧结束。在应答域中，发送器发出两个隐性位，当接收器正确的接收到有效的报文时，该接收器就会在应答位期间，用一显性位填充应答位作为回应，而应答界定位则一直保持为隐性。

帧结束：由 7 个隐性位组成，由 CAN 控制器自动填充。

两种帧格式可出现在同一总线上。

4）数据帧

图 6.23 给出了数据帧的传送打包形式，其各数据段的含义如下：

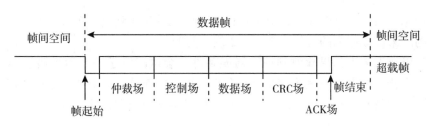

图 6.23　数据帧示意图

帧开始：数据帧开始的段。

仲裁段：该帧优先级的段。

控制段：数据的字节数以及保留位的段。

数据段：数据的内容，0~8 个字节。

CRC 段：检查帧的传输错误的段。

ACK 段：确认正常接收的段。

帧结束：数据帧结束的段。

5）远程帧

通过发送远程帧，作为数据接收器的节点可以发起各自数据源数据的传送请求，即向数据发送器请求发送具有相同 ID 的数据帧。远程帧由帧起始、仲裁段、控制段、CRC 段、ACK 段和帧结束组成，如图 6.24 所示。值得注意的是，远程帧没有数据段。

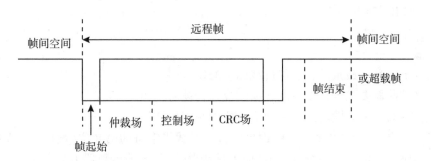

图 6.24　远程帧示意图

6）错误帧

图 6.25 所示为错误帧示意图，通常错标志有两种：主动（积极）错误标志和被动（消极）错误标志。

主动（积极）错误标志：由 6 个连续的显性位组成。

被动（消极）错误标志：由 6 个连续的隐性位组成，有可能被其他节点的显性位覆盖。

一个错误积极节点如果检测到一个错误条件，会发送一个积极错误标志进行标识。这一错误标志违反了正常的位填充规则（适用于从帧起始到 CRC 界定符之间的所有场）或破坏了应答场和帧结束场的固定格式，结果是引起其他节点检测到新的错误条件并各自开始发送错误标志。因此，这个在总线上可被检测到的显性位序列是各个节点发出的不同错误标志叠加的结果。该序列的总长度在 6~12 位之间变化。

　　一个消极错误节点如果检测到一个错误条件，会试图发送一个消极错误标志进行指示。这个消极错误节点会一直等待 6 个具有相同极性的连续位，等待从消极错误标志的起始开始，当检测到 6 个相同极性的连续位时，消极错误标志发送即完成。

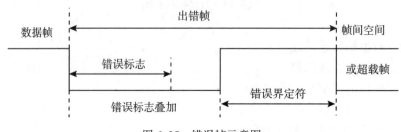

图 6.25　错误帧示意图

　　错误界定符由 8 个隐性位组成，错误标志发出以后，每个节点都发出隐性位，并一直监视总线，直到检测出隐性位，随后开始发送剩余的 7 个隐性位。

　　CAN 提供了检测下列错误类型机制：

　　第一，应答错误；

　　第二，填充错误；

　　第三，CRC 错误；

　　第四，格式错误。

　　7）过载帧

　　存在以下三种过载条件，引起过载标志的发送：

　　第一，接收器要求延迟下一次数据帧或远程帧的到达。

　　第二，在帧间隔间歇场的第一和第二位检测到显性位。

　　第三，如果一个 CAN 节点在错误界定符或过载界定符的第 8 位（最后一位）采样到一个显性位，则节点会发送一个过载帧（而不是错误帧）。错误计数器不会增加。

　　最多可产生 2 个过载帧来延迟下一数据帧或远程帧。

　　过载标志由 6 个显性位组成，其全部形式与积极错误标志一样。过载标志破坏了帧间隔间歇场的固定形式，结果其他节点也检测到一个过载条件，并各自开始发送过载帧。如果在帧间隔间歇场的第 3 位期间检测到一个显性位，则该位将解释为帧起始。

　　8）帧间隔

　　帧间隔是用于分割数据帧和远程帧的帧。

　　数据帧和远程帧可通过插入帧间隔将本帧与前面的任何帧（数据帧、远程帧、错误帧、过载帧）分开。过载帧和错误帧之间没有帧间隔，多个过载帧之间也不是通过帧间隔分开的。帧间隔包括间歇场、总线空闲场以及可能的暂停发送域。只有刚发送出去前一报文的错误消极节点才需要暂停发送场。

间歇场包括 3 个隐性位。间歇场期间，所有节点均不允许发送数据帧或者远程帧，其唯一的作用是标识一个过载条件。注意，如果一个正准备发送报文的 CAN 节点在间歇场的第 3 位检测到一个显性位，将认为这是一个帧的开始，并且在下一位时间，从报文的标识符的第一位开始发送报文，而不再发送一个帧起始位，同时也不会成为报文接收器。

总线空闲周期为任意长度。在此期间，总线空闲，任何需要发送报文的节点都可以访问总线。

一个因其他报文正在发送而被挂起的报文，将在间歇场后的第一位开始发送。此时，检测到的总线上一个显性位将被解释为一个帧起始。暂停发送场是指错误消极节点发送一个报文以后，在开始发送下一个报文或者认可总线处于空闲之前，在间歇场后发出的 8 个隐性位。如果在此期间一次由其他节点引起的传送开始了，则该节点将成为报文接收器。

5. CAN 总线接口电路设计

Philips 公司的 PCA82C200 是符合 CAN2.0A 协议的总线控制器，SJA1000 是它的替代产品，它是应用于汽车和一般工业环境的独立 CAN 总线控制器。具有完成 CAN 通信协议所要求的全部特性。经过简单总线连接的 SJA1000，可完成 CAN 总线的物理和数据链路层的所有功能，如图 6.26 所示。其硬件与软件设计和 PCA82C200 的基本 CAN 模式（BesicCAN）兼容。同时，新增加的增强 CAN 模式（PeliCAN）还可支持 CAN2.0B 协议。

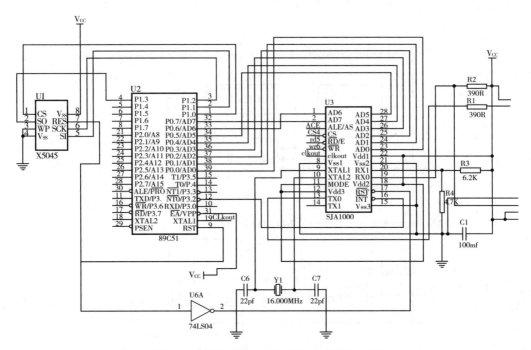

图 6.26 基于 SJA1000 的 CAN 总线接口电路

（1）管脚及电气特性与独立 CAN 总线控制器 PCA82C200 兼容；

（2）软件与 PCA82C200 兼容（缺省为基本 CAN 模式）；

（3）扩展接收缓冲器（64 字节 FIFO）；

（4）支持 CAN 2.0B 协议；

（5）同时支持 11 位和 29 位标识符；

（6）位通信速率为 1Mbits/s；

（7）增强 CAN 模式（PeliCAN）；

（8）采用 24MHz 时钟频率；

（9）支持多种微处理器接口；

（10）可编程 CAN 输出驱动配置；

（11）工作温度范围为 $-40 \sim +125℃$。

82C250 是 CAN 控制器与物理总线间的接口，可以提供对总线的差动发送和接收能力，与 ISO11898 标准完全兼容，并具有抗汽车环境下的瞬间干扰以及保护总线的能力。为了提高系统的可靠性和抗干扰能力，在 CAN 控制器和 CAN 收发器之间采用光耦 6N137 进行隔离。

PCA82C250 提供对物理总线的符合 CAN 电气协议的差动发送和接收功能，另外，它具有的电流限制电路还提供了对总线的进一步的保护功能。通过 82C250 与物理总线进行连接，可使总线支持多达 110 个节点的挂接。图 6.27 给出了 PCA82C250 的引脚示意图。

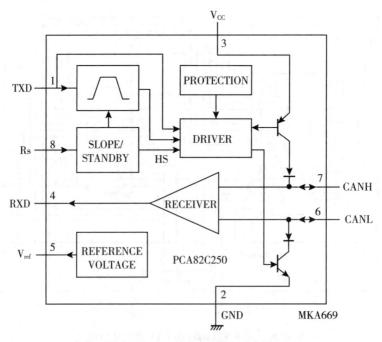

图 6.27　PCA82C250 引脚示意图

对于 CAN 控制器及带有 CAN 总线接口的器件，82C250 并不是必须使用的器件，因为多数 CAN 控制器均具有配置灵活的收发接口并允许总线故障，只是驱动能力一般只允许 20~30 个节点连接在一条总线上。而 82C250 支持多达 110 个节点，并能以 1Mbps 的速率工作于恶劣电气环境。

6.4.2　MODBUS 协议

1. MODBUS 协议简介

MODBUS 是应用层的传输协议，位于 OSI 模型的第七层。在同一网络或总线中，符合该协议的主设备以主-从的方式与 1 个或多个符合该协议从设备进行通信。目前它可应用在以下几个方面：

（1）基于以太网的 TCP/IP 网络；

（2）多种传输媒介的串行异步通信（EIA/TIA-232-E、EIA/TIA-422、EIA/TIA-485-A、光纤、无线电等）；

（3）MODBUS PLUS，一种高速的令牌传输网络。

MODBUS 通信协议栈如图 6.28 所示。

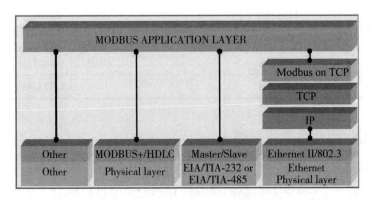

图 6.28　MODBUS 通信协议栈

标准的 MODBUS 采用串行总线异步通信。在物理层上，串行总线系统可以使用不同的物理接口（RS-232、RS-485）。半双工 RS-485 接口（总线为 2 线）最为常用，全双工 RS-485 接口（总线为 4 线）是可选接口。如果是短距离的点对点传输，也可使用 RS-232 接口。

图 6.29 和表 6-14 给出 MODBUS 串行通信协议栈与 OSI 模型的对照。

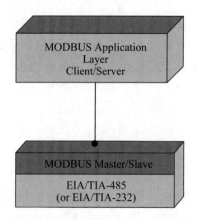

图 6.29　MODBUS 协议与 ISO/OSI 模型

表 6-14　　　　　　　　　　　**MODBUS 串行通信协议栈与 OSI 模型对照**

Layer	ISO/OSI 模型	MODBUS 串行通信协议栈
7	Application	MODBUS Application Protocl
6	Presentation	Empty
5	Session	Empty
4	Transport	Empty
3	Network	Empty
2	Data Link	MODBUS Serial Line Potocol
1	Physical	EIA/TIA-485

2. MODBUS 主-从式通信原理

MODBUS 串行总线协议是主-从式的通信协议。在同一时刻只能有一个主站节点连接在总线上，一个或多个(最多 247)从站接点连在同一个串行总线上。一次 MODBUS 通信总是由主站启动。如果没有接收到主站发送来的请求，从站不发送数据。从站之间不相互通信。

主站节点有以下两种方式发送 MODBUS 请求：

(1)单一发送模式。在这种模式下，主站根据从站的地址向特定的从站发送消息。从站在接收并处理完该消息后，向主站返回一个消息(应答)。通常，一次 MODBUS 通信包含两个消息：一个来自主站的请求，另一个来自从站的应答。每个从站必须有唯一确定的地址(从 1 至 247)，从而其他节点对之可以独立地寻址。

(2)广播模式。在这种模式下，主站可以向所有从站发送请求。在广播模式下，不对主站进行应答。地址 0 是为广播式传输而保留的。

3. MODBUS 的串行传输模式

串行传输模式定义了在网络上连续传输的消息段的每一位，以及决定怎样将信息打包成消息域和如何解码。有两种串行传输模式：ASCII 模式或 RTU 模式。总线上所有站点的串行传输模式和串行口参数必须一致。ASCII 模式在一些特定的应用场合下需要使用。MODBUS 设备之间只有具有相同的传输模式才能相互通信。设备的传输模式下由用户设定 RTU 或 ASCII，但默认设定必须是 RTU 模式。

（1）RTU 模式。当控制器设为在 MODBUS 网络上以 RTU（远程终端单元）模式通信时，在消息中的每个 8bit 字节包含两个 4bit 的十六进制字符。这种方式的主要优点是：在同样的波特率下，可比 ASCII 方式传送更多的数据。

（2）ASCII 模式。当控制器设为在 MODBUS 网络上以 ASCII（美国标准信息交换代码）模式通信时，在消息中的每个 8bit 字节都作为两个 ASCII 字符发送。这种方式的主要优点是字符发送的时间间隔可达到 1s 而不产生错误。

4. MODBUS 消息帧

两种传输模式中（ASCII 或 RTU），传输设备以将 MODBUS 消息转为有起点和终点的帧，这就允许接收的设备在消息起始处开始工作，读地址分配信息，判断哪一个设备被选中（广播方式则传给所有设备），判知何时信息已完成。部分消息也能侦测到，并且错误能设置为返回结果。

1）RTU 帧

使用 RTU 模式，消息发送至少要以 3.5 个字符时间的停顿间隔开始。传输的第一个域是设备地址，可以使用的传输字符是十六进制的 0，…，9 或 A，…，F。网络设备不断侦测网络总线，包括停顿间隔时间在内。当第一个域（地址域）接收到，每个设备都进行解码以判断是否发往自己。在最后一个传输字符之后，一个至少 3.5 个字符时间的停顿标定了消息的结束。一个新的消息可在此停顿后开始。

整个消息帧必须作为一连续的流转输。如果在帧完成之前有超过 1.5 个字符时间的停顿时间，接收设备将刷新不完整的消息，并假定下一字节是一个新消息的地址域。同样，如果一个新消息在小于 3.5 个字符时间内接着前个消息开始，接收的设备将认为它是前一消息的延续。这将导致一个错误，因为在最后的 CRC 域的值不可能是正确的。一个典型的消息帧如表 6-15 所示。

表 6-15 **RTU 消息帧**

起始位	设备地址	功能代码	数据	CRC 校验	结束符
T1-T2-T3-T4	8Bit	8Bit	N 个 8Bit	16Bit	T1-T2-T3-T4

2) ASCII 帧

使用 ASCII 模式，消息以冒号 ":" 字符（ASCII 码 3AH）开始，以回车换行符结束（ASCII 码 0DH, 0AH）。

其他域可以使用的传输字符是十六进制的 0, …, 9 或 A, …, F。网络上的设备不断侦测 ":" 字符，当有一个冒号接收到时，每个设备都解码下个域（地址域）来判断是否发给自己。

消息中字符间发送的时间间隔最长不能超过 1s，否则接收的设备将认为传输错误。一个典型消息帧如表 6-16 所示。

表 6-16　　　　　　　　　　　　　　　　ASCII 消息帧

起始位	设备地址	功能代码	数据	LRC 校验	结束符
1 个字符	2 个字符	2 个字符	n 个字符	2 个字符	2 个字符

3) 地址域

消息帧的地址域包含两个字符（ASCII）或 8bit（RTU）。可能的从设备地址是 0, …, 247（十进制）。单个设备的地址范围是 1~247。主设备通过将要联络的从设备的地址放入消息中的地址来选通从设备。当从设备发送回应消息时，它把自己的地址放入回应的地址域中，以便主设备知道是哪一个设备做出回应。

地址 0 用作广播地址，以使所有的从设备都能认识。当 MODBUS 协议用于更高水准的网络时，广播可能不允许或以其他方式代替。

4) 功能域

消息帧中的功能代码域包含了两个字符（ASCII）或 8bits（RTU）。可能的代码范围是十进制的 1~255。当然，有些代码是适用于所有控制器，有些则是应用于某种控制器，还有些保留以备后用。

当消息从主设备发往从设备时，功能代码域将告之从设备需要执行哪些行为。例如去读取输入的开关状态，读一组寄存器的数据内容，读从设备的诊断状态，允许调入、记录、校验在从设备中的程序等。

当从设备回应时，它使用功能代码域来指示是正常回应（无误）还是有某种错误发生（称作异议回应）。对正常回应，从设备仅回应相应的功能代码；对异议回应，从设备返回一等同于正常代码的代码，但最重要的位置为逻辑 1。

例如，一从主设备发往从设备的消息要求读一组保持寄存器，将产生如下功能代码：

0 0 0 0 0 0 1 1（十六进制 03H）

对正常回应，从设备仅回应同样的功能代码。对异议回应，它返回：

1 0 0 0 0 0 1 1（十六进制 83H）

除功能代码因异议错误做了修改外，从设备将一独特的代码放到回应消息的数据域中，这能告诉主设备发生了什么错误。

主设备应用程序得到异议的回应后，典型的处理过程是重发消息，或者诊断发给从设备的消息并报告给操作员。

5）数据域

数据域是由两个十六进制数集合构成的，范围为 00~FF。根据网络传输模式，可以是由一对 ASCII 字符组成或由 RTU 字符组成。

从主设备发给从设备消息的数据域包含附加的信息，从设备必须用于进行执行由功能代码所定义的所为。这包括了不连续的寄存器地址，要处理项的数目，域中实际数据字节数等。

例如，如果主设备需要从设备读取一组保持寄存器（功能代码 03），数据域指定了起始寄存器以及要读的寄存器数量。如果主设备写一组从设备的寄存器（功能代码 10 十六进制），数据域则指明了要写的起始寄存器以及要写的寄存器数量，数据域的数据字节数，要写入寄存器的数据。

如果没有错误发生，从从设备返回的数据域包含请求的数据。如果有错误发生，此域包含一异议代码，主设备应用程序可以用来判断采取下一步行动。

在某种消息中数据域可以是不存在的（0 长度）。例如，主设备要求从设备回应通信事件记录（功能代码 0B 十六进制），从设备不需任何附加的信息。

6）错误检测域

标准的 MODBUS 网络有两种错误检测方法。错误检测域的内容视所选的检测方法而定。

当选用 ASCII 模式作为字符帧，错误检测域包含两个 ASCII 字符。这是使用 LRC（纵向冗长检测）方法对消息内容计算得出的，不包括开始的冒号符及回车换行符。LRC 字符附加在回车换行符前面。

当选用 RTU 模式作为字符帧，错误检测域包含一个 16 位值（用两个 8 位的字符来实现）。错误检测域的内容是通过对消息内容进行循环冗长检测方法得出的。CRC 域附加在消息的最后，添加时先是低字节然后是高字节，故 CRC 的高位字节是发送消息的最后一个字节。

7）字符的连续传输

当消息在标准的 MODBUS 系列网络传输时，每个字符或字节以如下方式发送（从左到右）：最低有效位……最高有效位。

使用 ASCII 字符帧时，位的序列如表 6-17、表 6-18 所示。

表 6-17　　　　　　　　　　　　　　　**有奇偶校验**

起始位	1	2	3	4	5	6	7	奇偶位	停止位

表 6-18　　　　　　　　　　　　　　　**有奇偶校验**

起始位	1	2	3	4	5	6	7	停止位	停止位

使用 RTU 字符帧时，位的序列如表 6-19、表 6-20 所示。

表 6-19							有奇偶校验		
起始位	1	2	3	4	5	6	7	奇偶位	停止位

表 6-20							无奇偶校验		
起始位	1	2	3	4	5	6	7	奇偶位	停止位

5. 错误检测方法

标准的 MODBUS 串行网络采用两种错误检测方法。奇偶校验对每个字符都可用，帧检测(LRC 或 CRC)应用于整个消息。它们都是在消息发送前由主设备产生的，从设备在接收过程中检测每个字符和整个消息帧。

用户要给主设备配置一个预先定义的超时时间间隔，这个时间间隔要足够长，以使任何从设备都能作为正常反应。如果从设备测到一传输错误，消息将不会接收，也不会向主设备做出回应。这样，超时事件将触发主设备来处理错误。发往不存在的从设备的地址也会产生超时。

1) 奇偶校验

用户可以配置控制器是奇校验或偶校验，或无校验，这将决定每个字符中的奇偶校验位是如何设置的。

如果指定了奇或偶校验，"1"的位数将算到每个字符的位数中(ASCII 模式 7 个数据位，RTU 中 8 个数据位)。例如 RTU 字符帧中包含以下 8 个数据位：

1 1 0 0 0 1 0 1

整个"1"的数目是 4 个。如果使用了偶校验，帧的奇偶校验位将是 0，便得整个"1"的个数仍是 4 个。如果使用了奇校验，帧的奇偶校验位将是 1，便得整个"1"的个数是 5 个。

如果没有指定奇偶校验位，传输时就没有校验位，也不进行校验检测。代替一个附加的停止位填充至要传输的字符帧中。

2) CRC 检测

使用 RTU 模式，消息包括了一基于 CRC 方法的错误检测域。CRC 域检测了整个消息的内容。

CRC 域是两个字节，包含一个 16 位的二进制值。它由传输设备计算后加入消息中。接收设备重新计算收到消息的 CRC，并与接收到的 CRC 域中的值比较，如果两值不同，则有误。

CRC 是先调入一个值是全"1"的 16 位寄存器，然后调用一个过程将消息中连续的 8 位字节和当前寄存器中的值进行处理。仅每个字符中的 8bit 数据对 CRC 有效，起始位和停止位以及奇偶校验位均无效。

CRC 产生过程中，每个 8 位字符都单独和寄存器内容相"或"（OR），结果向最低有效位方向移动，最高有效位以"0"填充。LSB 被提取出来检测，如果 LSB 为"1"，寄存器单独和预置的值进行或运算，如果 LSB 为"0"，则不进行。整个过程需要重复 8 次。在最后一位(第 8 位)完成后，下一个 8 位字节又单独和寄存器的当前值相"或"。最终寄存器中的值，是消息中所有的字节都执行之后的 CRC 值。

CRC 添加到消息中时，低字节先加入，然后高字节。

3）LRC 检测

使用 ASCII 模式，消息包括了一个基于 LRC 方法的错误检测域。LRC 域检测了消息域中除开始的冒号及结束的回车换行号外的内容。

LRC 域是一个包含一个 8 位二进制值的字节。LRC 值由传输设备来计算并放到消息帧中，接收设备在接收消息的过程中计算 LRC，并将它和接收到消息中 LRC 域中的值进行比较，如果两值不相等，则说明有错误。

LRC 方法是将消息中的 8Bit 的字节连续累加，丢弃了进位。

6. MODBUS 的功能码

表 6-21 所示是 MODBUS 功能码。表 6-22 给出了 MODBUS 各功能码对应的数据类型。

表 6-21　　　　　　　　　　　　　　**MODBUS 功能码**

功能码	名称	作　用
01	读取线圈状态	取得一组逻辑线圈当前状态(ON/OFF)
02	读取输入状态	取得一组开关输入的当前状态(ON/OFF)
03	读取保持寄存器	在一个或多个保持寄存器中取得当前的二进制值
04	读取输入寄存器	在一个或多个输入寄存器中取得当前的二进制值
05	强制单线圈	强置一个逻辑线圈的通断状态
06	预置单寄存器	把具体二进制值装入一个保持寄存器
07	读取异常状态	取得 8 个内部线圈的通断状态，这 8 个线圈的地址由控制器决定，用户逻辑可以将这些线圈定义，以说明从机状态，短报文适用于迅速读取状态
08	回送诊断校验	把诊断校验报文送从机，以对通信处理进行评鉴
09	编程(只用于484)	使主机模拟编程器作用，修改 PC 从机逻辑
10	控询(只用于484)	可使主机与一台正在执行长程序任务从机通信，探寻从机是否已完成其操作任务，仅在含有功能码 09 的报文发送后，本功能码才发送
11	读取事件计数	可使主机发出单询问，并立即判定操作是否成功，尤其是该命令或其他命令产生错误时
12	读取通信事件记录	可是主机检索每台从机的 MODBUS 事务处理通信事件记录，如果某项事务处理完成，记录会给出相关错误

功能码	名称	作　　用
13	编程（184/384/484/584）	可使主机模拟编程器功能修改 PC 从机逻辑
14	探寻（184/384/484/584）	可使主机与正在执行的任务通信
15	强制多线圈	强置一串连续逻辑线圈的通断
16	预置多寄存器	把具体的二进制值装入一串连续的保持寄存器
17	报告从机标志	可使主机判断编址从机的类型及运行的指示灯状态
18	MICRO 84	使从机模拟编程功能，修改 PC 状态逻辑
19	重置通信链路	复位作用
20	读取通用参数	显示扩展存储器文件的数据信息
21	写入通用参数	把参数写入扩展存储器文件
22～64	保存备用	
65～72	保存备用	留作用户功能的扩展编码
73～119	非法功能	
120～127	保留	留作内部使用
126～225	保留	用于异常应答

表 6-22　　　　　　　　　　**MODBUS 功能码与数据类型对照表**

代码	功能	数据类型
01	读	位
02	读	位
03	读	整型、字符型、状态字、浮点型
04	读	整型、状态字、浮点型
05	写	位
06	写	整型、字符型、状态字、浮点型
08	N/A	重复"回路反馈"信息
15	写	位
16	写	整型、字符型、状态字、浮点型
17	读	字符型

6.5　以太网接口

以太网是目前世界上应用最广的局域网技术。随着 Internet 的迅猛发展，以太网已成为事实上的工业标准，TCP/IP 的简单实用已深入人心，为广大用户所接受。目前，不仅在办公自动化领域内，而且各个企业的管理网络也都广泛使用以太网。

在工业控制领域，随着仪器仪表智能化的提高和工业管理自动化的深入，系统传输的信息量必将增加，未来传输的数据可能已不满足于几十个字节，甚至可以是 Web 网页，所以网络传输的大容量在工业控制中越来越重要，而以太网可以满足工业控制的这种需求。

长期以来，以太网通信响应的不确定性是它在工业现场设备中应用的弱点和主要障碍之一。以太网技术采用 CSMA/CD 机制（冲突检测载波监听和多点访问）机制解决通信介质层的竞争。以太网的这种机制导致了非确定性的产生。随着交换式集线器的使用，交换式以太网的产生，全双工以太网技术的产生，以太网存在的不确定性和实时性欠佳的问题基本得到了解决。这些给以太网进入实时控制领域创造了条件。

6.5.1　通信传输协议

以太网技术本身只做了物理层媒体以及访问介质访问控制、报文帧格式和逻辑链路控制等方面的规定，对应于 ISO/OSI 参考模型的物理层和数据链路层，而对复杂的较高层（网络层到应用层）技术规范，则没有做规定，这使得以太网上可以支持运行多种协议，如 TCP/IP、DECnet、Novell IPX、MAP、AppleTalk、TOP 等。其中，TCP/IP 是互联网上的协议。随着互联网的普及与应用，随着互联网的普及与应用，TCP/IP 协议得到了最为广泛的应用，并成为以太网上"事实上"的标准。

TCP/IP 分为网络层、网际层（IP）、传输层及应用层 4 层，如图 6.30 所示。

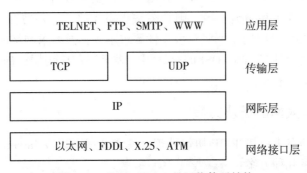

图 6.30　基于 TCP/IP 的网络体系结构

网络层也称为网络接口层，这一层的协议很多，包括各种逻辑链路控制和媒体访问协议，如各种局域网协议、广域网协议等任何可用于 IP 数据链路层数据包交换的分级传输协议。嵌入式以太网的网络接口层实现的是 IEEE802.3 以太网协议。网络层的作用是接收 IP 数据，并通过特定的网络进行传输，或从网络上接收物理帧，或者从低层物理网络上接收物理帧，抽出 IP 数据报，交给 IP 层。

网际层的主要功能是负责相邻节点之间的数据传送。它的主要功能包括三方面：

(1)处理来自传输层的分组发送请求。将分组装入 IP 数据报，填充报头，选择去往目的节点的路径，然后将数据报发往适当的网络接口。

(2)处理输入数据报。首先检查数据报的合法性，然后进行路由选择，假如该数据报已到达目的节点(本机)，则去掉报头，将 IP 报文的数据部分交给相应的传输层协议；假如该数据报尚未到达目的节点，则转发该数据报。

(3)处理 ICMP 报文，即处理网络的路由选择、流量控制和拥塞控制等问题。TCP/IP 网络模型的网际层在功能上非常类似于 OSI 参考模型中的网络层。

TCP/IP 参考模型中传输层的作用与 OSI 参考模型中传输层的作用是一样的，即在源节点和目的节点的两个进程实体之间提供可靠的端到端的数据传输。为保证数据传输的可靠性，传输层协议规定接收端必须发回确认，并且假定分组丢失，必须重新发送。传输层还要解决不同应用程序的标识问题，因为在一般的通用计算机中，常常是多个应用程序同时访问互联网。为区别各个应用程序，传输层在每一个分组中增加识别信源和信宿应用程序的标记。另外，传输层的每一个分组均附带校验和，以便接收节点检查接收到的分组的正确性。

TCP/IP 模型提供了两个传输层协议：传输控制协议 TCP 和用户数据报协议 UDP。TCP 协议是一个可靠的面向连接的传输层协议，它将某节点的数据以字节流形式无差错投递到互联网的任何一台机器上。发送方的 TCP 将用户交来的字节流划分成独立的报文，并交给互联网层进行发送，而接收方的 TCP 则将接收的报文重新装配交给接收用户。TCP 同时处理有关流量控制的问题，以防止快速地发送方淹没慢速的接收方。用户数据报协议 UDP 是一个不可靠的、无连接的传输层协议，UDP 协议将可靠性问题交给应用程序解决。UDP 协议主要面向请求/应答式的交易型应用，一次交易往往只有一来一回两次报文交换，假如为此而建立连接和撤销连接，则开销是相当大的。这种情况下使用 UDP 就非常有效。另外，UDP 协议也应用于那些对可靠性要求不高，但要求网络的延迟较小的场合。

TCP/IP 的应用层对应于 ISO/OSI 的会话层、表示层和应用层，向用户提供一组常用的应用层协议。

6.5.2　嵌入式以太网的解决方案

利用单片机对信息进行 TCP/IP 协议处理，使之变成可以在 Internet 上传输的 IP 数据包。目前可以有以下几种方案：

(1)采用高速的 16/32 位单片机直接实现。采用 16/32 位的高档单片机，在 RTOS(实时多任务操作系统)的平台上进行软件开发，在嵌入式系统中实现 TCP/IP 的协议处理。由于采用高档单片机，该方案可以完成很多复杂的功能。但这种方案存在如下缺点：

① 高档单片机价格较贵，同时需要购买昂贵的 RTOS 开发软件。

② 对开发人员的开发能力要求较高。开发人员要对以太网协议、TCP/IP 协议非常熟悉。

(2)8 位 MCU+精简 TCP/IP 协议栈。根据嵌入式应用的特点,将 TCP/IP 协议栈做大幅度的简化,只保留其中最核心的部分,这样,就可以大幅度减少对于系统资源的需求,从而可以在低成本、低速度、小内存的 MCU 上实现网络连接,该方案的优点是廉价,便于广泛应用。该方案同样存在开发周期长,对开发人员要求高的缺点。

(3)8 位低速单片机+网络接口芯片。在该方案中,由以太网控制芯片实现以太网协议的处理,单片机只需要实现 TCP/IP 协议,这使得对单片机性能的要求降低,同时可以大大节省代码空间和开发时间。网络接口芯片中集成了 MAC 层协议,可实现对物理帧的处理。在发送数据时,会自动在物理帧上添加帧头、帧起始定界符和校验和。在接收数据时,会自动去除这些部分,同时网络接口芯片还有曼彻斯特编码、冲突检测和重发功能,因此可以简化嵌入式系统的外围电路。这个方案中,网络接口芯片实现的以太网协议是硬件固化的,所以单片机只要对网络接口芯片进行控制,就可以实现以太网协议功能。目前,市面上的网络接口芯片都是为网卡设计的,芯片的管脚比较多(一般在 100 脚以上),访问控制比较复杂。要实现与 8 位单片机的结合,需要在硬件和软件编程上进行一定的简化。该方案比较适合数据传输量不是很大的嵌入式系统。由于 8 位低速单片机比较普及,硬件选型时范围比较大。

(4)PC Gateway +专用网。采用专用网络(如 RS232、RS485、CAN Bus 等)把一小批单片机连接在一起,然后再将该专用网络连接到一个 PC 上,该 PC 作为网关,将专用网络上的信息转换为 TCP/IP 协议数据包,然后发到网上实现信息共享。该方案可以连接多种单片机。由于需要依赖 PC 机作为网关进行协议转换,所以在多个单片机系统分散的情况下,专用网络布线极为不便;同时,在 PC 机上需要安装专门的协议转换软件,该软件通常由专门的第三方软件商提供。这一技术的代表是 EMIT。

EMIT 并不能让设备直接具备 Internet 的连接能力,而是需要一个被称为 emGateway 的网关,它可以是一台以 Windows 为操作系统的普通 PC,它支持 TCP/IP 协议并能提供 http 服务,从而允许用户通过浏览器来远程访问它,这使得它像 Internet 服务器;另一方面,emGateway 通过 RS-232、RS-485 和 CAN 总线轻量级网,以及 Modem、RF、IrDA 等方式,将多个嵌入式设备或智能家电连接在一起,并担当 TCP/IP 和轻量级网之间有关协议的转换任务,这又使它像 Internet 网关。

emGateway 及其相关技术已是一个标准化了的技术,目前全球知名的 IT 厂商如 Motorola、AT&T、Philips、Hitachi 等,都已宣布支持这一标准。

6.5.3 以太网控制器简介

1. RTL8019AS

由我国台湾 Realtek 公司生产的 RTL8019AS 以太网控制器,由于其优良的性能、低廉的价格,其在市场上 10Mbps 网卡中占有相当的比例。

1）主要性能

第一，适应于 Ethernet II、IEEE802.3、10Base5、10Base2、10BaseT；

第二，支持 8 位、16 位数据总线；

第三，全双工，收发可同时达到 10Mbps 的速率，具有睡眠模式，以降低功耗；

第四，内置 16kB 的 SRAM，用于收发缓冲，降低对主处理器的速度要求；

第五，可连接同轴电缆和双绞线，并可自动检测所连接的介质；

第六，100 脚的 TQFP 封装，缩小 PCB 尺寸。

2）内部结构

按数据链路的不同，可以将 RTL8019AS 内部划分为远程 DMA（remote DMA）通道和本地 DMA（local DMA）通道两个部分。本地 DMA 完成控制器与网线的数据交换，主处理器收发数据只需对远程 DMA 操作。当主处理器要向网上发送数据时，先将一帧数据通过远程 DMA 通道送到 RTL8019AS 中的发送缓存区，然后发出传送命令。RTL8019AS 在完成了上一帧的发送后，再完成此帧的发送。RTL8019AS 接收到的数据通过 MAC 比较、CRC 校验后，由 FIFO 存到接收缓冲区，收满一帧后，以中断或寄存器标志的方式通知主处理器。原理框图如图 6.31 所示。

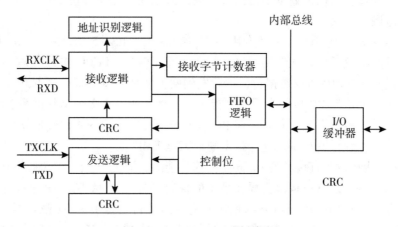

图 6.31　RTL8019AS 原理框图

在图 6.31 中，接收逻辑在接收时钟的控制下，将串行数据拼成字节送到 FIFO 和 CRC；发送逻辑将 FIFO 送来的字节在发送时钟的控制下逐步按位移出，并送到 CRC；CRC 逻辑在接收时，对输入的数据进行 CRC 校验，将结果与帧尾的 CRC 比较，如果不同，则该帧数据将被拒收，在发送时，CRC 对帧数据产生 CRC，并附加在数据尾传送；地址识别逻辑对接收帧的目的地址与预先设置的本地物理地址进行比较，如不同且不满足广播地址的设置要求，则该帧数据将被拒收；FIFO 逻辑对收发的数据作 16 个字节的缓冲，以减少对本地 DMA 请求的频率。

3）数据帧的组成

标准的 IEEE 802.3 数据包由以下几个部分组成：前导位（preamle）、帧起始位

（SFD）、目的地址（destination）、源地址（source）、数据长度（length）、数据（data）、帧校验字（FCS）。如表 6-23 所示，数据场的个数可从 46B（Byte）~1500B（Byte），如一组要传送的数据为 46B，就用零补足；超过 1500B 时，需要拆成多个帧传送。前导位、帧起始位和帧校验字仅供控制器本身用，主处理器收到的数据帧的组成依次包括：接收状态（1B）、下一帧的页地址指针（1B）、目的地址（6B）、源地址（6B）、数据长度/帧类型（2B）、数据场。数据长度/帧类型的值小于或等于 1500B 时，表示数据场的长度；反之，表示数据帧的类型。如值依次为 0x08，0x00，表示数据场为 IP 包；值依次为 0x08，0x06，表示数据场为 ARP 包。

表 6-23　　　　　　　　　　　　　**IEEE802.3 帧的组成**

前导位	帧起始位	目的地址	源地址	数据长度	数据	帧校验字
62B	2B	6B	6B	2B	46B~1500B	4B

4）RTL8019AS 的 DMA 操作

RTL8019AS 是针对 PC 机的 ISA 总线设计的，如运用于嵌入式设备中，则应在硬件和软件的设计上有一些特殊性。嵌入式设备的主处理器可通过其映射到 16 个 I/O 地址上的寄存器来完成对 RTL8019AS 的操作。其寄存器地址如表 6-24 所列。

表 6-24　　　　　　　　　　　　　**RTL8019AS 寄存器地址**

No(Hex)	Page0		Page1	Page2	Page3	
	[R]	[W]	[R/W]	[R]	[R]	[W]
00	CR	CR	CR	CR	CR	CR
01	CLDA0	PSTART	PAR0	PSTART	9346CR	9346CR
02	CLDA1	PSTOP	PAR1	PSTOP	BPAGE	BPAGE
03	BNRY	BNRY	PAR2	—	CONFIG0	CONFIG0
04	TSR	TPSR	PAR3	TPSR	CONFIG1	CONFIG1
05	NCR	TBCR0	PAR4	—	CONFIG2	CONFIG2
06	FIFO	TBCR1	PAR5	—	CONFIG3	CONFIG3
07	ISR	ISR	CURR	—	—	TEST
08	CRDA0	RSAR0	MAR0	—	CSNSAV	—
09	CRDA1	RSAR1	MAR1	—	—	HLTCLK
0A	8019ID0	PBCR0	MAR2			
0B	8019ID1	PBCR1	MAR3		INTR	
0C	RSR	RCR	MAR4	RCR		FMWP

续表

No(Hex)	Page0		Page1	Page2	Page3	
	[R]	[W]	[R/W]	[R]	[R]	[W]
0D	CNTR0	TCR	MAR5	TCR	CONFIG4	
0E	CNTR1	DCR	MAR6	DCR		
0F	CNTR2	IMR	MAR7	IMR		
10-17	Remote DMA Port					
18-1F	Reset Port					

注："—"表示保留。

需要指明的是，RTL8019AS 的 DMA 与平时所说的 DMA 有所不同。RTL8019AS 的 local DMA 操作是由控制器本身完成的，而其 remote DMA 并不是在无主处理器的参与下，数据能自动移到主处理器的内存中，它的操作机制是这样的：主处理器先赋值于 romote DMA 的起始地址寄存器 RSAR0、RSAR1 和字节计数器 RBCR0、RBCR1，然后在 RTL8019AS 的 DMA I/O 地址上读写指定地址上的数据。

RTL8019AS 内置的 16KB 的 SRAM 可划分为接收缓冲和发送缓冲两个部分。缓冲以页为单位，每页 256 个字节，16KB 的 SRAM 的页范围规定在 0x40~0x80，由 PSTART 和 PSTOP 寄存器来设定接收缓冲页的范围；由 RSAR0、RSAR1、RBCR0 和 RBCR1 寄存器来设定发送缓冲页的范围。CURR 指向接收到的帧的起始页，Boundary 指向未读帧的起始页。当 CURR 到达了接收缓冲页的底部，即与 PSTOP 相等时，CURR 又会自动指向到 PSTART 处。与 DMA 有关的寄存器如图 6.32 所示。

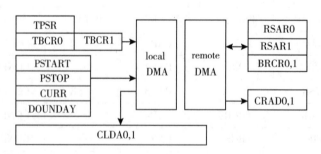

图 6.32　与 DMA 有关的寄存器

2. S7600A

S7600A 是美国精工仪器(SII)推出的一款针对微处理器应用的芯片。该芯片集成了 TCP/IP 协议，支持 PPP 协议和 UDP 协议，配合微处理器，可以提供远程管理、监控、电子邮件和网络下载等功能。

S7600A 采用 3V 电源,典型工作频率为 256kHz,在该频率下功耗只有 3mW。S7600A 可以和英特尔 X80 系列微处理器以及摩托罗拉 68 系列微处理器相配合,通过一条 8 位并行总线传递数据。在串行模式下,可以连接 PIC 等系列的单片机。S7600A 结构如图 6.33 所示。

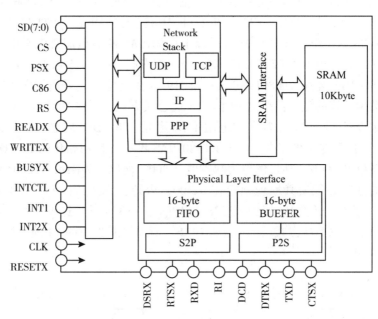

图 6.33　S7600A 的原理结构图

MPU Interface(微处理器接口)是与微处理器的连接接口,包括控制线和数据线(并行、串行)。通过这个接口,MPU 向 S7600A 发送控制指令和数据。控制指令发送至控制寄存器,数据通过该接口发送到 Network Stack(网络协议栈),进行打包处理。Network Stack 集成 TCP、UDP 和 PPP 协议。S7600A 内部集成了 10k 的 SRAM,通过 SRAM Interface(静态存储器接口)与 Network Stack 相连,用以存放处理的数据。SRAM 共分 2 组,bank0 和 bank1,每组 5k。在每一组 SRAM 中,都有 2k 的接收缓冲和 1k 的发送缓冲。打好包的数据通过 Physical Layer Interface(物理层接口)发送至 DTE(数据终端设备),发送遵循 UART(通用串行传输协议),DTE 可以是 MODEM、个人电脑或 PDC(可编程数字控制器)等。在 Physical Layer Interface 中有一个 16 字节的 FIFO(先入先出)和一个 1 字节的缓存用于接收和发送数据。对 Physical Layer Interface 的控制方式有两种:一种是由 CPU 直接控制,即 CPU 通过 S7600A 的寄存器直接控制 UART 串口,对 DTE 进行操作;另一种是由 S7600A 自动控制同,即 CPU 只需将数据送入 S7600A,并设置好相关的参数,S7600A 按照设定的方式,通过 Physical Layer Interface 进行数据传输,完成对 DTE 的控制。这两种方式可以由设置 S7600A 的控制寄存器来选择。S7600A 共有 72 个寄存器,微处理器就是通过控制这些寄存器来指挥 S7600A 完成各种工作的。

6.5.4　嵌入式设备网络互联设计方案

1. RTL8019AS 的硬件电路设计

目前局域网常见的是采用双绞线为通信介质。图 6.35 所示为 Motorola 的 Dragonball 处理器 MC68VZ328(以下简称 VZ328)和 RTL8019AS 的接口电路。RTL8019AS 的工作电压为 5V，而 VZ328 的工作电压为 3.3V，所以 RTL8019AS 的输出需要电平的转换。在图 6.34 中，此电压的转换由 U2 74F163245 完成。读数据时，D0～D15 数据经 U2 送到 VZ328；写数据时，D0～D15 送到 RTL8019AS。RTL8019AS 在复位的上升沿锁定 IOCS16 脚的电平，其值决定数据总线的宽度：高电平时为 16 位总线方式，低电平时为 8 位总线方式。如挂接到 8 位主设备上，将以 27kΩ 的电阻下拉至地，D8～D15 空悬。为提高收发速度，图 6.34 采用 16 位数据总线方式。由于 RTL8019AS 没有外接初始化的 EPROM，故其复位时命令寄存器(CR)的 I/O 地址的值为缺省值 0x300，所以，为满足 RTL8019AS 的 ISA 时序，A5～A19 的连接必须使其地址锁定在 0x300，否则就无法访问到 RTL8019AS 的寄存器。INTO 中断脚经电平转换 U4 接到 VZ328 的 IRQ6。VZ328 以片选脚寻址 RTL8019AS，接其端。在程序中，以 I/O 方式访问 RTL8019AS，所以仅需要 A0～A4 地址线接高电平关闭其 MEMORY 方式。

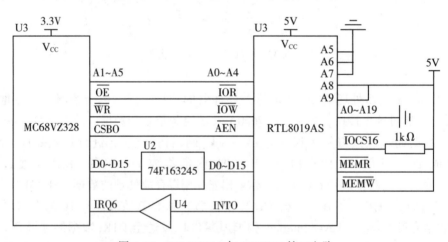

图 6.34　RTL8019AS 与 68VZ328 接口电路

2. RTL8019AS 的软件编程

对 RTL8019AS 的软件操作，有查询和中断两种方式。在查询方式下，主程序通过 CURR 和 Boundary 两个寄存器的值来判断是否收到一帧数据。当 Boundary 与 CURR 不等时，说明接收缓冲区接收到了新的帧，主程序读取数据后，以读取帧的第二个字节(下一帧的页地址)更新 Boundary，主程序循环跟踪 CURR 和 Boundary 达到数据的接收目的。主程序在发送一帧数据时，先要查 TSR 寄存器判断上一帧是否发送完毕。在实时多任务的环境，一般采用中断方式来处理 RTL8019AS 的收发。图 6.35 所示是一典型的中断处理程序(ISR)的流程。当主程序响应 RTL8019AS 的中断时，在 ISR 的入口，根据读取的中断状态寄存器(ISR)的值来确定程序的走向。

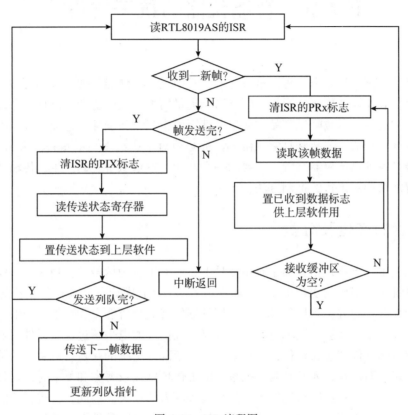

图 6.35 ISR 流程图

第7章　智能仪器的抗干扰设计

智能仪器的可靠性是由多种因素决定的，其中抗干扰性能是智能仪器可靠性的重要指标。干扰对仪表仪器产生诸多影响，轻则影响测量精度，重则能造成逻辑关系混乱，使系统测量和控制失灵，以致降低产品的质量，甚至使生产设备损坏，造成事故。因此，在智能仪器的设计、制造、安装和日常维修中，都必须对干扰给予足够重视。大量实践证明，抗干扰性能是各种电子仪器装置很重要的一个性能。本章从干扰的产生、传输及接收三个方面介绍智能仪器对干扰的抑制方法。

7.1　干扰的产生及分类

测控系统中，干扰是指叠加于有用信号上，使原来有用信号发生畸变，从而影响和破坏设备或系统正常工作的变化电量(例如噪声)，产生干扰的主体被称作干扰源。干扰是仪器仪表的大敌，它混在有用信号之中，使仪器的有效分辨能力和灵敏度降低，从而导致测量结果存在误差。在数字逻辑电路中，如果干扰信号的电平超过逻辑元件的噪声容限电平，则会使逻辑元件产生误动作，导致系统工作紊乱。干扰的存在，对系统的可靠性和安全性也会带来负面影响，尤其是当测控系统的工作环境比较恶劣和复杂时，这种负面影响尤为突出，可能会导致控制状态失灵，甚至造成巨大的损失。因此，在进行智能仪器系统设计过程中，如何提高系统的抗干扰能力，保证系统在规定条件下正常运行，是必须认真考虑的问题。

7.1.1　干扰来源

干扰的来源很多，性质也不一样。干扰的来源主要有以下三个：

(1)空间电磁场。通过电磁波辐射窜入仪器，如雷电、无线电波等。

(2)传输通道。各种干扰通过仪器的输入输出通道窜入，特别是长传输线受到的干扰，更为严重。

(3)配电系统。如来自市电的工频干扰，它可以通过电源变压器分布电容和各种电磁路径对测试系统产生影响。各种开关、可控硅的启闭，以及元器件的机械振动等，都会对测试过程产生不同程度的干扰。

7.1.2 干扰的耦合方式

干扰源产生的干扰是通过耦合通道对微机测控系统发生电磁干扰作用的。一般可将耦合方式分为如下几种：

1. 直接耦合方式

电导性耦合最普遍的方式是干扰信号经过导线直接传导到被干扰电路中，从而造成对电路的干扰。在微机测控系统中，干扰噪声经过电源线耦合进入计算机电路是最常见的直接耦合现象。

2. 公共阻抗耦合方式

该方式是噪声源和信号源具有公共阻抗时的传导耦合。公共阻抗随元件配置和实际器件的具体情况而定。例如，电源线和接地线的电阻、电感在一定的条件下会形成公共阻抗；一个电源电路对几个电路供电时，如果电源不是内阻抗为零的理想电压源，则其内阻抗就成为接受供电的几个电路的公共阻抗。只要其中某一电路的电流发生变化，便会使其他电路的供电电压发生变化，形成公共阻抗耦合。

3. 电容耦合方式

该方式是指电位变化在干扰源与干扰对象之间引起的静电感应，称为静电耦合或电场耦合。微机测控系统中元件之间、导线之间、导线与元件之间都存在着分布电容。如果某一个导体上的信号电压通过分布电容使其他导体上的电位受到影响，这样的现象就称为电容性耦合。

4. 电磁感应耦合方式

电磁感应耦合又称为磁场耦合。在任何载流导体周围空间都会产生磁场。若磁场是交变的，则对其周围闭合电路产生感应电势。在设备内部，线圈或变压器的漏磁是一个很大的干扰；在设备外部，当两根导线在很长的一段区间架设时，也会产生干扰。

5. 辐射耦合方式

电磁场辐射也会造成干扰耦合。当高频电流流过导体时，在该导体周围便产生电力线和磁力线，并发生高频变化，从而形成一种在空间传播的电磁波。处于电磁波中的导体便会感应出相应频率的电动势。电磁场辐射干扰是一种无规则的干扰。这种干扰很容易通过电源线传到系统中去。此外，当信号传输线（输入线、输出线、控制线）较长时，它们能辐射干扰波和接受干扰波，称为天线效应。

6. 漏电耦合方式

漏电耦合是电阻性耦合方式。当相邻的元件或导线间的绝缘电阻降低时，有些电信号便通过这个降低了的绝缘电阻耦合到逻辑元件的输入端，从而形成干扰。

7.1.3　干扰的分类

干扰的类型通常按噪声产生的原因、噪声传导模式和噪声波形的不同性质进行划分。

1. 按噪声产生的原因分类

按产生原因，可把噪声分为放电噪声、高频振荡噪声、浪涌噪声。

(1)放电噪声，主要是雷电、静电、电动机的电刷跳动、大功率开关触点断开等放电产生的干扰。

(2)高频振荡噪声，主要是中频电弧炉、感应电炉、开关电源、直流-交流变换器等产生高频振荡时形成的噪声。

(3)浪涌噪声，主要是交流系统中电动机起动电流、电炉合闸电流、开关调节器的导通电流以及晶闸管变流器等设备产生涌流引起的噪声。

这些干扰对微机测控系统都有严重影响，必须认真对待，而其中尤以各类开关分断电感性负载所产生干扰最难抑制或消除。

2. 按噪声传导模式分类

对于传导噪声，按其传导模式分为常模噪声和共模噪声。

(1)常模噪声，又称为线间感应噪声或对称噪声，串模噪声或差动噪声、横向噪声等。在这种线路里，噪声电流和信号电流的路径在往返两条线上是一致的。这种噪声一般难以消除。

(2)共模噪声，又叫做地感应噪声、纵向噪声或不对称噪声。这种噪声侵入线路和地线间。噪声电流在两条线上各流过一部分，以地为公共回路，而信号电流只在往返两条线路中流过。从本质上讲，这种噪声是可以消除的。抑制共模噪声的方法很多，如屏蔽、接地、隔离等。抗干扰技术在很多方面都是围绕共模噪声来研究其有效的抑制措施的。

3. 按噪声波形及性质分类

一般可把噪声分为持续正弦波和各种形状的脉冲波。

(1)持续正弦波多以频率、幅值等特征值表示。

(2)偶发脉冲电压波形，多以最高幅值、前沿上升陡度、脉冲宽度以及能量等特征值表示，如雷击波、接点分断电压负载、静电放电等波形。

(3)脉冲列，多以最高幅值、前沿上升陡度、单个脉冲宽度、脉冲序列持续时间等特征值表示，如接点分断电感负载、接电反复重燃过电压等。

4. 按噪声的来源分类

一般可把噪声分为外部干扰和内部干扰。

(1)外部干扰，是指那些与系统结构无关，由使用条件和外界环境因素所决定的干扰。它主要来自自然界的干扰以及周围电气设备的干扰。

（2）内部干扰，是指装置内部的各种元件引起的各种干扰，它包括固定干扰和过渡干扰。过渡干扰是电路在动态工作时引起的干扰。固定干扰包括电阻中随机性的电子热运动引起的热噪声；半导体及电子管内载流子的随机运动引起的散粒噪声；由于两种导电材料之间的不完全接触，接触面的电导率的不一致而产生的接触噪声等。

上述两类来源的干扰，我们可粗略的示意于图 7.1 中，图中涉及的只是电气方面的干扰，各代号所表示的干扰分别为：

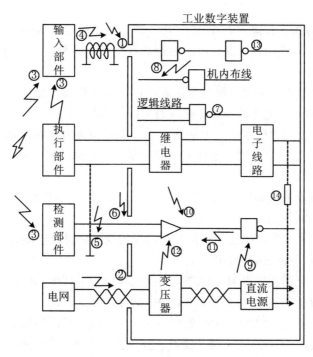

图 7.1　内部和外部干扰示意图

① 装置开口或隙缝处进入的辐射干扰(辐射)；

② 电网变化干扰(传输)；

③ 周围环境用电干扰(传输、感应、辐射)；

④ 传输线上的反射干扰(传输)；

⑤ 系统接地不妥造成的过渡干扰(接地)；

⑥ 外部线间串扰(传输、感应)；

⑦ 逻辑线路不妥造成的过渡干扰(传输)；

⑧ 线间串扰(感应)；

⑨ 电源干扰(传输)；

⑩ 强电器引入的接触电弧干扰(辐射、传输、感应)；

⑪ 内部接地不妥引入的干扰(接地);

⑫ 漏磁感应(感应);

⑬ 传输线反射干扰(传输);

⑭ 漏电干扰(传输)。

7.2　电源抗干扰

7.2.1　电源抗干扰的基本方法

根据工程统计分析,智能仪器系统有 70% 的干扰是通过电源耦合而来的。因此,提高电源的供电质量,对确保系统安全可靠运行非常重要。电源抗干扰的基本方法有以下几方面:

(1)采用交流稳压器。当电压波动范围较大时,应使用交流稳压器。例如,采用磁饱和式交流稳压器,对来自电源的噪声干扰具有很好的抑制作用。

(2)电源滤波器。交流电源引线上的滤波器可以抑制输入端的瞬态干扰。直流电源的输出也接入电容滤波器,以使输出电压的纹波限制在一定范围内,并能抑制数字信号所产生的脉冲干扰。

(3)在要求供电质量很高的特殊情况下,可以采用发电机组或逆变器供电,如采用在线式 UPS 不间断电源供电。

(4)电源变压器采取屏蔽措施。利用几毫米厚的高导磁材料(如坡莫合金)将变压器严密的屏蔽起来,以减小漏磁通的影响。

(5)在每块印制电路板的电源与地之间并接去耦电容,即 $5\sim10\mu F$ 的电解电容和一个 $0.01\sim0.1\mu F$ 的电容,可以消除电源线和地线中的脉冲电流干扰。

(6)采用分立式供电。整个系统不是统一变压、滤波、稳压后供各单元电路使用,而是变压后直接送给各单元电路的整流、滤波、稳压。这样可以有效地消除各单元电路间的电源线、地线间的耦合干扰,又可提高供电质量,增大散热面积。

(7)分类供电方式。把空调、照明、动力设备分为一类供电方式,把智能仪表及其外设分为另外一类供电方式,以避免强电设备工作时对系统的干扰。

以上七种电源抗干扰的方法中,除了电源滤波器外,其余的方法都相对简单,下面主要介绍电源滤波器的抗干扰特性。

7.2.2　电源滤波器的构造及抗干扰特性

电源滤波器有不同的构造,因此也就有不同的抗干扰特性。

在输入回路中,噪声与被测信号所处的地位完全相同,如果常模噪声和被测信号一样缓慢变化,那就很难将噪声与信号分开而加以滤除。一般被测的直流信号变化是较缓慢的,而噪声的变化则较快,且噪声是一些变化不规则的波形。根据这一特点,可以在转换器的输入端加接滤波器,将变化较快的噪声滤除。另外,应选择合适类型的电压-数字转换器，利用电路特点有效滤除常模噪声。

图 7.2 所示是几种常见的电源滤波器结构原理图。图 7.2(a)所示的是低阻抗起滤波作用，阻抗 $Z = \dfrac{1}{\omega C}$，将它并接在电源的两端，可以滤除电源中的常模噪声。如接在电源和地之间，则可滤除电源的共模噪声。这里的电容要求高频特性非常好，而且引线电感要尽量小。图 7.2(b)所示的是并接在电源输出端的两个串联电容，电容间的连接点接地。这种滤波器可滤除电源的共模噪声。应该注意的是，接地的阻抗要尽量小，它在很大程度上影响着滤波器的高频特性。在图 7.2(c)所示的电路中，C_1、C_2 对滤波共模噪声起作用。C_3 对滤除常模噪声起作用。图 7.2(d)所示的是滤除电源常模噪声的滤波器，L_1、L_2 对于噪声源来说是高阻抗，C 为低阻抗。如果 L_1、L_2 构成抗共模噪声扼流圈，则还可对滤除共模噪声起很大作用。图 7.2(e)所示为对常模噪声和共模噪声均有滤除作用的滤波器，图中，L_1、L_2、C_1 是滤除常模噪声的；L_3、L_4、C_2、C_3 是滤除共模噪声的。作为电感扼流圈 L_1、L_2 的电感量一般可选几百毫亨左右，L_3、L_4 是抗共模噪声扼流圈，两个线圈均应绕成相同圈数，其原理图如图 7.3(a)所示，其结构图如图 7.3(b)所示。从图中可知，由于电源线的往返电流所产生的磁通在磁芯中已相互抵消，所以它对常模噪声已无电感作用，而对电源线与地之间的共模噪声起到了电感抑制作用。这种滤波器不仅能阻止来自电网的噪声干扰进入电源，而且能阻止电源本身的噪声返回到电网。

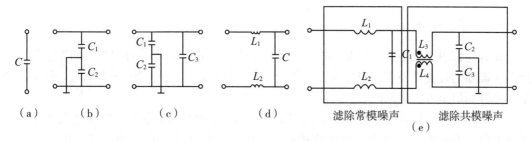

图 7.2　各种电源滤波器的构成

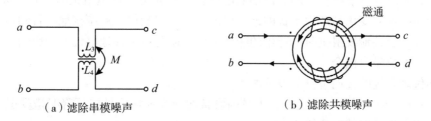

图 7.3　抗共模噪声扼流圈

对于抗共模噪声扼流圈的制作，要注意扼流圈铁芯材料的选用。扼流圈的绕制也要尽量减少匝间的分布电容，以及线头和线尾之间的分布电容。这是因为，当这些分布电容很大时，噪声成分就直接通过分布电容进入系统，扼流圈起不到应有的抑制作用。特别要指出的是，线圈的引线头、尾不要靠近，更不能捆扎在一起，否则将没有抑制共模噪声的效果。另外，确定铁芯的截面积要以通过的电流大小为依据，截面积过小或流过的电流过大，都将导致铁芯饱和，扼流圈的效果会急剧下降。

7.2.3　电源滤波器的装配布线

一个电源滤波器本身有很好的频率特性和抗干扰效果，但在装置滤波器时，稍不注意，就不能达到预期效果。下面分析几个常被忽视的情况。

通常在装配时，为了方便和美观，在机内布线时将滤波器的输入和输出捆在一起，由于输入输出线的噪声耦合，电路经过滤波器已消除噪声，又受到噪声的侵入，这样就起不到滤波的效果。在装配工艺中应注意，输出线不但不能与输入线平行、捆扎，而且最好采用屏蔽线屏蔽外界噪声。

另外，还有一个滤波器本身的屏蔽和屏蔽接地的问题。电源滤波器必须外加金属屏蔽罩才有效，这个屏蔽罩必须与滤波器中应接地的电容可靠、低阻抗地相连接，而且屏蔽罩还必须与智能仪器的机壳可靠且低阻抗地相连接。

7.3　接地与隔离技术

7.3.1　接地技术

在智能仪表系统中，接地是抑制干扰的主要方法。设计和安装过程中，如能把接地和屏蔽正确地结合起来使用，可以抑制大部分干扰。因此，接地是智能仪表系统设计中必须加以充分而周全考虑的问题。

地球是导体，体积非常大，其静电容量也非常大，电位比较恒定，它的电位可以作为基准电位，即零电位。用导体与大地相连，即使有少许接地电阻，只要没有电流导入大地，导体的各部分以及与该导体连接的其他导体全都和大地一样为零电位。智能仪表系统在工作时，系统和基准电位之间有微小的电位差，要完全不让电流流入接地点是困难的，因此，接地电位的变化是产生干扰的最大原因之一。智能仪表系统接地的目的是：消除各电路电流经一公共地线阻抗时所产生的噪声电压；避免磁场和地电位差的影响，不使其形成地环路，避免噪声耦合。

智能仪表系统的接地可分为以下两类：

(1) 保护接地，是为了避免工作人员因设备的绝缘损坏或性能下降时遭受触电危险和保证系统安全而采取的安全措施。

(2) 工作接地，是为了保证系统稳定可靠地运行，防止地环路引起干扰而采取的防干扰措施。

智能仪表系统的分布广、信号传输线路长，因而其地线标准要求比较高，接地阻值应小于 100Ω，最好在 $4\sim5\Omega$。

"地"是电路或系统中为各信号提供参考电位的等电位点或等电位面。电路中每一个信号都有参考电位，称为信号地。根据信号是模拟信号还是数字信号，可将信号地分为模拟地和数字地。一个系统中所有的电路、信号的"地"都要归于一点，建立系统的统一参考电位，该点称为系统地。下面简单介绍接地的方法。

1. 单点接地和多点接地

单点接地可分为串联单点接地和并联单点接地。两个或两个以上的电路共用一段地线的接地方法称为串联单点接地，其等效电路如图 7.4 所示，因为电流在地线的等效电阻上会产生压降，所以 3 个电路与地线的连接点对地的电位不同，而且其中任何一个连接点的电位都受到任一个电路电流变化的影响，从而使其电路输出改变。这就是由公共地线电阻耦合造成的干扰，一般离系统地越远的电路，受到的干扰越大。这种方法布线最简单，常用来连接地电流较小的低频电路。

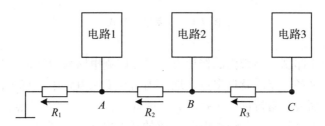

图 7.4　串联单点接地方式

并联单点接地的等效电路如图 7.5 所示，各个电路的地线只在一点（系统地）汇合，各电路的对地电位只与本电路的地电流及接地电阻有关，没有公共地线电阻的耦合干扰。这种接地方式的缺点在于所用地线太多。

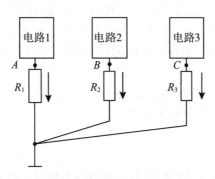

图 7.5　并联单点接地方式

这两种单点接地方式主要用在低频系统中，接地一般采用串联和并联相结合单点接地方式。

高频系统中通常采用多点接地(图7.6),各个电路或元件的地线以最短的距离就近连到地线汇流排(一般是金属底板)上,因地线很短,底板表面镀银,所以地线阻抗很小,各路之间没有公共地线阻抗引起的干扰。

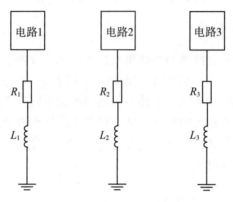

图7.6 多点接地方式

这也同样适用于印刷电路板内的接地方式。在印刷电路板内接地的基本原则是:低频电路需一点接地,高频电路应就近多点接地。因为在低频电路中,布线和元件间的电感并不是什么大问题,而公共阻抗耦合干扰较大,因此,常以一点为接地点。但一点接地不适用于高频电路,因为高频时,各地线电路形成的环路会产生电感耦合,引起干扰。通常,频率在1MHz以下用一点接地,频率在10MHz以上用多点接地。

2. 数字地和模拟地

智能仪器的电路板上既有模拟电路,又有数字电路,它们应该分别接到仪器中的模拟地和数字地上。因为数字信号波形具有陡峭的边缘,数字电路的地电流呈现脉冲变化。如果模拟电路和数字电路共用一根地线,数字电路地电流通过公共地阻抗的耦合将给模拟电路引入瞬态干扰,特别是电流大、频率高的脉冲信号干扰更大。仪器的模拟地和数字地最后汇集到一点上,即与系统地相连。正确的接地方法如图7.7所示,模拟地和数字地分开,仅在一点相连。

另外,有的智能系统带有功率接口,驱动耗电大的功率设备,对于大电流电路的地线,一定要和信号线分开,且要单独走线。

3. 机壳接地

在微机测控控制中,通常是把数字电子装置和模拟电子装置的工作基准地浮空,而设备外壳或机箱采用屏蔽接地。浮地方式可使微机系统不受大地电流的影响,提高了系统的抗干扰性能。强电设备大多采用保护接地。

众所周知,浮地方式的有效性取决于实际的悬浮程度。系统因为存在较大对地分布电容,很难实现并保护真正的悬浮。图7.8中对地阻抗 Z_1、Z_2 不可能无穷大,这就降低了

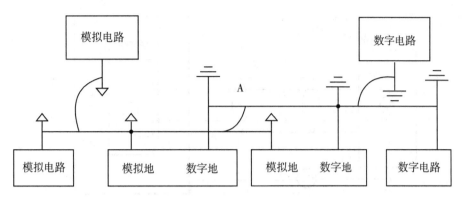

图 7.7 模拟地和数字地的正确接法

抗干扰效果。事实上，图 7.8 是一种浮空加保护屏蔽层的接地方案，这种方案的特点是将电子部件外围附加保护屏蔽层，且与机壳浮空；信号采用三线传输方式，即屏蔽电缆中的两根芯线和电缆屏蔽外皮线；机壳接地。

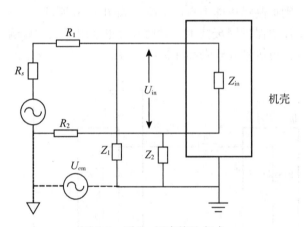

图 7.8 浮地–机壳接地方式

图 7.9 中信号线的屏蔽外皮 A 点接附加保护屏蔽层的 G 点，但不接机壳 B。假设系统采用差动测量放大器，信号源信号采用双芯信号屏蔽线传送，R_3 为电缆屏蔽外皮的电阻，Z_3 为附加保护屏蔽层相对机壳的绝缘电阻，Z_1、Z_2 为二信号线对保护层的阻抗，则有

$$U_{in} = \frac{R_3}{Z_3} \frac{R_1 Z_2 - R_2 Z_1}{(R_1 + Z_1)(R_2 + Z_2)} \cdot U_{cm} \tag{7.1}$$

显然，只要增大附加保护屏蔽层对机壳的绝缘电阻，减少相应的分布电容，则有 $R_3/Z_3 \ll 1$，干扰电压 U_{in} 可较图 7.8 所示方案显著减小。从物理意义上讲，共模噪声电压 U_{cm} 经 R_3 与 Z_3 分压，再由 R_1、R_2 对 Z_1、Z_2 分压，然后加到系统输入端，即浮空屏蔽从阻抗上截断了共模噪声电压 U_{cm} 对信号回路的影响。信号传输线屏蔽层不仅起一般静电屏蔽

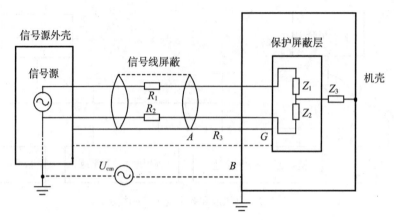

图 7.9　浮空–保护屏蔽层–机壳接地方案

作用，而且构成对共模噪声的短路。

　　若系统仅使用浮空技术的保护屏蔽层，而没有采用三线传输方式，由于没有 R_3 对共模噪声的短路作用，则抑制噪声能力有所下降，如图 7.10 所示。

　　如果系统使用了浮空保护屏蔽技术，对信号源也采用了三线传输方式，但屏蔽线外皮 A 点接至机壳的 B 点，与信号源外壳和保护屏蔽层断开，共模抑制能力与图 7.10 相近。

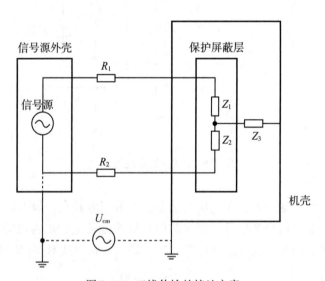

图 7.10　三线传输的接地方案

　　如果信号屏蔽线外皮 A 点与 G、B 同时连接，则 Z_3 短路，使保护屏蔽层的浮空作用完全消失，抗共模干扰能力与图 7.8 完全一样。

7.3.2 隔离技术

信号的隔离目的之一是从电路上把干扰源和易干扰的部分隔离开来，使仪器装置与现场仅保持信号联系，而不直接发生电的联系。隔离的实质是把引进的干扰通道切断，从而达到隔离现场干扰的目的。

以一般应用的智能仪器系统为例，它既包括弱电控制部分，又包括强电控制部分。为了使两者之间既保持信号联系，又要隔开电气方面的影响，即实行弱电和强电隔离，使用隔离技术是保证系统工作稳定，设备与操作人员安全的重要措施。

1. 光电隔离

光电耦合器是 20 世纪 70 年代发展起来的新型电子元件，是以光为媒介传输信号的器件。以 TLP521-1 为例，如图 7.11 所示，其输入端配置发光源，输出端配置发光器，因而输入和输出自电气上是完全隔离的。开关量输入输出电路接入光电耦合器之后，由于光电耦合器的隔离作用，使夹杂在输入开关量中的各种干扰脉冲都被挡在输入回路的一侧。除此之外，还能起到很好的安全保障作用，因为在光电耦合器的输入回路和输出回路之间有很高的耐压值，达 500~1000V，甚至更高。由于光电耦合器不是将输入侧和输出侧的电信号进行直接耦合，而是以光为媒介进行间接耦合，具有较高的电气隔离和抗干扰能力。一般而言，光电耦合器具有以下特点：

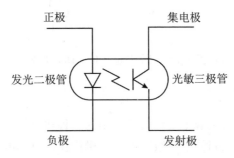

正极　　　　　　　　　集电极

发光二极管　　　　　　　光敏三极管

负极　　　　　　　　　发射极

图 7.11　TLP521-1 光电耦合器结构图

(1)光电耦合器的输入阻抗很低(一般为 $100\Omega \sim 1k\Omega$)，而干扰源内阻一般都很大($10^5 \sim 10^6 \Omega$)。按分压比原理，传送到光电耦合器输入端的干扰电压就变得很小了。

(2)由于一般干扰噪声源的内阻都很大，虽然也能供给较大的干扰电压，但可供出的能量却很小，只能形成很微弱的电流。而光电耦合器的发光二极管只有通过一定的电流才能发光，因此，即使电压幅值很高的干扰，由于没有足够的能量，也不能使二极管发光，显然，干扰被抑制掉了。

(3)光电耦合器的输入/输出间的电容很小(一般为 0.5~2pF)，绝缘电阻又非常大(一般为 1011~1013Ω)，因而被控设备的各种干扰很难反馈到输入系统中去。

(4)光电耦合器的光电耦合部分是在一个密封的管壳内进行的，因而不会受到外界光

193

的干扰。

以下基于 PROFIBUS-DP 现场总线的开关量(数字量)数据采集从站为例,具体介绍光电隔离在开关量信号采集中的抗干扰作用。

1)开关量输入隔离

作为开关量输入/输出智能从站,现场的开关量输入一般必须经过隔离,以消除外界干扰,常用的方法是:采用光电耦合器进行隔离,将引进的干扰通道切断,使测控装置与现场仅保持信号联系。以开关量输入信号调理为例,如图 7.12 所示,这里采用的是 RC 电路抑制抖动。由于电容的冲、放电有一个过程,所以 C_1 两端的电压的建立有一个过程。抖动信号的频率很高,充、放电持续的时间也短。电容 C_1 两端的电压不会达到抖动的电压,也不会发生电压突变,于是就消除了抖动的干扰。由于一般干扰噪声源的内阻都很大,虽然也能供给较大的干扰电压,但可供的能量很小,只能形成很小的电流,不足以使发光二极管发光,因此干扰被大大抑制了。

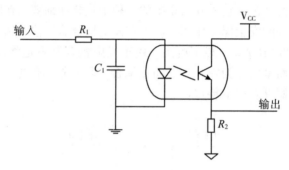

图 7.12　开关量输入信号调理电路

2)开关量输出隔离

采用继电器方式的开关量输出是目前最常用的一种输出方式。在驱动大型设备时,一般利用继电器作为驱动级之间的第一级输出执行机构;通过继电器输出,可完成从低压直流到高压交流的过渡。

同样,在开关量输出的模块中,由于继电器输出控制接点的动作往往伴随着一定的电流的变化,特别是开关量所控制的设备是诸如电机设备等,于是暂态的干扰是非常严重的。因此,必须进行一定的保护和增加抗干扰措施。开关量输出和开关量输入的抗干扰措施大同小异,唯一不同的是光耦输出的电流较小,不足以驱动固态继电器,需要一些大功率开关接口电路。这里我们使用 S8050 三极管作为功率放大的器件,如图 7.13 所示。图中 R_3 是可调电阻,可以调整光耦输出电流的大小,即调整继电器 J_1 在单片机上的输出。二极管 D 为防止三极管关断的一瞬间,继电器线圈两端过大的反相感应电势烧毁三极管。因此,无论开关量是输入或输出模式,光耦两端的电压是完全分开的,它们之间没有电气上的直接联系。

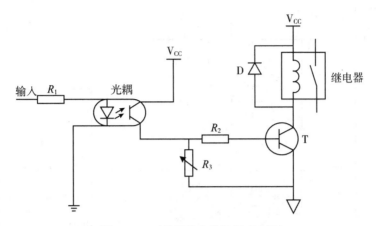

图 7.13 开关量输出信号调理电路

3）通信总线接口隔离

在设计中，协议芯片采用 SIEMENS 公司的 SPC3，设计工作波特率为 12M。因此，串行总线接口需要用 12M 波特率的驱动器芯片，总线接口部分的驱动器采用 SN75ALS176。此外，由于现场总线一般布置在工业生产过程现场中，因此，往往干扰较大。此外，总线上挂接有较多设备，一旦某一设备发生故障而导致总线上带有一定的电压值，可导致总线上其他设备的损坏。基于这两方面的考虑，总线也需要进行隔离。通用的方法是总线光电隔离技术。由于总线通信速率高达 12M，因此在选用光电隔离器件时要考虑选用高速光耦器件。

图 7.14 所示为基于 SPC3 协议芯片的总线隔离原理图，其中，RXD 是串行接收，TXD 是串行发送。PROFIBUS-DP 的功能满足 RS485 的标准，即发送电平为 1.5～5V，负载阻抗为 54Ω，允许任何驱动器块。RTS 信号为光纤传输提供方向识别，当连接光纤导线时，应提供有 RTS 信号。

2. 继电器隔离

继电器的线圈和触点之间没有电气上的联系，因此，可利用继电器的线圈接受电气信号，利用触点发送和输出信号，从而避免强电和弱电信号之间的直接接触，实现了抗干扰隔离，如图 7.15 所示。

当输入高电平，晶体三极管 T 饱和导通，继电器 J 吸合；当 A 点为低电平时，T 截止，继电器 J 则释放，完成了信号的传送过程。D 是保护二极管。当 T 由导通变为截止时，继电器线圈两端产生很高的反电势，以继续维持电流 I_L。由于该反电势一般很高，容易造成 T 击穿。加入二极管 D 后，为反电势提供了放电回路，从而保护了三极管 T。

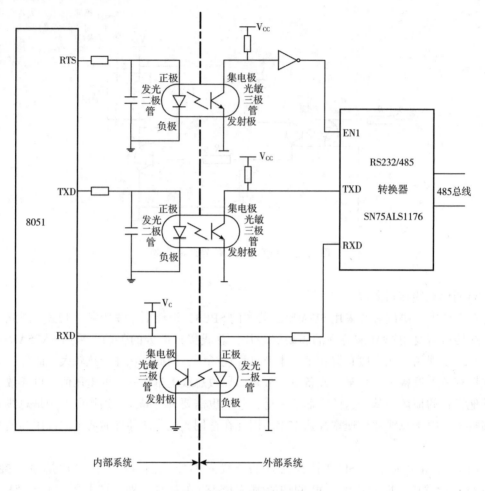

图 7.14　总线隔离原理图

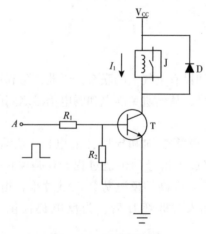

图 7.15　继电器隔离

3. 变压器隔离

脉冲变压器可实现数字信号的隔离。脉冲变压器的匝数较少，而且一次和二次绕组分别缠绕在铁氧体磁芯的两侧，分布电容仅几皮法，所以可作为脉冲信号的隔离器件。图 7.16 所示电路外部的输入信号经 RC 滤波电路和双向稳压管抑制常模噪声干扰，然后输出脉冲变压器的一次侧。为了防止过高的对称信号击穿电路元件，脉冲变压器的二次侧输出电压被稳压管限幅后进入测控系统内部。

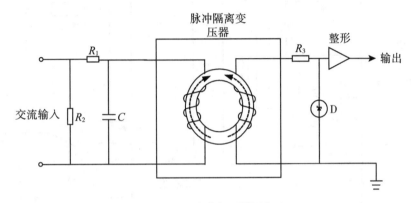

图 7.16　脉冲变压器隔离法

脉冲变压器隔离法传递脉冲输入/输出信号时，不能传递直流分量。微机使用的数字量信号输入/输出的控制设备不要求传递直流分量，所以脉冲变压器隔离法在微机测控系统中得到广泛应用。对于一般的交流信号，可以用普通变压器实现隔离。图 7.17 表明了一个由 CMOS 集成电路完成的电平检测电路。

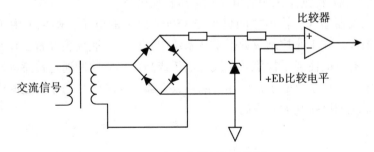

图 7.17　交流信号的幅度检测

4. 放大器的隔离

信号的隔离分为数字信号和模拟信号的隔离两种，对于前者，采用光电隔离器已被证明有效；对于后者，由于模拟信号在传输过程中线性度的问题使得问题复杂化。有不少电子设计爱好者利用光电耦合器等器件设计出了线性隔离放大器，为了方便介绍，下面以3650 为例，来介绍放大器隔离。

3650 利用特有技术克服了单一 LED 和光电二极管形成隔离时的局限性。图 7.18 所示是 3650 的基本等效电路，在了解基本工作原理时，不用具体考虑双极性工作时的偏移调节和偏压等问题。

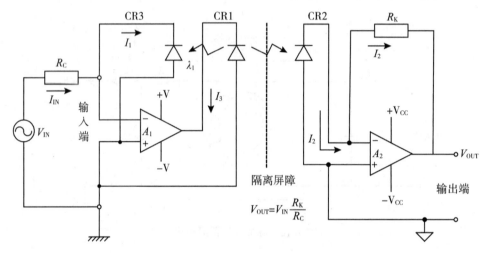

图 7.18　3650 线性耦合器等效电路

为了减少非线性和温度的不稳定性，3650 采用了两个光电二极管，其中一个用于输入（CR3），另一个用于输出（CR2）。放大器 A_1、LED、CR1 和光电二极管 CR3 构成负反馈。因为 CR2 和 CR3 性能匹配，它们从 LED 和 CR1（即 $\lambda_1 = \lambda_2$）接收的光量相等，因而有 $I_2 = I_1 = I_{IN}$，而放大器 A_2 则用来构成电流和电压转换电路。

由于隔离放大器输入、输出之间可承受 1500V 以上的电压，避免了由于强干扰对系统造成破坏性损失。在工业控制或数据采集系统中，由于工业仪表经常工作在高温、高湿等恶劣环境中，有可能使强干扰信号、线性电压或高压感应脉冲通过传感器、二次仪表或传输线窜入系统，破坏系统的正常工作。隔离放大器使现场信号与系统之间建立了绝缘的安全屏障，使系统的可靠性大大提高。

5. 布线隔离

数字控制设备的配线设计，除了力求美观、经济、便于维修等要求外，还应满足抗干扰技术的要求，合理布线。

将微弱信号电路与易产生噪声污染的电路分开布线，最基本的要求是信号线路必须和强电控制线路、电源线路分开走线，而且相互间要保持一定距离。配线时，应区分开交流线、直流稳压电源线、数字信号线、模拟信号线、感性负载驱动线等。配线间隔越大，离地面越近，配线越短，则噪声影响越小。但是，实际设备的内外空间是有限的，配线间隔不可能太大，只要能够维持最低限度的间隔距离便可。表7-1列出了信号线和动力线之间应保持的最小间距。

表 7-1 　　　　　　　　　　　　动力线和信号线之间的最小间距

动力线容量	与信号线的最小间距
125V　10A	30cm
250V　50A	45cm
440V　200A	60cm
5kV　800A	120cm 以上

当高电压线路中的电压、电流变化率很大时，便产生激烈的电场变化，形成高强度电磁波，对附近的信号线有严重干扰。近些年，大功率控制装置普遍使用晶闸管，晶闸管是通过电流的通断来控制功率的。当晶闸管为非过零触发时，会产生高次谐波，所以，靠近晶闸管的信号线易受电磁感应的影响。因此，应使信号线尽量远离高压线路。如果受环境条件的限制，信号线不能与高压线和动力线等离得足够远，就得采用诸如信号线路接电容器等各种抑制电磁感应噪声的措施。

7.4　数字电路的抗干扰技术

7.4.1　TTL电路输出中产生振荡原因及抑制

TTL电路中所采用的图腾柱式输出结构电路，在输出为"1"状态时，其输出阻抗大大下降，从抗干扰角度来看，这是一个优点。但这种结构电路(图7.19(a))在电路状态转换瞬间两个输出晶体管会同时导通，从而产生较大的冲击电流，因此，成为一个噪声发生源。而且，在这个状态转换的瞬间，还由于反馈的影响，它会成为一个具有很高增益的线性放大器。这样，当输入信号电压在阈值电压附近有小的波动时，将在输出处成为幅度变化很大的振荡。实际上，当输入信号变化缓慢，如前后时间在 $1\mu s$ 以上时，往往在输出处有数兆赫以上的振荡产生，图7.20(b)所示为这种振荡产生的输入输出波形。

图7.20所示的这种前后沿变化很缓慢的输入波形，若不注意，是常会发生的，例如前级电路的输出带有较重的容性负载(包括分布电容较大的情况)等。特别是积分电路或者微分电路等，如图7.21所示，都属于这种情况。

这种在输出波形前后沿上的振荡是十分有害的，它对下一级门的输入就成为噪声，非常容易造成误触发。因此，在数字电路中，处理电容性负载时要十分谨慎，应防止在输出波形上产生振荡波形。

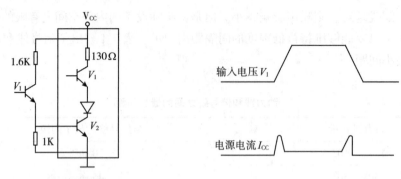

（a）图腾柱输出结构的TTL电路　　　　　（b）状态转换时的冲击电流

图 7.19　图腾柱输出结构电路产生的冲击电流

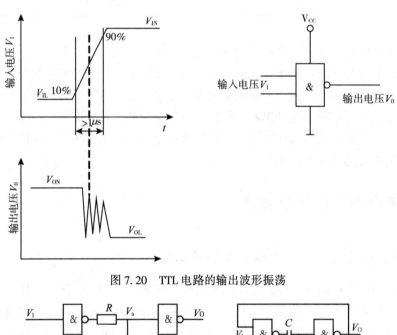

图 7.20　TTL 电路的输出波形振荡

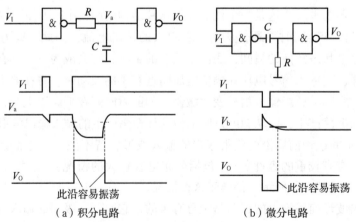

（a）积分电路　　　　　　　（b）微分电路

图 7.21　输出波形容易产生振荡电路

如果电路有较大的电容性负载,则首先应将波形由施密特触发器加以整形,把波形的前后沿变陡一些,再送到下一级电路。用 RS 触发其整形也有一定效果。另外,也可以接一个 DTL 电路处理这种容性负载的输出信号,因为 DTL 电路结构的特点,使它不会因输入波形前后沿的变化而产生振荡。需要特别指出的是,要避免用微分电路直接产生脉冲信号,至少要将波形经过上述处理,不要直接用它去作触发信号。

7.4.2 CMOS 电路输出中产生振荡原因及抑制

和 TTL 电路一样,CMOS 电路也存在类似问题。图 7.22 所示的两条虚线所围部分也是一个具有很大增益的放大器。当输入波形的前后沿在阈值附近缓慢变化或有微小波动时,就会被放大,在输出波形的沿上将产生振荡。特别是高速 CMOS 电路,如 74HC 系列电路,其内部基本上都加有缓冲电路,它的输入输出特性在阈值附近的曲线非常陡,即这里的 dV_0/dV 值很高,也意味着有很大的放大率。图 7.23 说明了因输入波形 V_1 前后沿变化缓慢,即便是电源电压的波动,也会导致输出波形的振荡。这里的电源电压波动不只是电频率的纹波,也包括其他因素造成的具有各种频率成分的波动。由于电源电压的波动,电路的阈值对地也随着它而波动,如图中虚线所示的波形,这时缓慢变化的前后沿波形就有几次与阈值相交而形成振荡。在这种情况下,除了要保证输入波形的前后沿要陡而外,还要设法降低电源的波动,所以电源滤波也是十分重要的。

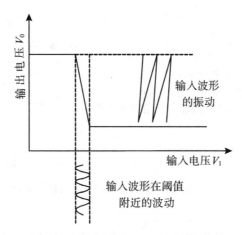

图 7.22 CMOS 电路在阈值附近具有的放大器特性

图 7.24 所示的是一个高速的 CMOS 的 D 型触发器的试验例子,可以看出,输出波形振荡对触发器、计数器等电路的危害很大,所以要特别注意。从这个曲线图可知,虽然在几乎不加电容时的最大允许输入波形前后沿的值是 500ns,然而,这是在测试电路的稳压电源性能很好的条件下测得的。在实际电路中,稳压电源的波动要更大些,因此,需在每个电路的电源端和接地端之间接一个 0.01uF 的瓷片电容进行滤波。

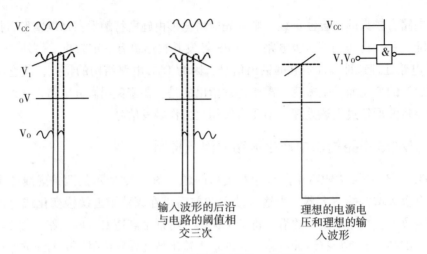

输入波形的后沿
与电路的阈值相
交三次

理想的电源电
压和理想的输
入波形

图 7.23 输出波形振荡的一种原因

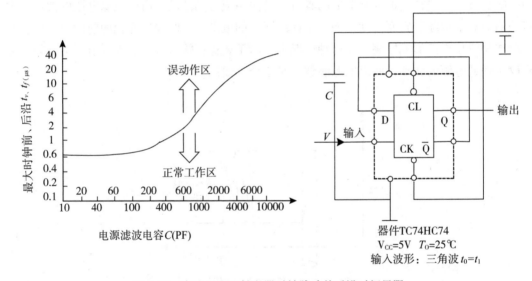

电源滤波电容 C(PF)

器件 TC74HC74
$V_{CC}=5V$ $T_0=25℃$
输入波形：三角波 $t_0=t_1$

图 7.24 高速 CMOS 触发器时钟脉冲前后沿时间界限

对输入波形前后沿时间较长的信号，可以加一级施密特触发器，能有效防止上述波形振荡。由于施密特触发器具有滞后特性，如图 7.25 所示，尽管波形的前沿上升得很慢，它要与施密特电路的高电平阈值相交几次，只要第一次相交，即输入电压一旦大于阈值电平，电路就翻转。随后一次的相交表示输入电压略低于阈值电平，但由于滞后特性，它并不低于电路的低电平阈值，状态不会再翻转，所以在前沿处不会产生振荡波形。同理，当输入波形的后沿缓慢下降时，它第一次与电路的低电平阈值相交，电路就会被翻转，第二次相交时虽然电压值略高于低电平阈值，但不能高于高电平阈值，所以状态也不会在翻转回去，即不会形成振荡。

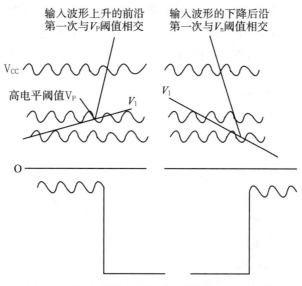

图 7.25 施密特触发器的滞后特性防止波形振荡

7.5 微处理器的抗干扰技术

7.5.1 系统受到干扰后软件处理方法

当微处理器受到干扰时，常常遇到的是 PC 指针因干扰跳到不能预料的地址上，将两字节或三字节的命令中的一个字节读出且开始执行；或将数据解释为命令，或将命令解释为数据，使数据混乱。在控制系统中，如果出现这一情况，则会导致严重的事故。

1. 软件陷阱

微处理器在受到干扰后会产生很复杂的情况，干扰信号会使程序脱离正常运行轨道，为了使程序恢复正常的运行状态，可以设立软件陷阱。所谓软件陷阱，就是一条引导指令，强行将捕获的程序引向一个指定的地址，在那里有一段专门对出错程序进行处理的程序。以 MCS-51 单片机为例，如果设这段程序的入口标号为 ERR，软件陷阱即为一条 LJMP ERR 指令。为加强其捕捉效果，一般还在它前面加两条 NOP 指令。因此，真正的软件陷阱由三条指令构成：

```
NOP
NOP
LJMP ERR
```

软件陷阱安排在下列四种地方：

1）未使用的中断向量区

当干扰使未使用的中断开放，并激活这些中断时，就会进一步引起混乱。如果在这些地方布上陷阱，就能及时捕捉到错误中断。例如，系统共使用三个中断 INT0、T0、T1，它们的中断子程序分别为 PGINT0、PGT0、PGT1，建议按如下方式来设置中断向量区：

```
            ORG
0000 START:   LJMP MAIN
0003          LJMP PGINT0
0006          NOP
0007          NOP
0008          LJMP  ERR
000B          LJMP  PGT0
000E          NOP
000F          NOP
0010          LJMP  ERR
0013          LJMP  ERR
0016          NOP
0017          NOP
0018          LJMP  ERR
001B          LJMP  PGT1
001E          NOP
001F          NOP
0020          LJMP  ERR
0023          LJMP  ERR
0026          NOP
0027          NOP
0028          LJMP  ERR
002B          LJMP  ERR
002E          NOP
002F          NOP
```

从 0030H 开始再编写正式程序，可以先编主程序，也可以先编子程序。

2）未使用的大片 ROM 空间

目前使用的程序存储器一般容量都比较大，很少有将其全部用完的情况。对于剩余的大片未编程的 ROM 空间，一般均维持原状（0FFH），0FFH 在 8051 指令系统中是一条单字节指令（MOV R7，A），程序弹飞到这一区域后将依次运行，不再跳跃（除非受到新的干扰）。这时，只要每隔一段设置一个陷阱，就一定能捕捉到弹飞的程序。有的编程者使用 020000（即 LJMP START）来填充 ROM 未使用空间，以为两个 00H 既是可设置陷阱的地址，又是 NOP 指令，起到双重作用，但实际上这样并不合适。如果程序出错后直接从头开始执行，将有可能发生一系列麻烦。软件陷阱一定要指向出错处理过程 ERR。我们可以将 ERR 安排在 0030H 开始的地方，程序不管怎么修改，编译后 ERR 的地址总是固定的(因为它前面的中断向量区是固定的)。这样，我们就可以用 00 00 02 00 30 五个字节作为陷阱来填充 ROM 中未使用的空间，或者每隔一段设置一个陷阱(02 00 30)，其他单元保持 0FFH 不变。

3) 表格

有两类表格，一类是数据表格，供"MOVC A, @ A+PC"指令或"MOVC A, @ A+DPTR"指令使用，其内容完全不是指令；另一类是跳转表格，供"JMP @ A+DPTR"指令使用，其内容为一系列的三字节指令 LJMP 或两字节指令 AJMP。由于表格内容和检索值有一一对应关系，在表格中间安排陷阱，将会破坏其连续性和对应关系，我们只能在表格的最后安排五字节陷阱。由于表格区一般较长，安排在最后的陷阱不能保证一定捕捉住弹飞的程序，有可能在中途再次飞走。这时，只好指望别处的陷阱或冗余指令来制服它了。

4) 程序区

程序区是由一串串执行指令构成的，我们不能在这些指令串中间任意安排陷阱，否则影响正常执行程序。但是，在这些指令串之间常有一些断裂点，正常执行的程序到此，便不会往下执行了，这类指令有 LJMP、SJMP、AJMP、RET、RETI。这时 PC 的值应发生正常跳变。如果还要顺次往下执行，必然就出错了。当然，如果弹飞的程序刚好落在断裂点的操作数上或落到前面指令的操作数上(又没有在这条指令之前使用冗余指令)，则程序就会越过断裂点，继续往前执行。若在这种地方安排陷阱，就能有效地捕捉住它，而又不影响正常执行的程序流程。例如，在一个根据累加器 A 中内容的正、负、零情况进行三分支的程序中，软件陷阱的安置方式如下：

```
JNZ   XYZ
………………         //零处理
………………
AJMP ABC          //断裂点
NOP               //陷阱
NOP
LJMP ERR
XYZ: JB  ACC.7, UVW
………………         //正处理
………………
AJMP  ABC         //断裂点
NOP               //陷阱
NOP
LJMP ERR
UVW: ………………   //负处理
```

```
..................
RET              //断裂点
NOP              //陷阱
```

由于软件陷阱都安排在正常程序执行不到的地方，故不影响程序执行效率。在当前 EPROM 容量不成问题的条件下，一般多设置陷阱有益。

2. "看门狗"技术

当程序飞到一个临时构成的死循环中，PC 指针落到在全地址(在 EPROM 芯片范围之外)时，系统将完全瘫痪。如果操作者在场，就可以按下人工复位按钮，强制系统复位。但操作者不能一直监视着系统，即使监视着系统，也往往是在发现不良后果之后才进行人工复位。"看门狗"则可以代替人自动复位，能使 CPU 从死循环和弹飞状态中进入正常的程序流程。

"看门狗"是独立于 CPU 的硬件，CPU 在一个固定的时间间隔和"看门狗"打一次交道，表明系统工作正常。如果程序失常，系统陷于死循环中，"看门狗"得不到来自 CPU 的信息，就向 CPU 发出复位信号，使系统复位。现在，许多单片机芯片中已有"看门狗"电路，使用非常方便。

图 7.26 中的"看门狗"电路是由带振荡器的 14 位计数器 CD4060 构成的。

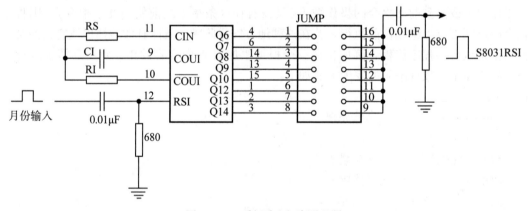

图 7.26　"看门狗"电路原理图

4060 记数频率由 R_T 和 C_T 决定。设实际运行的用户程序所需工作周期为 T，分频器计满时间为 T'，当 $T'>T$ 且系统正常工作时，程序每隔 T 对 4060 扫描一次，分频器总也不能计满，则没有输出信号。如系统工作不正常(程序弹飞、死循环等)，程序对 4060 发不出扫描信号，待分频器计满时，输出一脉冲信号 CPU 复位。

4060 的振荡频率 f 由 R_T、C_T 决定。R_S 用于改善振荡器的稳定性，R_T 要大于 R_S。一般取 $R_S = 10R_T$，且 $R_T > 1K$，$C_T > 100pF$。如果 $R_S = 450K$，$R_T = 45K$，$C_T = 1\mu f$，则 $f = 10Hz$。4060 的振荡频率和 $Q_i(i=6,7,8,9,10,12,13,14)$ 的选择要根据实际情况确定。

7.5.2 系统中各部分的安排及相互连接

一个智能仪器系统附近往往有一些外部设备或直接驱动指示灯、继电器等。实践证明，必须认真对待系统内各部分的安排以及相互之间的连接问题，否则会对整个系统的抗干扰性能带来很大危害。

对于系统的总体安排有一个总的原则，如图 7.27 所示。单片机和其外部设备作为群体，首先都要有各自的体系，大到设备的组装集合，小到印刷电路板的安排，都要有明显界限，不能混装。即使在一个小系统中，如只安排一块印制电路板，也要有明显的组群集合。大功率电路和器件应与小信号电路分开；对噪声敏感的器件，应注意缩短信号线的连接；对发热量大的器件，如 ROM、RAM 等，应尽量安排在较少影响关键电路的地方或通风冷却较好的地方；印制电路板垂直放置时，这些发热量大的器件应安置在最上面。

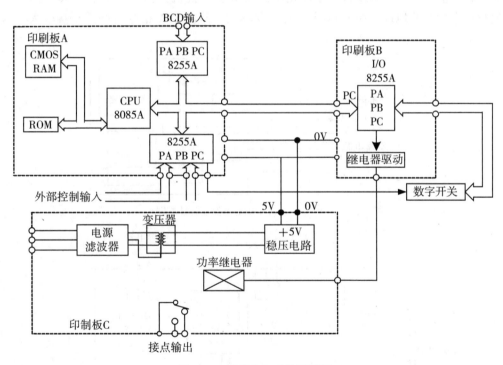

图 7.27 某单片机系统逻辑图

对于系统中各部分之间的连接，特别要注意从市电电网进入系统的稳压电源这段布线。因为这部分连接线是强电输送线，会对其他线路形成干扰，所以稳压电源应就近安装在交流电源线进入系统的地方，并尽量缩短连线。连线要使用双绞线。如接有电源滤波器，从滤波器输出到电源变压器的连线要短，并且应使用屏蔽线。绝不允许这种强电输送线在系统内各处布线。对于经稳压电源后的电源供电线，也要尽量短，往返两根线使用双绞线，绞距应小于 3cm。当稳压电源需要供电距离较长时，应使用由铜板结构的汇流条作为供电线和零线。对于系统各部分之间的信号传输，则应采用双绞线或屏蔽线。

　　下面举例说明系统各部分之间因连接问题对系统抗干扰性能所造成的影响。图 7.28 所示是图 7.27 中印制电路板 C 电源电路的实际装配图。图 7.27 所示的单片机系统在实际应用中十分容易受干扰，特别是印制电路板 B 受干扰的概率要远大于印制板 A。经过分析和对比试验，认为印制板 C 中的电源部分是接受干扰的主要部分，原因有两个：一是交流输入及功率继电器的接点输出插座较接近+5V 电源输出，噪声由此进入+5V 供电线路；二是功率继电器的接点输出印刷线、电源滤波器，电源变压器等印刷线都较接近+5V 的印刷线。改进的措施是采用图 7.28(b) 所示的接法，特别是交流输入及功率继电器的输出分别采用独立的接插件，与稳压电源+5V 及地线的输出严格分开。电源滤波器、电源变压器部分也尽量和稳压电路分离。稳压电源的输出除了有电解电容外，还并接 0.01μF 左右的瓷片电容，二极管 V_D 的接入也是为了降低电源线的阻抗。采取了这些措施后，系统的抗干扰性能会有很大的改善，但印刷电路板 B 受干扰机会仍比印制电路板 A 多。由试验发现，在相同的地址，在 LDA 指令时问题不大，而在 STA 指令时则受干扰较大，这说

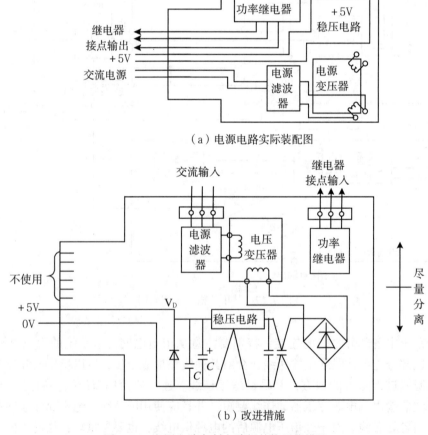

（a）电源电路实际装配图

（b）改进措施

图 7.28　电源电路印制电路板的抗干扰措施

明$\overline{RD}$和$\overline{WR}$信号情况不同，据推测$\overline{WR}$在信号上混有较大的噪声。当如图 7.29(a)所示，在印制板 B 的 8255 的$\overline{WR}$控制端并接一个 20pF 电容，就能消除这种干扰。另外，RESET 控制线也十分容易受干扰，在其输入端并接 0.01μF 电容后，问题也得到解决。从理论上说，印制板 A 的抗干扰性能要比 B 好，这是由于印制板 A 是以 CPU 为中心的一个较独立的小系统，较靠近地装在一块印制板上，在印制电路板内部的控制线和数据总线的阻抗较线阻抗高，易受干扰。若相应地将印制电路板的控制线$\overline{CS}$、$\overline{RD}$、$\overline{WR}$、RESET 等采取图 7.29(b)所示的措施后，则整个系统的抗干扰性能将会大大提高。用干扰模拟发生器做对比测试表明，原系统的交流电源加 50ns 宽度的脉冲，幅度达 150V 是就会产生误动作，采取措施后，脉冲幅度可在 800V 之上。

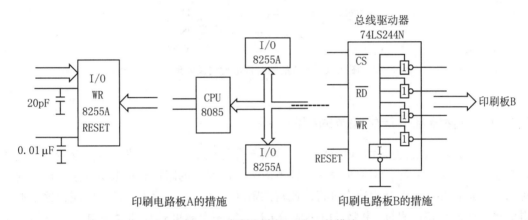

图 7.29 印制电路板 A 和 B 的措施

7.5.3 电源瞬时变动对系统干扰的抑制

电网电压瞬时下跌或瞬时停电，对单片机系统危害很大，它不仅直接影响 CPU 的正常工作，还会破坏 RAM 中的程序和数据。为此，应采取措施保护 RAM 的内容，并把当时的数据存入堆栈，再让 CPU 停止工作。当电源恢复时，再从堆栈中取回数据，使程序继续执行下去。图 7.30 所示是使用 Z80 的处理电源瞬时停电的各种信号时序图。停电信号(PD)的检出，应在 CPU 的电源电压降到最低工作电平之前。这里使用了 Z80 系统中的非屏蔽中断请求 NMI，它是一种优先级高于任何屏蔽中断的一种中断，而且不受内部中断允许触发器状态的影响。当 NMI 输入为低时，它将内部的 NMI 锁存器置位。CPU 在一个指令周期的最后一个 T 状态采样这个信号，然后在下一个周期立即响应这个中断，内部自动产生 RST 指令，把 PC 中下一条要执行的 16 位地址送入堆栈保存。同时，在 NMI 信号变低后 6ms 时产生禁止存储器工作的 MS 信号。当电源回复，而且让 CPU 电源再稳定80ms 后，MS 信号再变高，然后解除 RESET 的低电平，系统再次启动。

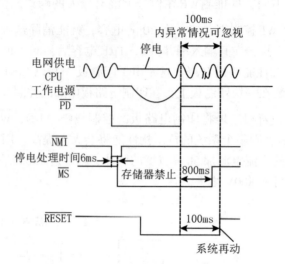

图 7.30　Z80 的瞬时停电检出及处理

7.5.4　存储器部分产生噪声的抑制

在智能仪器系统的单片机电路中，存储器部分往往是一个噪声发生源。存储器电路数量较多而且集中在一起，不但平时的功耗电流大，因线路的阻抗导致电源纹波增加，而且更重要的是在存储器电路刚选中进行读或写的瞬间，产生一个很大的冲击电流，这个冲击电流将在印制线路的阻抗(主要是电感成分)上产生一个幅度较高的噪声电压，成为一个严重的噪声源。

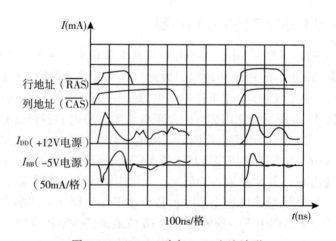

图 7.31　MK4096 动态 RAM 电流波形

图 7.31 是动态 RAM(MK4096)的电流波形。由图可知，I_{DD}的冲击电流峰值为 80mA

左右。这是一片 MK4096 产生的影响，当一块印制电路板上装有 16 片 MK4096 同时工作时，将产生 1.28A 的冲击电流。此时，应考虑这种噪声究竟应抑制到什么程度才是安全的。根据 MK4096 电路的使用要求可知，对+12V 和-5V 的线间噪声电压应在 0.5Vp-p 以下，对+12V 电源，其噪声电压应在 0.35Vp-p 以下。要达到这样的要求，所采取的措施首先是加旁路电容。在图 7.31 左边 5 个刻度的期间内，I_{DD} 所流过的电量 Q 大致为 8~9nC（纳库仑），如要求在此期间这些电量不从其他地方取得，而仅由旁路电容供给，根据所消耗的电荷，电压允许减低 0.1V 时，则要求电容量 $C \approx 9 \times 10^{-6} \div 0.1 = 0.09 \times 10^{-6}(\mathrm{F})$。也就是说，每一片动态 RAM 的+12V 供电端子上对地并接一个 0.1μF 的电容，问题就可解决。对于 I_{BB} 电流，由于在全部期间内的平均电流几乎为零，所以只吸收其过渡电流的变化，其电容值可以小得多。

对于电源线和地线的印制电路板布线也应十分注意，要尽可能的短。如果以 1cm 长度的印制线路具有 4nH 的电感量来计算，3cm 长的线就有 12nH 的电感。当存储器变化量为 80mA/15ns 时，3cm 长印制线路产生的电压降为

$$E = 12 \times 10^{-9} \times 80 \times 10^{-3} \div 15 \times 10^{-9} = 0.064(\mathrm{V})$$

若印制线路再长，则其噪声电压会更大。

在使用静态 RAM 的系统中，也应注意存储器存取瞬间产生的冲击电流，一般消耗电流大的往往是执行程序频繁的 RAM 电路，在设计安排 RAM 电路时，要尽可能使电流在印制线路板各处都比较均匀，不让电流变动大的区域在印制板各处频繁移动，这样可使存储器在存储瞬间所产生的噪声电压值变小。

7.6 信号在长传输中的抗干扰技术

在测量过程中，人们无法完全排除噪声，只能要求噪声尽可能小一些。允许多大的噪声存在，必须与有用信号联系在一起加以考虑，信噪比越大，表示噪声的影响越小，因此，在智能仪器装置中应尽量提高信噪比。

从噪声对电路起作用的形态来分类，可分成常模噪声和共模噪声两种类型。而信号在传输过程中受噪声影响，也可从这两种形态来分析。

7.6.1 信号在长传输中共模噪声的抑制

对于抑制信号传输过程中的常模噪声，其主要措施应是切断噪声耦合途径，根据信号频率和噪声频率有较大区别的特点，可在信号传输的接收处加滤波器。

1. 差动方式传输和接收

利用差动方式传输和接收数字信号，是抑制共模噪声的一个主要方法。由于差动放大器仅对图 7.32 所示的差动信号 e_1、e_2 起放大作用，而对共模噪声电压 E_c 不起放大作用，因此能抑制共模噪声的影响。所以，差动放大器具有良好的抑制共模噪声的性能。

211

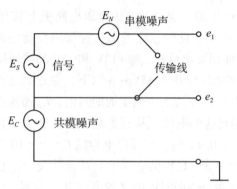

图 7.32　信号传输中的常模噪声和共模噪声

2. 绝缘隔离的传输

采用绝缘隔离的传输方式可有效地抑制发送与接收地之间电位差造成的共模噪声。绝缘隔离的基本方法是，将电信号变换成非电信号，传输和接收后再变换成电信号。传输信号中混有的常模噪声也和信号一起，经过变换后进行传输和接收，再变换成原有的噪声。而共模噪声则因电气上的绝缘而被隔离，不会传输，从而抑制了传输中的共模噪声影响。

绝缘隔离传输方式的作用原理可由图 7.33 来分析。任何绝缘隔离都可画成图 7.33 (a) 所示的原理图，它的等效电路图如图 7.33(b) 所示。图中，R_t 为传输阻抗；R_i 为绝缘阻抗；R_e 为信号接收与发送之间的地阻抗；R_r 为接收器对地阻抗；E_C 为共模噪声电压；E_R 为共模噪声对接收端产生的总影响，即转化为常模噪声的部分。由图 7.32 可知，接收端的噪声电压 $E_R = E_C R_r / (R_t + R_i + R_e + R_r)$。由于绝缘隔离的插入，远大于 R_i、R_t、R_e、R_r 各项，很明显 $E_R \ll E_C$。也就是说，绝缘隔离性能越好，R_i 项越大，共模噪声 E_C 在接收处的影响 E_R 就越小。这就证明了采用绝缘隔离技术可有效地抑制传输过程中的共模噪声。

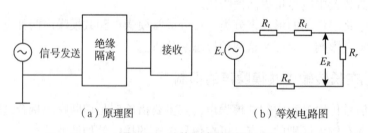

（a）原理图　　　　　　　　　　（b）等效电路图

图 7.33　绝缘隔离的原理

3. 强信号传输

在噪声环境十分恶劣的条件下，信号传输可采用强信号传输方式。采用大信号（100V，10mA 以上）来提高信噪比，克服噪声环境对传输的影响，这也是常用的方法。不过，要注意这个强电系统本身不应成为噪声源而影响其他小信号电路。所以，强电的地系统一般可用光电耦合器与小信号地系统隔离开来。

4. 光纤传输

在长距离的数据传输中，为了防止干扰，目前已从电气传输发展到用光纤传输，光纤通信传输在抗干扰问题上有了突破，克服了以往电气通信传输中的许多弱点。例如，在电缆传输时，其串行信息的传输速率越快，其抗干扰性和可靠性就越差，所以其速率一般不超过 9000bps。而用光纤传输，其速率为 100kbps 也不成问题，因为发送及接收两地间的电位差对于光纤传输毫无影响，在传输途中，电缆线的电容性耦合噪声、电感性耦合噪声、电磁辐射噪声等对光纤也根本不起作用。所以，对于长、短距离的传输，光纤的抗干扰性能是十分理想的。

7.6.2 信号在长传输中常规干扰的抑制

在理想的条件下，若线路完全平衡，在传输线的接收端所接受的信号仍是接收端的信号 E_C，它并不受共模噪声的影响。而实际上并不能做到这一点，所以共模噪声总会或多或少地转化为常模噪声而叠加在接收端的信号上。

如果常模干扰频率比被测信号频率高，采用输入低通滤波器抑制高频常模干扰；如果常模干扰频率比被测信号频率低，可采用输入高通滤波器来抑制低频常模干扰；如果常模干扰频率落在被测信号频谱的两侧，则用带通滤波器较为适宜。常用的低通滤波器有 RC 滤波器、LC 滤波器、双 T 滤波器及有源滤波器等，它们的原理图分别如图 7.34 所示。

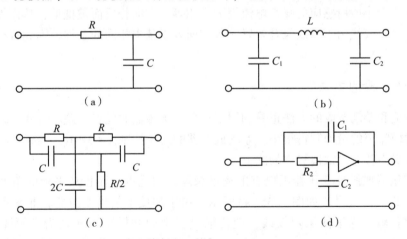

图 7.34 滤波器原理图

在仪器设计中，为了实现可靠的信号传输，通常可以从以下几方面展开设计：

(1)选择器件。采用高抗扰度逻辑器件，通过提高阈值电平来抑制低噪声的干扰。此外，在速度容许的情况下，也可以人为地附加电容器，吸收高频干扰信号。

213

（2）信号预处理。如果常模干扰主要来自传输线电磁感应，则可以尽早地对被测信号进行前置放大，以提高信噪比，从而减小干扰的影响；或者尽早地完成 A/D 转换，传输抗干扰能力较强的信号。

（3）电磁屏蔽。对测量元件或变送器（如热电偶、压力变送器等）进行良好的电磁屏蔽，同时选用带有屏蔽层的双绞线或同轴电缆作为信号线，并保证接地良好，这样能很好地抑制干扰。

7.6.3　传输中的平衡措施

信号的传输线一般都用往返的两根线，在传输过程中因受环境噪声的影响，这两根线都会耦合噪声。如果两根线完全处于相同的条件，那么它们均受到相同的噪声影响，这对于接收端来讲，是共模方式的影响。而只有一根线受影响，另一根线不受影响，对接收端来讲，则是常模方式的影响。处于这两种极端情况的中间，这两根线的条件不完全一致，不同程度接受了噪声影响。对于接收端来讲，有共模方式和常模方式两种影响。由此可见，当传输线的两根线条件相等，即平衡时，噪声对传输的影响仅为共模方式，可利用差动接收的方法加以抑制。而条件不一致，即不平衡时，就有一部分常模噪声对传输起作用，不平衡程度越大，常模噪声的影响就越严重，所以，在信号传输中，传输线的平衡是十分重要的。

1. 双绞线的平衡传输

对于传输线的双线，要使之很好地平衡，可采用双绞线。双绞线由于是绞合的，所以在传输线每一个小段所感应的噪声电流因大小相等、方向相反而被抵消，从而抑制了常模噪声的产生。双绞线由于双线绞合较紧，各方面处于基本相同的条件，因此有很好的平衡特性。

2. 平衡传输的方法

差动传输和差动接收的方法正是利用了这种平衡传输的优点。差动方式可以使共模噪声转化为常模噪声的量抑制得很小，差动放大器的共模抑制比 CMRR，实际上就是衡量电路抑制共模噪声转变为常模噪声的能力。

信号变压器或脉冲变压器不仅有前述绝缘隔离的优点，而且从平衡的角度看，对抑制噪声也有相当的效果。如图 7.35（a）所示，由于加接了信号变压器，非平衡电路间可用平衡线路传输。这里使用双绞线，使传输过程中的共模噪声转化为常模噪声的量抑制得很小。图 7.35（b）所示是不用信号变压器，仅用双绞线的传输线路。虽然有双绞线的传输优点，但传输线的前后都是非平衡电路，所以双绞线所耦合的共模噪声仍然会转化成常模噪声。同轴电缆虽然其本身是不平衡的，但用作传输，对防止噪声耦合有较好的效果，特别是采用了信号变压器，使传输和接收处于平衡状态，所以图 7.35（c）所示的方式仍被广泛使用。

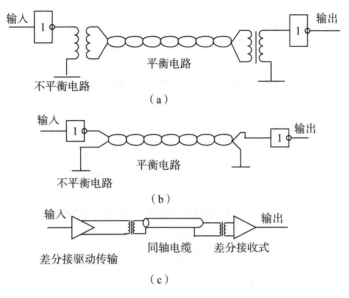

图 7.35 用信号变压器实现传输的平衡

7.6.4 长线传输的反射干扰及其抑制

数字电路的长线传输不仅容易耦合外界的噪声，而且还会由于信号本身的原因引起干扰。在长线传输时，应考虑信号从一头到另一头的传输是需要一定时间的。电信号的传输速度可认为接近光速($3 \times 10^8 \mathrm{m/s}$)，若信号通过 5m 长的导线，则需要 17ns 左右的时间，这样的传输延迟时间对于低速的数字电路，显然影响不大，但对于高速电路，由于其门电路的平均延迟时间为数纳秒，则在信号线上的信号延迟就成为突出问题。而且，不仅是延迟，更严重的是高速变化的信号在长线中传输时，会产生反射，造成波形畸变或产生噪声脉冲，导致电路的误动作。下面简要介绍数字信号沿传输线运动的基本规律、典型的反射干扰及应采取的抑制措施。

1. 数字信号沿传输线传输的基本规律

图 7.36(a)所示是一个最简单的数字信号传输电路，图 7.36(b)所示是其传输线的等效电路；传输线都具有分布电容和分布电感；如将整个传输线分成若干小段，则每小段均由该分段电容和电感组成。因为电感的存在阻碍着电流的突变，电容的存在阻碍着电压的突变，所以当开关 S 合上后，并不是整个传输线上所有各点都同时达到电压的定值 E 和电流的定值 I，而是像电压波和电流波那样，按相同的速度向终端推进。电流波的大小与传输线本身的特性 ΔL 和 ΔC 有关，而与终端的负载无关。ΔL 越大，ΔC 越小，即 $\Delta L/\Delta C$ 比值越大，电流波的幅度就越小。电压波和电流波幅度之间的关系，一般只取决于传输线本身的分布参数 C_0 和 L_0，其中，C_0 表示单位长度分布电容量，L_0 表示单位长度分布电感

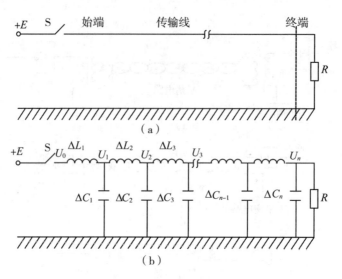

图 7.36　终端接有电阻负载的传输线

量，即 $E/I = \sqrt{L_0/C_0}$ ，通常称为传输线的特性阻抗 R_p。特性阻抗反映了动态状态下沿着传输线运动的电压波和电流波之间的关系。一般同轴电缆特性阻抗为 50Ω、75Ω、100Ω 等，常用的双绞线的特性阻抗在 $100\sim200\Omega$ 之间，绞距越小，则阻抗就越低。

2. 类型反射的分析

1）终端开路时的反射

图 7.37（a）（b）所示为传输线及其等效电路。幅度为 E 电压和幅度为 I 的电流波，当达到开路的传输线终端时，最后一小段的 ΔC_n 充电完毕，$U_n = +E$，$i_n = I$，这时整个传输线上的电压都为 $+E$，电流都是 I。由于终端开路，电流继续向前流动；而电感 ΔL_n 已经建立起的电流不会立即消失，它继续向 ΔC_n 充电，使 ΔC_n 的电压继续上升，当达到 $2E$ 时，ΔL_n 中的电流也下降到零。接着倒数第二段也出现类似现象。这样下去，就好像有一个幅度为 E 的电压波和一个幅度为 $-I$ 的电流波从传输线的终端反射回来，分别叠加在原来的电压波和电流波上，如图 7.37（c）（d）所示。可见，这种反射波的波前所到之处，电压变为 $2E$，电流为零，而波前未到之处仍为 E 和 I。

2）终端短路时的反射

当入射波前接近到达终端时，设 ΔC_{n-1} 已经充电完毕，U_{n-1} 上升到 $+E$，i_{n-1} 达到 I，由于终端短路，U_{n-1} 整个加在 ΔL_n 上，i_{n-1} 电流经 ΔL_n 到地，ΔC_n 不起作用。在终端开路时，随着 ΔL_n 中电流的建立 U_{n-1}，终端电压不断升高。但因终端短路导致终端电压始终为零，于是在 ΔL_n 上继续加有一个电压，它使 ΔL_n 中的电流在 I 数值上继续增大，新增加的电流实际上就是 ΔC_{n-1} 的放电电流。经过 Δt 时间后，ΔC_{n-1} 上的电荷全部放完，$U_{n-1} = 0$，这时 ΔL_n 中的电流 i_n 增加到 $2I$。接着，将 ΔC_{n-2} 通过 ΔL_{n-1} 放电，再经 Δt 时间后，$U_{n-1} = 0$，$i_{n-1} = 2I$。如此继续下去，相当于有一个幅度为 $-E$ 的电压波和一个幅度为 $+I$ 的

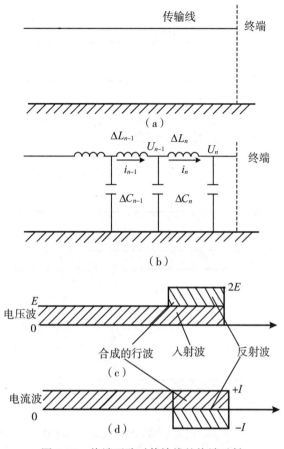

图 7.37 终端开路时传输线的终端反射

电流波从短路的终端反射回来，分别与入射的电压和电流波叠加，如图 7.38(c)(d) 所示。这样反射波的波前所到之处，电压为零，电流为 $2I$，而波前未到之处则保持原状 E 和 I，这就是传输线终端短路的反射现象。

3)终端接电阻负载的反射

先考虑一种特殊情况，即负载电阻恰好等于传输线的特性阻抗，其等效电路如图 7.39 所示。当波前到达终端时，由于 R 的存在，电流 i_n 在对 ΔC_n 充电的同时，有一部分被负载电阻分流。一旦最后一小段 ΔC_n 的建立电压后，传输线中的电流将全部流进负载。幅度为 I 的电流波流进负载时，在电阻 R 上的压降 $E = RI$ 和传输线上已经建立的电压是一致的。因此，来自信号源的电流经过传输线不断地流进负载，这就是常说的终端匹配，这时不会出现反射现象。如果负载电阻及大于传输线特性阻抗，那么反射情况将介于终端匹配和终端开路两者之间。而当负载电阻 R 小于传输线特性阻抗时，则反射情况将介于终端匹配和终端短路之间。对于终端不匹配所引起的反射，在反射波到达不匹配的始端时，同样会引起向终端的新反射，这新反射到达终端再次反射，形成多次反射。反射的幅度总是一次比一次小，最后，当反射波幅度与信号幅度相比可忽略不计时，便认为达到稳态。

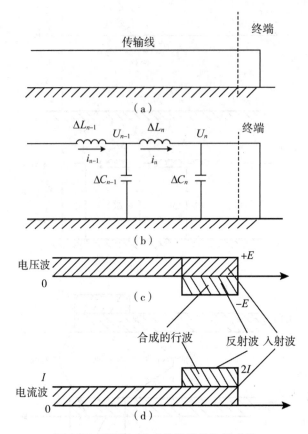

图 7.38　终端短路时传输线的终端反射

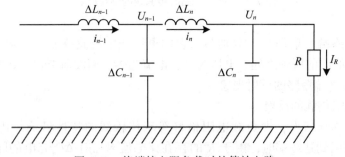

图 7.39　终端接电阻负载时的等效电路

3. 反射干扰抑制的几种匹配措施

对于工作速度高的电路或传输线较长的情况，必须采取阻抗匹配措施，以防反射现象，或把它抑制在最低的限度。传输线的阻抗匹配方法有下列几种：

1）终端匹配法

采用图 7.40 所示的匹配法，由 R_1、R_2 构成的分压电路，相当于将等效电阻 R 接到等效电源E_c上, 其中$R = (R_1 \cdot R_2)/(R_1 + R_2)$, $E = (E_c \cdot R_2)/(R_1 + R_2)$。若取$R_1 = R_2$, 即为2倍的特性阻抗时, $E = E_c/2 = 2.5\text{V}$。这样不但可消除反射, 而且使信号波形的高电平降低不多, 低电平升高不多。对于一般的门电路来说, 高电平的抗干扰性能要比低电平好, 因此, 在这种匹配中, 宁可使高电平降低多一些, 也要让低电平升高得少一些。这可通过适当选择电阻R_1和R_2值, 使R_1稍大于R_2即可达到, 当然, 要满足R等于特性阻抗的条件。

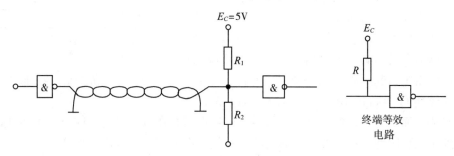

图 7.40 终端匹配法

2) 始端的匹配方法

如图 7.41 所示的匹配方法, 适当选择串联电阻R, 也能改善波形, 消除反射。R的阻值一般可取传输线的特性阻抗减去输出门的输出内阻。例如, 传输线的特性阻抗为150Ω, 输出与非门在低电平时的输出内阻为20Ω, 则R取130Ω。加匹配电阻R后, 可基本消除反射, 但在始端的波形未能得到相应的改善, 始端的低电平也略有升高。低电平上升的原因是, 由于终端驱动门电路的输入电流在匹配电阻R上的压降所造成, 显然终端所带的门电路越多, 低电平升高得就越显著。所以为保证低电平时的抗干扰性能, 应特别注意这一点。对于输出高电平, 所驱动的门电路输入阻抗很大, 在始端匹配时, 不会对高电平的大小有很大影响, 这是个优点。

图 7.41 始端匹配法

7.7 仪器的防雷技术

7.7.1 雷电的特性

雷电主要有两种形式: 一种是不同带电云层间的放电作用; 另一种是云层对地的放电

作用，这是雷害的主要根源。大多数情况下，雷电云层中的正电荷在上部，而负电荷云层靠近地面。这样，由于雷云负电荷的感应作用，使附近地面及物体积聚了大量正电荷，在云-地之间形成了强大的电场，当电场强度达到空气游离的临界值时，空气被击穿，形成云层与地面间的放电作用，即雷击现象。图 7.42 给出了仿真雷电流的波形情况。

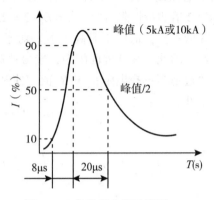

图 7.42　仿真雷电流波形图

在现代工业中，自动控制系统对生产过程的正常运行起到决定性作用。自控设备的防雷对自控设计来说，已渐渐成为必不可少内容。在这里所说的雷击是指由雷击引起感应过压和瞬时尖脉冲，沿着导线或导体将可能高达 10kV 的电压传到设备上，使设备损坏；而不是指设备受直击雷的雷击，直击雷打在自控设备本体上，可能任何防护都起不到作用，因此，在自控仪器的周围，首先要有电工的防直击雷设施。

7.7.2　装置内仪器遭受雷击的可能性

从雷击理论来看，由于装置仪器大都安装在设备或管道上，而它们都是良导体，装置区都采取了防雷措施，又加上仪器本身体积较小，因此，仪器直接"接闪"的可能性较小。而连接现场仪器和控制室仪器的电缆，则有传导雷电感应电波的可能。这主要是因为电缆敷设在装置各个区域，连接距离长，当雷击发生时，靠近雷击点的电缆产生感应电压，并向"地"传导，形成瞬间浪涌电压或电流。另外，由于电缆桥架的空敷设，电缆汇线桥架单独引入雷电波的可能性也存在。仪器预防雷击，根据雷电的特点，一般要考虑以下几个因素：

（1）为了满足生产的需要，在仪器选型时，要选择抗干扰能力强的，且仪器内部设有专门的避雷接地措施。变送器内装避雷器，当受到雷电在传送电缆上感应产生的异常电压冲击时，得到保护，避雷器有内装型、现场安装型、盘装式等。

（2）仪器安装时，仪器各紧固件要安装正确，表箱必须接地良好，同时要考虑仪器所处的位置，如塔顶和高空测量部位的仪器很容易被雷击，需根据实际情况安装避雷针；远离生产装置的仪器周围又没有避雷装置也要安装避雷针。

（3）仪器信号电缆的架设，必须按规定汇入槽盒，在装置现场一次元件的信号连接时，电缆屏蔽隔离必须按规定接地，电缆外要用金属镀锌管穿管敷设，当雷击到电缆穿管处，产生保护回路，对地放电。

（4）仪器系统的接地，常用的接地体有角钢接地体与管形接地体两种。接地装置如图 7.43 所示。

为了防范电子设备遭受雷击，首先应保证设备所处的建筑物有完善的避雷设施，以及确保电力供电系统避雷措施完备（在水厂、泵站中要保证高低压配电系统避雷良好）。其

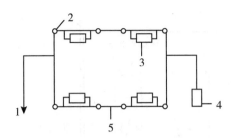

1—原接地体；2—接地桩；3—电解地极；4—接地汇集排；5—扁钢连地体

图 7.43 接地装置

次，由于电子设备工作电压低，抵抗过压能力弱，所以必须重点考虑防范感应雷击[①]。目前感应雷击的防护主要采用感应雷击防护器，或对可能感应到雷击的导线加以屏蔽，一般雷击侵入途径是由电源线或信号线入侵，因此雷击防护就是要在雷电的进入端将其导入到大地，从而保护设备。同时，还有一种情况会感应到雷击，就是避雷装置引下线与仪器设备的电源线或信号线相距太近且平行而通过电磁感应引发雷击，此种雷击的避免方法则应通过合理布线来解决，即在有关仪器布线时，按标准进行合理的综合布线。对于仪器感应雷击防护，若设备所处环境存在雷击可能，则应给予全面保护，否则就有被雷击的可能。除了电源线的防护，更要重视信号线防雷，对于户外的电子设备或线路，必须对有关线路采取两端保护或多点保护方式。对于重要线路，如有可能，应尽量采用穿金属管埋地方式敷设，以形成线路屏蔽，减少感应雷击。

7.7.3 雷击防护器的原理

仪器防雷设计，一般应对装置所在区域的雷害有所了解，如雷击频度、雷击强度及当地的常见雷击形式，同时，还应对控制系统的重要性加以考虑。在这方面，工程上目前尚缺少足够的经验，此处仅对防雷设计的类型加以说明。为了更好地防止雷电波侵入仪器，可以根据不同的场合，将防雷系统分为三种情况：控制室仪器的防雷；现场仪器的防雷；全系统的防雷，即对控制室仪器和现场仪器全部采用防雷保护。

1. 防雷设计的类型

1）控制室仪器的防雷

控制室仪器是控制系统的核心，尤其是 DCS 控制系统。与控制室连接的仪器电缆是雷电波的主要引入源，因此，在电缆引入口上加雷击保护器，是防止雷击的最好的方法。防雷系统的组成如图 7.44 所示。

---

① 感应雷击是指雷电通过静电感应或电磁感应途径破坏被击物，一般目前弱电设备发生的雷击多为感应雷击故障。

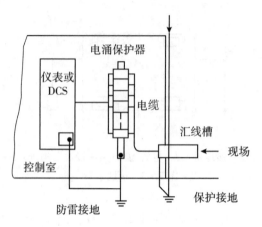

图 7.44　控制室电涌保护器连接图

2)现场仪器的防雷

在图 7.44 中，电缆进入控制室后，首先经过电涌保护器，然后进入 DCS 系统，这样，就防止了雷电波进入 DCS 系统。大多数人认为，现场仪器分布在装置各处，遭雷击的可能性较大，因此，比较重视现场仪器的防雷。主要措施就是在变送器及传感器电缆入口处加电涌保护器，如图 7.45 所示。

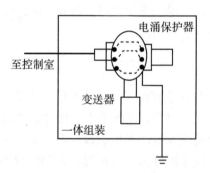

图 7.45　变送器与电涌保护器连接图

在变送器上加电涌保护器，对电缆引入的雷电波有较好的防护作用，但很重要的问题就是防雷接地，不仅要求接地电阻低(一般<0.1Ω)，而且设计一个大的接地网络，费用太高，因此，可以利用电缆铠装层及护套管的"电磁封锁"作用来防雷。图 7.46 示出了一段被金属套保护的电缆的过流实验。

在图 7.46 的实验中，当雷电波(I)引入电缆后，间隙 P 被击穿，一部分电流 I_1 经接地电阻 R_1 入地；另一部分电流 I_2 在电缆中向用电设备扩散。由于"集肤效应"的作用，使流经电缆的电流被排挤到外导体上，外导体上的电流产生感应反电动势，使电缆中的电流减小。同时，由于外套管电阻 R_P 的作用，电压不断衰减，并通过 R_2 接地电阻入地。通过实

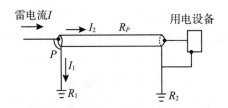

图 7.46　电缆铠装层(或套管)的电磁封锁

验表明, 被保护的电缆内不会产生过大的电流。至于间隙 P 的击穿问题, 考虑到仪器电缆主要是感应电流, 在此不予探讨。

从图 7.47 可见, 现场电缆几乎全被金属套管屏蔽, 如果电缆套管有良好的接地, 那么在一般情况下, 雷电波将经套管引入接地网, 这样, 现场仪器将受到良好的保护。因此, 在一般情况下, 现场仪器不需要接电涌保护器, 仅采用屏蔽和防雷接地就可以了。

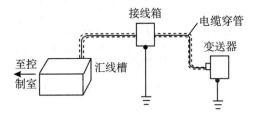

图 7.47　电缆穿管的屏蔽作用

3)全系统防雷

这是指将控制室仪器和现场仪器全部采用雷击保护器, 即以上两种防雷方法的结合。采用这种防雷形式, 工程费用相当昂贵, 每个检测点需要两个电涌保护器, 现场仪器还应单独设计接地系统, 因此一般情况下不宜采用。如果有个别重要回路需要保护, 或在高塔上或独立安装在某一高处, 可单独对其进行防雷考虑。一般情况下, 仅采用控制室防雷就可以了。

在防雷形式的选择上, 比较以上三种方法, 全系统防雷投资很高, 工程上难以接受, 而且必要性不大。控制室防雷方案比较理想, 尤其是 DCS 系统。从目前了解到的雷击事故来看, 多数是控制室仪器受害, 有的是安全栅成片烧毁, 因此, 对本回路来说, 采用电涌保护器更为重要(目前 MTL 电涌保护器已达本安要求)。现场仪器的防雷应以防雷接地为主, 在现场仪器上都加防雷保护器意义不大, 当然, 对特别重要的回路及控制参数, 设置现场防雷保护器也不失为一种安全手段。还应认识到, 不管是哪一种防雷方法, 可靠的防雷接地系统都是防雷措施成败的关键。

2. 防雷器

目前的防雷器多采用两种工作方式：开路与短路。开路方式即在防雷器遇到瞬间过电压时开路，从而隔离设备，如隔离变压器、电感器、光隔离器、类防雷器便是采用此种原理。短路方式则是在防雷器遇到瞬间过电压时对地短路，使雷电流导入大地，从而保护电子设备。由于后一种方式防雷器本身承受反压低，设备经济简单，所以逐渐被广泛应用。如图 7.48 所示为短路方式保护原理，多为一个或几个功能模块的组合，由于各个模块对雷击防护性能有一些区别，所以在选择避雷器时最好有所了解。其中，抑制二极管及限流电阻模块可精密控压，但泄流较小；压敏电阻模块起动电压低、起动快，但同样泄流小，过载能力低；气体放电管模块泄流大，但起动电压较高。此外，为防止较大过电压冲击，某些低压电源保护器还带有热/冲击保险模块、热断路器模块等。

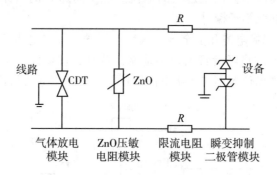

图 7.48　短路方式雷击防护器工作原理

雷击保护器有多种型式。这里以 MTL(Measurment Technology Ltd) 公司的产品加以说明。MTL 生产的电涌保护器的基本工作原理如下：图 7.49 中所示的电涌的入口处，充气式放电管跨接在信号线上，第 3 端接地。一旦雷击电波引入，放电管将迅速地将电涌引入接地网，后面齐纳二极管箝位电路充分起到限压作用。这样，就形成了线-线、线-地间双重保护系统。MTL 公司总结了人们多年对雷击的研究结果，并仿真出了雷击感应电波的电涌图形，以此作为检测电涌保护器的抗电涌性能指标的试验手段。实验结果表明，当用短路电流实验设备仿真的电涌进入电涌保护器后，电涌基本被吸收。例如，MTL-32(工作电压 32V) 型电涌保护器在通过 3kA/6kA 的电涌时，其接仪器端的最大电压为 40V，变送器用 MTL378 型可抗 10kV 电涌而仍达到本安(EExiaII CT4)的要求。

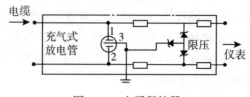

图 7.49　电涌保护器

7.7.4 避雷器的选用及设置

选用避雷器时应注意以下方面：

(1)合理选择避雷器的额定工作电压，避雷器的额定工作电压与设备或线路承载的工作电压越接近越好。

(2)选择较大泄放电流的避雷器，泄放电流越大，越能抵御较强的雷击，如一般低压电源避雷器应有 15kA(8/20μs，10 次)的通流容量，一般信号避雷器则最好应有 10kA 的通流容量。

(3)选择避雷器的在线阻抗不要太大，减少避雷器接入对接入回路信号衰减的影响，一般在线阻抗在交流单相负荷小于或等于 0.5(kVA)时，不应大于 10Ω；大于 0.5(kVA)时，不应大于 4Ω。

(4)选择残压较低的避雷器，这样的话残压对仪器设备的损害概率较低，对精密仪器或计算机设备更要注意。

(5)对于传输频率信号的线路，还要求避雷器频宽应足够宽，足以满足正常信号的传输。

在合理选用弱电避雷器后，在避雷器安装及使用中还应注意：

(1)避雷器必须有良好的接地，必须保证接地泄放通道的可靠畅通。所以，建议接地线应与电力地线公用；接地线截面不小于 4mm²；接地连接端子采用线耳连接；接地线与接地体之间采用锡焊连接等。

(2)避雷器的信号与接地线连接要简洁，要减少冗余部分，接地线要减少绕环布线，以免自身泄放电流形成电磁场，对线路造成不必要的影响。

(3)对避雷器要经常检查，确保状态良好，特别对于带有冲击保险模块的避雷器，需经常检查保险状态。

7.7.5 防雷接地措施

防雷接地系统要使数万伏或数万安的雷电波及时地引入大地，设计合理的接地系统是非常重要的。防雷接地应具有良好的接地极，其接地电阻越小越好。但对于如何处理与工作接地极的关系，如何统一考虑接地系统，目前尚存在几种不同的理论。第一种理论认为防雷接地应单独设置接地极，接地电阻应小于 0.1Ω，理由是应迅速将雷电流引入地下。第二种理论认为以防雷接地为主，与工作接地"共地"，以达到等电位效应，其接地电阻小于 1Ω 即可。相比而言，第二种理论更为可行，理由如下：如图 7.50 所示。如果防雷接地与工作接地分开，当雷电流引入地后，由于大地电阻的存在，防雷接地极在 A 点会产生一定的电压(如果雷电流为 5kA，接地电阻为 0.1Ω，则会产生 500V 的瞬间电压)，这一瞬间电压就会沿 A 点向 B 点流动，形成电流 I_1，同时，因 C 点的电位升高(数百伏)而产生电流 I_2，这样 I_1 和 I_2 两股电流会直接影响控制室仪器，如果后面是安全栅，则有可能因过流而烧坏。而 A 点与 B 点连接后共用一个地，C 点和 B 点电位同时升高，并且 A 点和 B 点等电位，这样就不会出现 I_1，而 I_2 也控制在允许的范围之内。这样，雷电流就会沿着防雷接地直接入地，而仪器两端的电压降就不受接地电阻产生的压降的影响（应注意共模电压对仪器的影响，这里不讨论）。根据这一理论，下面将对防雷接地系统分三种情况说明。

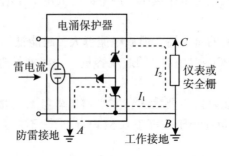

图 7.50　电涌保护器工作等效电路图

1）控制室非本安仪器接地系统

由于防雷接地的引入，整个接地系统将有所不同，首先应使接地电阻小于 1Ω，而且要以防雷接地为主，如图 7.51 所示。一般来讲，应注意两点：一是将常规的 $B\text{-}B$ 线改为 $B\text{-}A$ 线，这样，雷电流只能由 $A\text{-}A$ 线入地，而不影响仪器系统。在多个仪器机柜连接时，应将工作接地汇流排引到防雷接地汇流排上。此外，$A\text{-}A$ 线要短而直，短是为了减小接线电阻，直是为了防止电缆直角弯部分所产生的电动力的影响。

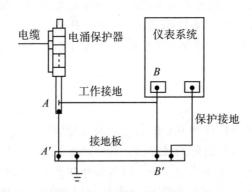

图 7.51　非本安仪器防雷接地系统（以单个机柜为例）

需要特别指出的是，在引线上应尽量避免直角弯，并用电缆卡进行固定，这与常规的"横平竖直"的工程原则是不一样的。$A\text{-}A$ 连线的电阻值一般应在毫欧姆数量级上，即截面积应大于 16mm^2（16mm^2 的电阻以 $1.2\times10^{-3}\Omega$ 为宜）。

2）控制室本安仪器防雷接地系统

在本安系统中的防雷接地是比较复杂的，有时又是非常困难的，因为安全栅的要求比较苛刻。安全栅分为隔离式和齐纳式两种。目前，MTL 公司的电涌保护器与安全栅连用已完全通过了国际安全认证。在接地系统设计方面，必须做到以下几点：

（1）接地系统应以防雷接地为主，本安接地连接到防雷接地汇流排上，构成等电位系统。

（2）防雷接地线的电阻应尽可能小。

（3）电涌保护器和安全栅应选用同一生产厂产品，并通过安全认证。

（4）安全栅应尽量选择电隔离型产品，如有的安全栅无电隔离型产品也可对安全栅后面的控制室仪器或 DCS 的 I/O 卡，采用信号隔离型仪器或 I/O 卡，这样也可以防止信号接地的干扰。根据以上原则设计的接地系统如图 7.52 所示。

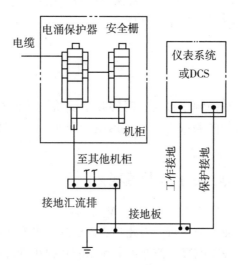

图 7.52　本安系统防雷接地

3）现场防雷接地

可分为以两种形式：

（1）现场仪器采用电涌保护器的接地现场仪器采用电涌保护器后，其防雷接地应与仪器的保护接地一起引入装置的保护接地网，但其接地极电阻就要降低，一般小于 1Ω，并要可靠地接地，这样，现场就要设计一个庞大的接地系统，因此，工程造价将会提高。

（2）利用铜或铝等低电阻材料制成的容器，或者是利用导磁性良好的铁磁材料制成的容器，将需要防护的部分（如干扰源）包围起来，称为屏蔽。现场仪器的屏蔽接地，在大多数情况下，利用电缆总屏蔽层和电缆穿管的屏蔽作用，而不采用电涌保护器，仍可起到良好的防雷作用（见图 7.47）。这时可根据下列原则设计：

① 电缆穿管应与现场接线箱有良好的金属连接，并将各接线箱外壳接地端子引至现场接地汇流排，然后从汇流排引至保护接地网。

② 控制室至现场接线箱多芯电缆应选用分屏蔽加总屏蔽的电缆，在分屏蔽加总屏蔽的电缆中，分屏蔽应在控制室接地（信号屏蔽），总屏蔽在接线箱处接入外壳接地端子（利用总屏蔽的电磁封锁作用，见图 7.46），而总屏蔽的另一侧接入控制室的保护接地（由于每个装置的保护接地一般为 1 个接地网，这样就形成等电位接地），这样，总屏蔽层可起

到一定的保护作用。

③ 汇线桥架要在控制室侧可靠地接入保护接地系统。

接地系统的维护接地电阻通常不是一成不变的，接地装置也不可能是一劳永逸的。对接地系统应当定期检查、维护，及时发现诸如锈蚀、断线、损坏等故障，并及时修复，以保持整个系统的完好，特别是要保持接地连接的完好。大量实例证明，对防雷工程的检查和维护是非常重要的。现代防雷技术是综合防治技术仪器系统防雷，绝不能单纯依靠接地来做到。不能简单地认为接地就能解决问题，埋地电缆同样也会受到雷击，只不过是它受雷击的概率比架空电缆小而已。现代防雷技术是综合防治技术，概括起来有传导、均衡连接、接地、分流、屏蔽等技术，此处不再赘述。

7.8　防辐射技术

微处理器和单片机的时钟频率很高，时钟频率线路及其他有关线路都会产生高频辐射，从而严重影响其也部分电路或干扰附近的电子设备。为了防止和减弱高频辐射的影响，可以采取以下措施：

7.8.1　增强电源线和地线的抗干扰性能

据测定，单片机电路中的 TTL 及动态 RAM 等器件工作时冲击电流比较大，伴随着电流的突变，电源线会产生强烈的辐射。为此，要设法降低电源线对地的阻抗，在冲击电流较大的器件电源端上并接旁路电容，使冲击电流限制在很小的环路上，从而降低电源线的辐射。另外，地线的阻抗要求尽可能的小，一个系统若有性能良好的地线，也可有效地降低各部分线路的辐射。

7.8.2　信号线加阻尼

对于肖特基 TTL 及三态门等容易产生辐射的电路，在其信号线上加适当的阻尼，可以有效降低辐射，一般可加 10Ω 左右的电阻或加铁氧体磁铁。

铁氧体磁铁的阻抗特性，根据其不同类型，可分电阻性的和电感性的，其中，电阻性的对吸收高频成分、防止辐射有一定效果。由于时钟电路容易产生高频辐射，则应首先考虑在这种电路中的信号线上加铁氧体磁铁。

7.8.3　优化印制线路的设计

在设计印制线路板的线路时，要尽可能缩短高速信号线。信号返回所形成的环路面积要小。主要的信号线最好集中在板的中心，时钟发生电路应在这中心附近。对于高速电路，宁可让集成电路多余的门空着不用，也不要被较远地方的线路所利用，以免长线传输。应重视信号线之间的耦合，特别要注意向外部连接的信号线应免受高频信号线之间的耦合，否则，在印制线路板内接收了频率较高的信号，就成了天线向外辐射。要减少线间耦合，可将印制线之间的距离加大，避免长距离平行走线，或在线间加接地的印制线作屏蔽隔离等。

7.8.4 屏蔽辐射源

要屏蔽强烈的辐射源以及把整个装置屏蔽起来,最好用高导磁率的材料。若用塑料外壳,则应采用塑料喷涂金属粉末工艺,屏蔽效果也相当好。采用这种屏蔽时,要注意零件结合部要有可靠的电气接触,可用海绵状金属丝编织带作填充物。单片机的电源往往采用开关电源,开关电源也是一个强烈的辐射源,要对这部分进行屏蔽。

采取了屏蔽措施后还没有明显效果时,检查一下是不是电源线和信号电缆造成辐射。因为一般电源线和信号线有数米长,对于 100MHz 振荡频率,波长为 3m,作为天线只要有波长的 1/4 即可,所以,通常的电缆线可采用屏蔽措施。对于传输低频信号的信号线,在装置内部耦合了高频信号而进行辐射时,可使用抗共模扼流圈,它采用铁氧体环形磁芯,只要让信号线成束地通过即可。另外,屏蔽电缆与插头座之间的连接要注意屏蔽体的连续性,即电缆屏蔽和插头座金属外壳不但要有可靠的电气接触,还要使 360° 的包围面全部接触。

第8章 智能仪器设计实例

本章将结合实际工程例子，探讨智能仪器设计中的有关问题，并给出主要的设计思路和流程，提升读者对智能仪器的认知，为读者面对今后工程实际问题，提供开发思路。

8.1 气压式高度仪

高度仪是重要的大气数据测量仪表之一，目前常用的高度仪是通过测量气压的变化来测定高度值。传统的气压高度仪是通过一组具有弹性的真空膜盒来感知大气静压变化，并通过机械传动机构(机械式高度仪)或变成电压信号(电动式高度仪)来测量相应的高度。随着智能仪器的发展，引入了一种智能化的气压式高度仪的设计方案。气压式高度仪利用压力传感器采集大气的静压数据，经模/数转换后送至微处理器进行函数解算，得到当前的标准气压高度等大气数据参数；同时，用液晶显示器显示相应的高度值，并通过按键来设置高度报警阈值，整个电路原理图如图8.1所示。气压式高度仪避免了机械部件由于长期使用磨损带来的机械误差，具有体积小、功耗低、速度快、电路简单可靠等特点，适合在小型飞行器上使用。

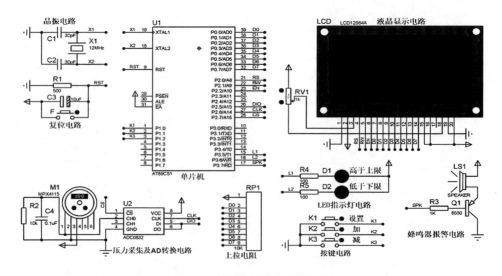

图 8.1 气压高度仪电路原理图

8.1.1 气压高度仪的测量原理

在重力场内，大气的压力随高度的增加而减小，因此，可以通过测量大气压力来间接测量飞行高度。根据国际标准大气规定，当假想大气相对于地球为静止大气，即大气没有水平和垂直方向的运动，重力势高度 H 与相应高度上的大气压 p_H 间的关系为

$$H = \frac{T_b}{\beta}\left[\left(\frac{p_H}{p_b}\right)^{\frac{\beta R}{g}} - 1\right] + H_b \tag{8.1}$$

式中，p_H——高度 H 下的大气静压，单位：Pa；

P_b——高度 H_b 下的气压，单位：Pa；

β——温度梯度，单位：K/m；

T_b——高度 H_b 下的温度，单位：K；

g——重力加速度，单位：m/s²；

T_b、H_b、P_b——高度分层中相应层的大气温度、标准气压高度和气压的下限值，如表 8-1 所列，且有

$$T_H = T_b + \beta(H - H_b) \tag{8.2}$$

$$P = \rho RT \tag{8.3}$$

表 8-1　　　　　　　　　　　　**大气层重力势高度与温度的对应关系**

重力势高度 H(km)	湿度 T(K)	温度梯度 β(K/km)	重力势高度 H(km)	湿度 T(K)	温度梯度 β(K/km)
-2	301.15	-6.5	47	270.65	0
0	288.15	-6.5	51	270.65	-2.8
11	216.65	0	71	214.65	-2
20	216.65	1	80	196.65	
32	228.65	2.8			

在标准大气情况下，各相应层的 β，P_b，T_b 均为已知常数，则飞机所在处相对于标准海平面的重力势高(H) 只是该处大气压力 P_H 的单值函数。因此，只要测出飞机所在处的大气压力值 p_H(常称为大气静压)，就可间接测出飞机相对于标准海平面的重力势高度或标准气压高度 H。本系统主要应用于低空测量，飞行高度在 7000m 以下，因此选取 $H_b = 0$m，$T_b = 288.15$K，$P_b = 101325$Pa，$\beta = -6.5 \times 10^{-3}$K/m，$g = 9.80665$m/s²，$R = 287.05287$m²/(K·s²)。

8.1.2　气压高度仪的硬件系统

根据系统工作原理及任务要求，本章设计了基于 MPX4115 气压传感器的小型飞行器高度测量系统，包括压力采集、高度显示、高度上下限设置电路等。

MPX4115 是 Motorola 公司生产的基于 MEMS 技术的新型单片集成压力传感器，具有测量范围广、功耗低、测量准确度高、响应时间短及可靠性好等特点，它用单个由离子注入工艺形成并经激光修整的 X 型电阻代替一般用 4 个电阻构成的惠斯登电桥，避免了由 4 个电阻的不匹配而引起的误差。同时，在内部集成了信号调节、压力修正和温度补偿电路，在$-40\sim125℃$温度范围内具有较好的温度补偿功能，在 $0\sim85℃$ 范围内最大偏差为 1.5%。MPX4115 的量程为 $15\sim115$kPa，输出模拟信号，电压输出为 $0.2\sim4.8$V，高度测量范围为$-1100\sim13000$m，可以满足中低空测量的需要。灵敏度能够达到 46mV/kPa，响应时间为 1ms，满量程输出电流为 0.1mA，工作电压为 5V 直流电源，工作功率 35mW。封装及内部结构如图 8.2 所示，引脚功能描述见表 8-2。

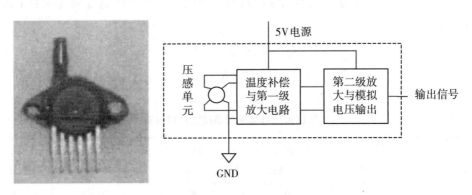

图 8.2　MPX4115 封装及内部结构

表 8-2　　　　　　　　　　　　　　**MPX4115 引脚描述**

引脚号	功能	引脚号	功能
1	输出电压	4	悬空
2	GND	5	悬空
3	0	6	悬空

MPX4115 的输出电压与气压的关系式为

$$V_{out} = V_S \times (0.009 \times P - 0.095) \pm V_S \times 0.009 \times p_{error} \times T_{error} \qquad (8.4)$$

式中，V_S 表示电源电压；P 为要测的大气静压，单位为 kPa；P_{error} 是压力补偿系数，恒为 1.5；T_{error} 是度补偿系数。温度补偿表达式为

$$T_{error} = \begin{cases} \dfrac{-2T}{40} + 1, & T < 0 \\ 1, & 0 \leq T < 85 \\ \dfrac{2T - 130}{40}, & 85 \leq T \end{cases} \quad (8.5)$$

式中，T 表示传感器工作时的温度，单位为 K。另外，MPX4115 的输出电压 V_{out} 还与电源电压值 V_s 有关，电源电压变化会影响压力的测量精度。解决这一问题的办法通常有两种：一是实时测量电源电压值，二是采用稳定电压源供电。本章采用后者，利用 LM4040 基准电压源来稳定对压力传感器的供电，保证传感器输出的稳定性。为了避免传感器产生的信号在进入 A/D 采样前发生失真，并减少传感器的功耗，系统在压力传感器的输出口接入了电压跟随器及相应的 RC 滤波电路。电压跟随器并不改变传感器输出的大小，主要是为了消除谐波和降低干扰。由于传感器输出的是 0~5V 模拟信号，需要采用 A/D 转换器将模拟量转换成数字信号。TLC2543 是 TI 公司的具有 11 个通道的 12 位开关电容逐次逼近型串行 A/D 转换器，采样率为采样和保持由片内的采样和保持电路自动完成。在应用时，只需要接精密基准源和少量去耦电容即可进行 A/D 转换，且转换时间快，分辨率高，电路设计简单。TLC2543 误差为 1LSB，根据 MPX4115 技术手册提供的输入压力与输出电压之间的关系，可折算出对应的气压误差大约为 10Pa，高度误差不到 1m，满足系统的设计要求。显示电路采用的是字符型液晶显示模块 TC1602，其内部带有标准字库。按照系统功能，系统设计了 5 个按键，其中，3 个用来进行高度上下限的设置，2 个备用，方便对功能进一步扩展。为了将数据能够送到 PC 机进行保存与处理，系统设计了基于 MAX232 的电平转换电路。

8.1.3 软件系统

根据系统功能要求，系统程序包括主程序、数据采集与处理子程序、压高转换子程序、键盘处理子程序、显示子程序及报警子程序等。

1. 系统主程序

系统上电后，首先进行液晶显示器的初始化设置，然后进入阈值设置画面，进行阈值设置，按下确认键退出；启动定时器 T2 工作，确定采样时间，每采 16 次进行一次算数平均滤波，克服系统的随机干扰；启动 TLC2543 进行 A/D 转换，并将转换后的数据进行标度变换，得到对应的压力值；压高转换，将压力值转换成高度值，并与阈值进行比较，以实现报警和显示。系统主程序流程如图 8.3 所示。

2. 按键处理子程序

系统设置 3 个按键：加键、减键和退出键，加键和减键每按一次高度值变化 50m，退出键表示退出阈值的设置。按键处理流程图如图 8.4 所示。

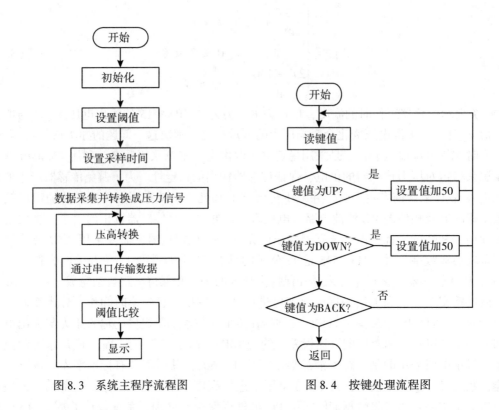

图 8.3　系统主程序流程图　　　　图 8.4　按键处理流程图

3. 数据采集与处理子程序

数据采集与处理子程序是通过编程控制模数转换器 TLC2543 工作，包括对 TLC2543 的通道寻址、写控制字、启动和读入数据等，并将转换后的数字量转换成压力值。开始时，片选 $\overline{CS}$ 为高，CLK、SDI 信号都被禁止，SDO 呈高阻态。控制 STC89C52 使得 $\overline{CS}$ 变低，则 CLK、使能、SDO 脱离高阻状态，12 位时钟脉冲信号从 CLK 端口一位一位地输入，在时钟脉冲信号加入的同时，控制字从 SDI 一位一位地在时钟脉冲的上升沿送入 TLC2543(高位先入)，此时，上一次 A/D 转换得到的数据，即输出数据寄存器里的数据，开始从 SDO 口移出。TLC2543 收到第 4 个时钟信号的时候，通道号已经确定下来，此时，TLC2543 开始对选定的通道进行 A/D 采样，并保持到第 12 个脉冲的下降沿。在第 12 个时钟下降沿，EOC 变低，开始对本次采样的模拟量进行 A/D 转换，转换时间约 10 毫秒。转换完成后，EOC 变高，转换的数据在输出数据寄存器中，待下一个工作周期输出。TLC2543 是一个 12 位的 A/D 转换器，其输入的电压信号与输出数字量满足关系式：

$$V_{in} = \frac{D}{4095} \times 5 \tag{8.6}$$

将其代入式(8.3)，可得到压力与数字量之间的关系式为

$$P = \frac{D+333.824}{36.864} \qquad (8.7)$$

式中，P 是大气的静压，D 是 A/D 转换器输出的数字量。采集与处理子程序的流程图如图 8.5 所示。

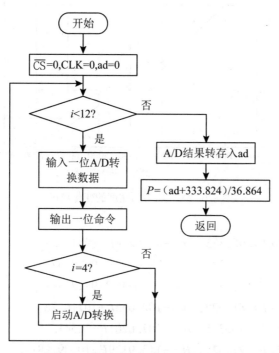

图 8.5　数据采集与处理子程序设计

4. 压力高度转换子程序

从上面的推导可见，根据式(8.1)，如果测量出大气的静压，就可以计算出飞行高度。但该公式过于复杂，一般的单片机系统计算速度难以满足要求，因此，不适合用公式法进行压/高转换，而采用常用的查表来实现压力到高度的换算，要求的存储量太大，而且耗费时间。因此，为了便于快速计算，先利用 Matlab 对大气压力与高度的关系进行拟合，其拟合曲线如图 8.6 所示。然后，针对拟合的曲线，建立压力和高度之间的关系。从拟合曲线中可以看出，压力与高度之间非线性并不是很明显，可以采用分段线性拟合方式，即分段后，对不同的段按不同的斜率进行线性转换，这样的压/高转换方法转换时间快，并且可以根据误差要求合理地选择分段的段数，灵活性好。飞行高度控制在 0~7km 内，压力变换为 101.325~41.325kPa 之间。把 0~7km 的压力值变化范围以 5kPa 度量分成 12 个区间，区间内采用线性变换，可以得到各个区间上飞行高度与大气压力的拟合函数为：

区间(1)：$96.325 < P \leqslant 101.325$，$H = -84.9729P + 8609.88$；

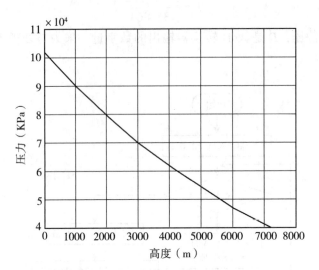

图 8.6　大气压力随高度的变化规律

区间(2)：91.325<P≤96.325，$H=-88.6227P+8961.45$；
区间(3)：86.325<P≤91.325，$H=-92.6427P+9328.57$；
区间(4)：81.325<P≤86.325，$H=-97.0946P+9712.88$；
区间(5)：76.325<P≤81.325，$H=-102.055P+10116.28$；
区间(6)：71.325<P≤76.325，$H=-107.6201P+10541.05$；
区间(7)：66.325<P≤71.325，$H=-113.9129P+10989.88$；
区间(8)：61.325<P≤66.325，$H=-121.0927P+11466.08$；
区间(9)：56.325<P≤61.325，$H=-129.37P+11973.68$；
区间(10)：51.325<P≤56.325，$H=-139.0296P+12517.76$；
区间(11)：46.325<P≤51.325，$H=-150.4669P+13104.78$；
区间(11)：46.325<P≤51.325，$H=-150.4669P+13104.78$；
区间(12)：41.325<P≤46.325，$H=-164.2478P+13743.18$。

照上面的拟合函数计算出的飞行高度，相比与式(8.1)计算的飞行高度，在 0~7km 的高度范围内的误差可以控制在 3m 以内。如果想要继续减少误差，可以进一步增加分段的数目。

5. 报警子程序

报警子程序是一个实时比较子程序，实现超值报警的功能。先将报警阈值键入并存入存储单元中，将经 A/D 转换与数据处理后的高度值与阈值进行比较。如果测量值大于阈值，则显示超过上限，并将端口 P3.0 清零，蜂鸣器发出声音报警；若小于下限，则显示低于下限，并将 P3.0 清零报警。报警子程序流程图如图 8.7 所示。

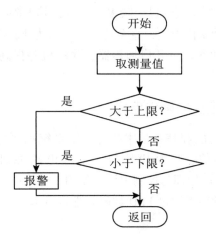

图 8.7 报警子程序流程图

其他关于显示等程序处理，可根据 LED/LCD 章节进行设计，由于篇幅关系，这里就不再赘述。

8.2 智能温度巡检仪

8.2.1 智能温度巡检仪的功能要求

温度检测仪是实际工程中最为普遍的一个仪器。本实例设计一套多点温度巡检系统，适用于冷库、生产车间、仓库、粮仓等场所。其可实现多路温度信号的采集与显示；具有手动选择巡检位置与自动循环巡检功能；在监测到任何一路温度超标时，都会立即鸣笛报警，并且显示报警位置。

1. 基本技术要求

（1）报警方式：在监测到任何一路温度超过上限报警值或者低于下限报警值时，都会立即鸣笛报警；

（2）监测温度：−50～+80℃；

（3）测量精度：±1℃；

（4）巡检通道：4 路；

（5）采样周期：1s；

（6）显示方式：LED 数码管，清晰醒目；

（7）阈值设置：每路均可设定上限报警值、下限报警值。

2. 扩展技术

（1）支持数据远传。

（2）报警输出：在监测到温度超过上限报警值时，其上限报警继电器动作，可开启排风扇制冷机、加湿机等降低室内温度，直至符合要求时为止；在监测到温度低于下限报警值时，其下限报警继电器动作，可开启加热器、除湿机等提高室内温度，直至符合要求为止。

8.2.2 智能型温度巡检仪的硬件电路

根据系统所需完成的功能和基本技术指标，本系统主要包括：温度采集模块、LED显示模块、键盘、电源模块、报警模块等。系统电路原理图如图 8.8 所示。采用 STC89C52RC 单片机作为数据处理与控制单元，使用单总线技术的 DS18B20 数字温度传感器作为温度采集器件，测量结果通过 LED 数码管进行显示。

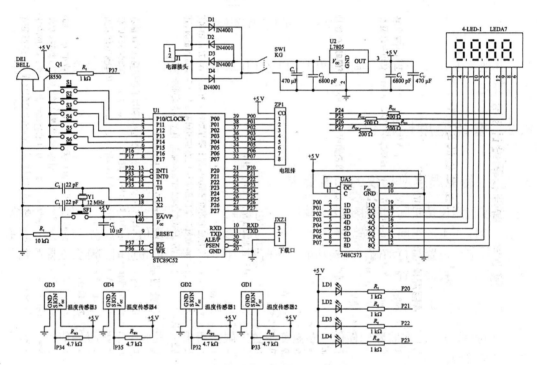

图 8.8 智能温度巡检仪的电路原理图

1. 温度采集电路设计

DS18B20 是 Dallas 公司生产的单总线数字温度传感器，其测量温度范围为 $-55 \sim +125℃$，在 $-10 \sim +85℃$ 范围内，精度为 $\pm 0.5℃$。现场温度直接以单总线方式传输，大大提高了系统的抗干扰性。其工作电压范围为 $3 \sim 5.5V$，可以通过程序设定为 $9 \sim 12$ 位的分辨率。用户设定的报警温度可以存储在传感器的 E^2PROM 中，掉电后依然保存。按照系统要求，该传感器完全满足系统设计要求。

　　DS18B20 内部结构主要由四部分组成：64 位光刻 ROM、温度传感器、温度报警触发器 TH 和 TL 以及配置寄存器。光刻 ROM 中存放了 64 位序列号，是出厂前光刻好的，表示该 DS18B20 的地址序列码。64 位序列号的开始 8 位(28H)是产品类型标号，接着的 48 位是该 DS18B20 自身的序列号，最后 8 位是前面 56 位的循环冗余校验码。光刻 ROM 的作用是使每一个 DS18B20 都各不相同，这样就可以实现一根总线上挂接多个 DS18B20 的目的。DS18B20 中的温度传感器可完成对温度的测量；12 位分辨率转化后得到的 12 位数据，存储在 DS18B20 中两字节的 RAM 中。二进制中的前 5 位是符号位，如果测得的温度大于 0，则这 5 位为 0，将测到的数值乘以 0.0625，即可得到实际温度，例如测得的数字量为 0191H，则表示被测温度值为+25.0625；如果温度小于 0，则这 5 位为 1，测到的数值需要取反加 1 再乘以 0.0625，即可得到实际温度，例如测得的数字量为 FF5EH，则表示被测温度值为−10.125。配置寄存器的内容用于确定温度转换的数字分辨率，其格式如表 8-3 所列，其中低五位一直都是 1。TM 是测试模式位，用于设置 DS18B20 是工作模式还是测试模式。R1 和 R0 用来设置分辨率，如表 8-4 所列。高速暂存存储器包含了 8 个字节，各字节意义如表 8-5 所列。

表 8-3　　　　　　　　　　　　　　　　　　**配置寄存器结构意义**

TM	R1	R0	1	1	1	1	1

表 8-4　　　　　　　　　　　　　　　　　　**温度分辨率设置表**

R1	R0	分辨率/位	温度最大转换时间(ms)
0	0	9	93.75
0	1	10	187.5
1	0	11	375
1	1	12	750

表 8-5　　　　　　　　　　　　　　　　　　**DS18B20 暂存寄存器分布**

寄存器内容	温度值低位	温度值高位	高温限值	低温限值	配置寄存器	保留	保留	保留	CRC
字节地址	0	1	2	3	4	5	6	7	8

　　采用 DS18B20 进行多点温度测量时，有两种接线方式：一种方式是总线式连接，即多个传感器挂接在一根总线上，通过软件编程读取地址身份信息，识别各通道的传感器，这种方式节省 I/O 端口，但软件编写麻烦，采样速率较低；另一种方式是将 DS18B20 独立连接在各 I/O 端口上，通过识别 I/O 端口，对各通道的测量值进行识别，该方式占用 I/O 端口较多，软件编写相对简单。本设计由于功能简单，测量通道要求少，因此选择第二

种连接方式。设计中将 4 个温度传感器分别连接到单片机的引脚 P3.2～P3.5 上。

连接 DS18B20 温度传感器的总线电缆，当采用普通信号电缆传输长度超过 50m 时，读取的测温数据将发生错误。这种情况主要是由总线分布电容使信号波形产生畸变造成的。当将总线电缆改为双绞线带屏蔽电缆时，正常通信距离可达 150m，当采用每米绞合次数更多的双绞线带屏蔽电缆时，正常通信的距离进一步加长。因此，在用 DS18B20 进行长距离测温系统设计时，要充分考虑总线分布电容和阻抗匹配问题。

2. 键盘电路设计

在本设计中，按照功能要求，共设计了 6 个按键。由于按键数目较少，采用了独立式键盘结构，各按键相互独立，每个按键单独占用一根 I/O 口线，分别为 P1.0～P1.5。当有按键按下时，对应的 I/O 口的值为低电平。为了保证在按键断开时，各 I/O 口有确定的高电平信号，各按键开关与 I/O 连接时均需要采用上拉电阻。由于 P1 口内部已有上拉电阻，故本设计中按键与 P1 口直接连接即可。

3. LED 显示电路设计

本系统采用动态扫描方式进行显示。在硬件设计中，将所有数码管的段选线并联在一起，即所有的数码管都接收到相同的段码，但究竟是哪个数码管会显示出字形，取决于系统对位选线的控制。只要将需要显示的数码管的选通控制端打开，该位数码管就显示出字形，没有选通的数码管就不会亮。通过分时轮流控制各个 LED 数码管的公共端，可使各个数码管轮流显示。由于人眼的分辨率为 50Hz，即发生在周期为 20ms 内的时间不能分辨出来，利用这一特点，可以让全部数码管完成一次显示的时间控制在 20ms 以内。由于人的视觉暂留现象及发光二极管的余辉效应，尽管实际上各位数码管并非同时点亮，但只要扫描的速度足够快，给人的印象就是一组稳定的显示，不会有闪烁感。在设计中，使用 74HC573 作为数码管的段驱动芯片，该驱动芯片可以提高 I/O 口的驱动能力。单片机的引脚 P2.4～P2.7 作为数码管的位选端，显示时，先将段码通过 P0 口写入锁存器，再通过位选端选择点亮相应的数码管。

4. 报警电路设计

当测量温度值超过系统设置的阈值时，通过 I/O 口 P3.7 驱动蜂鸣器，进行报警。由于单片机 I/O 口输出的电流较小，无法直接驱动蜂鸣器，设计中利用 PNP 管 8550 设计了蜂鸣器驱动电路。另外，在设计中为了区别不同通道的报警，设计了光报警电路，通过指示灯的亮灭进行通道区分。

5. 电源系统设计

智能仪器设计中常使用输出电压固定的集成稳压器作为稳压器件。这种集成稳压器只有输入、输出和公共引出端三个端口，故称为三端稳压器。本设计中采用三端稳压芯片 7805 制作输出为+5V 的电源，为系统提供正常的工作电源。

8.2.3　智能型温度巡检仪的软件

根据系统功能要求，系统程序包括：主程序、温度采集子程序、数据处理子程序、键盘处理子程序、显示子程序、报警子程序等。

1. 系统主程序

系统上电后，首先进行初始化设置，设置定时器的计数初值，启动定时器工作。然后调用键盘查询程序和键值处理程序，系统默认进入自动测量模式，依次循环显示 4 个通道的温度值，每个通道的显示时间大约为 5s。定时时间到，系统进入定时器中断服务子程序，在该程序中实现温度的采集、显示以及阈值比较等。系统主程序流程如图 8.9 所示。

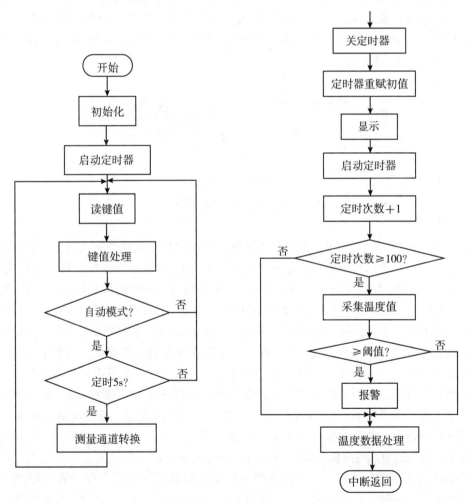

图 8.9　系统主流程图

2. DS8B20 测温子程序

较小的硬件开销需要相对复杂的软件进行补偿。DS18B20 与微处理器间采用单总线方式进行数据传输，所有的单总线器件要求采用严格的单总线通信协议，以保证数据的完整性，该协议定义了几种信号类型：复位脉冲、应答脉冲、写 0、写 1、读 0 和读 1。所有这些信号，除了应答脉冲以外，都由主机发出同步信号，并且发送的所有命令和数据都是字节的低位在前。对 DS1820 进行读/写编程时，必须严格地保证读/写时序，否则将无法读取测温结果。

单总线上的所有通信都是以初始化序列开始，包括主机发出的复位脉冲及从机的应答脉冲，如图 8.10 所示。当从机发出响应主机的应答脉冲时，即向主机表明它处于总线上，且工作准备就绪。在主机初始化过程中，主机通过拉低单总线至少 480μm，以产生复位脉冲。接着主机释放总线，并进入接收模式。当总线被释放后，连接 +5V 电源的上拉电阻将单总线拉高单总线器件在检测到上升沿后，延时 15～60μm，接着通过拉低总线 60～240μm，以产生应答脉冲。

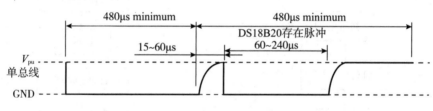

图 8.10　初始化时序图

读/写时序如图 8.11 所示。在写时序期间，主机向单总线器件写入数据；而在读时序期间，主机读入来自从机的数据，每一个时序总线只能传输一位数据。写时序包括两种：写 1 和写 0。主机采用写 1 时序向从机写入 1，而采用写 0 时序向从机写入 0。所有写时序至少需要 60μm，且在两次独立的写时序之间至少需要 1μm 的恢复时间。写时序起始于主机拉低，写 1 时，主机在拉低总线后，接着必须在 15μm 之内释放总线，由上拉电阻将总线拉至高电平；写 0 时，在主机拉低总线后，只需在整个时序期间保持低电平即可。单总线器件仅在主机发出读时序时才向主机传输数据。所以，在主机发出读数据的命令后，必须马上产生读时序，以便从机能够传输数据。所有读时序至少需要 60μm，且在两次独立的读时序之间至少需要 1μm 的恢复时间。读时序都由主机发起，至少拉低总线 1s，在主机发起读时序之后，单总线器件才开始在总线上发送 0 或 1。若从机发送 1，则保持总线为高电平；若发送 0，则拉低总线。当发送 0 从机在该时序结束后释放总线，由上拉电阻将总线拉回至空闲高电平状态。从机发出的数据在起始时序之后，保持有效时间 15μm，因而主机在读时序期间必须释放总线，并且在时序起始后的 15μm 之内采样总线状态。

根据 DSl8B20 的通信协议，主机控制 DS18B20 完成温度转换必须经过三个步骤：初始化，发送 ROM 指令和发送功能指令。每一次读/写之前，都要对 DS18B20 进行复位即

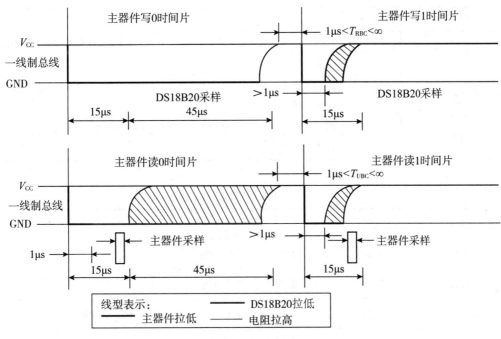

图 8.11 读/写时序图

初始化，初始化过程由主机发出的复位脉冲和从机响应的应答脉冲组成，应答脉冲使主机知道总线上有从机设备且准备就绪。复位成功后发送一条 ROM 指令，这些命令与一个从机设备的 64 位 ROM 代码相关，允许主机在单总线上连接多个从机设备，指定操作某个从机设备。这些命令还使主机能够检测到总线上有多少个从机设备，以及类型和有没有设备处于报警状态。从机设备可以支持 5 种 ROM 命令，如表 8-6 所列。每种命令长度为 8 位，主机在发出命令之前，必须送出合适的 ROM 命令。在主机发出 ROM 命令访问某个指定的 DS18B20 后，接着就可以发 DS18B20 支持的某个功能命令，这些命令允许主机写入或读出 DS18B20 暂存器、启动温度转换以及判断从机的供电方式。DS18B20 有 6 个功能命令，如表 8-7 所列。

表 8-6   ROM 指令表

指令	代码	功　　能
读 ROM	33H	读 DSl8B20 温度传感器 ROM 中的编码，仅适于总线上只有一个从机设备的情况
匹配 ROl	55H	55H/发出此命令后，接着发出 64 位 ROM 编码，访问单总线上与该编码相对应的 DS18B20，使之作出响应，为下一步对该 DS18B20 的读/写作准备

续表

指令	代码	功　　能
搜索 ROM	F0H	F0H‖用于确定挂在同一总线上 DS18B20 的个数和识别 64 位 ROM 地址
跳过 ROM	CCH	CCH‖忽略 64 位 ROM 地址，直接向 DS18B20 发温度转换命令，适用于单点测温
报警搜索命令	ECH	ECH‖执行后只有温度超过设定值上限值和下限值的温度传感器才作出响应

表 8-7　　　　　　　　　　　　　　　功能指令表

指令	代码	功　　能
温度变换	44H	启动 DS18B20 进行温度转换
读暂存器	BEH	读内部 RAM 中的 9 字节内容
写暂存器	4EH	发出向内部 RAM 的 3、4 字节写上限、下限温度数据命令
复制暂存器	48H	将 RAM 中的第 3、4 字节的内容复制到 EEPROM
重调 EEPROM	B8H	将 EEPROM 的内容复制 RAM 中的第 3、4 字节
读供电方式	B4H	读 DS18B20 的供电方式

在本设计中，由于采用的是每个 I/O 口挂接一个温度传感器的方式，因此程序设计中无须进行 ROM 匹配、搜索 ROM 等操作，只要直接发送跳过 ROM 命令并发送相应的功能命令即可，温度采集子程序流程图如图 8.12 所示。

3. 数据处理子程序

DS18B20 设置分辨率为 12 位后得到 16 位温度数据，前面 5 位是符号位，如果测得的温度大于 0，这 5 位为 0，则只要将测到的数值乘以 0.0625 即可得到实际温度；如果温度小于 0，这 5 位为 1，则测到的数值需要取反加 1，再以 0.0625 就可得到实际温度。数据处理时，将这 16 位提取出来，放在一个整型变量中，占两个字节。其中，数据的最低 4 位即低字节的低半部分为温度值的小数位，高字节的低半部分和低字节的高半部分组成一个字节，代表温度值的整数位。首先取出整数部分进行处理，求出数据十进制表示时的百位、十位及个位，再对小数部分数据进行处理，得出十进制表示的小数位。系统要求保留一位小数，而经过数据处理可发现，小数部分的值在 0.0625~0.9375 之间变化，共 16 种情况。在本设计中为了处理数据方便，事先将这 16 种情况按照四舍五入的方式做成一张表(表 8-8)，计算时直接查表即可，加快了数据的处理速度。软件处理流程图如图 8.13 所示。

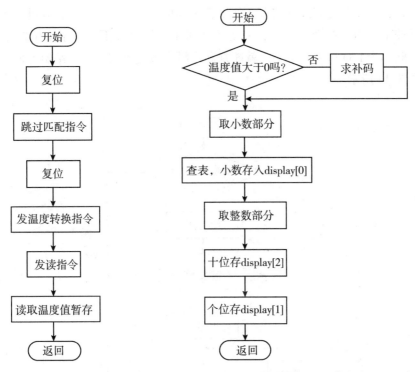

图 8.12　温度值采集子程序流程图　　　　图 8.13　数据处理子程序流程图

表 8-8　　　　　　　　　　　　　**温度小数部分的数值处理**

二进制	十进制	处理后的数值	二进制	十进制	处理后的数值
0000	0	0	1000	0.5	5
0001	0.0625	1	1001	0.5625	6
0010	0.125	1	1010	0.625	6
0011	0.1875	2	1011	0.6875	7
0100	0.25	3	1100	0.75	8
0101	0.3125	3	1101	0.8125	8
0110	0.375	4	1110	0.875	9
0111	0.4375	4	1111	0.9375	9

4. 键盘子程序

键盘程序设计包括两部分，一是识别按键子程序，二是键值处理子程序。在按键识别子程序中，首先判断是否有按键按下，如果有按键按下，则延时去抖，并进一步确认是否确实有按键按下。当有按键按下时，需要确认哪个按键被按下，由于采用的是独立式键盘，只要判断哪个 I/O 口为低电平，就能判断出哪个按键被按下，并给出键值。按键识别子程序如图 8.14 所示。

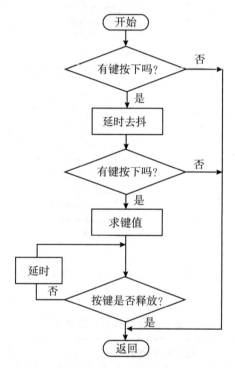

图 8.14　按键识别子程序流程图

获得键值后，需要根据键值执行具体的功能。本设计按照功能要求共设置 6 个按键。系统正常工作时，直接进入自动巡检测量模式，系统每隔 5s 实现一个通道的温度采集、转换与显示。按下按键 4，可开启手动模式，并通过按键 2 实现通道的转换，实现定点转换。回到巡检方式，需要按下按键 3。另外，本设计能够手动对各通道设置阈值，按下键 1，系统进入温度阈值设置界面，通过按键 5 和按键 6 来改变阈值的十位数和个位数的数值，通过不断按下按键 1，可实现不同通道的改变。具体的键值服务程序如图 8.15 所示。

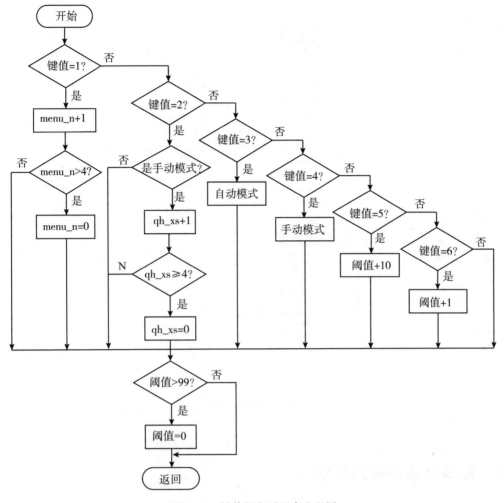

图 8.15 键值服务子程序流程图

5. 显示子程序

显示流程如图 8.16 所示。按照动态显示的要求，每个数码管的显示时间要求有一段延时。延时时间可以通过软件实现，也可以通过定时器实现。如果使用软件延时，则在整个延时时间内系统便不执行其他任务，工作效率低，所以本设计采用定时器定时的方式完成显示延时。设计中使用定时器 0，定时 8ms，即每隔 8ms 一个数码管显示，然后延时 1ms，这样反复地显示，可以让系统在每个数码管显示的 8ms 中有时间去执行其他的动作，节省系统资源。

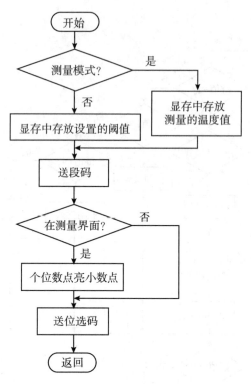

图 8.16　显示子程序流程图

8.3　电缆隧道参数监控仪

针对上一节，本节设计增加了检测参数，用于监控检测隧道内温度、湿度和 CO 含量，使得该仪器能够根据隧道内的温度进行报警，并根据隧道内的湿度和 CO 的含量自动开启排风设备。

8.3.1　系统结构

本节选取电缆隧道内的温度、湿度和 CO 浓度作为主要的被控对象，单片机根据当前环境参数与设定值的对比，产生相应的驱动信号，驱动以排风设备作为主的执行机构对电缆隧道内的湿度和 CO 浓度进行控制，同时在温度过高时可以进行声光报警。

本监控器设计是对温度、湿度、CO 浓度和系统时间进行显示，并对温度、湿度和 CO 浓度进行实时监测与控制。当温度超过上限进行声光报警，湿度和 CO 浓度高于设定值时，开启排风设备，并实时对温度、湿度、CO 浓度和系统时间进行显示，还可以查看器件说明书。

系统整体框图如图 8.17 所示。

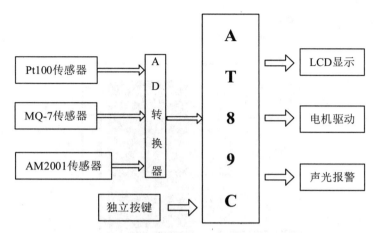

图 8.17 基于 AT89C52 智能系统整体框图

8.3.2 硬件电路原理及功能

1. 最小系统架构

本设计选择 AT89C52 作为控制器根据在满足任务要求的前提下，选择 AT89C52 可以大幅度降低成本，并且使用广泛。

图 8.18 所示为单片机最小系统(时钟、复位电路)电路。依据这个最小系统，搭建检测隧道内温度、湿度和 CO 含量的智能化系统。

2. 按键、显示电路

任务要求选用 LCD1602 对电力隧道参数的测量值及系统时间进行实时显示，有关 LCD1602 的介绍，详见第 4 章 4.2 节。

由于 LCD1602 是 2×16 显示，显然每次显示的内容有限。因此，针对温度、湿度、CO 浓度及系统时间，本设计设置了 4 个独立按键，对当前 LCD 显示的数据种类进行控制，以方便操作者的使用。其中，LCD 的数据、命令选择引脚 RS 由 P0.3 控制，读写选择引脚 R/W 由 P0.4 控制，使能信号 E 由 P0.5 控制，8 位数据引脚由 P2 口控制。4 个独立按键分别是"＋""－""确定""退出"，实现对 LCD 显示数据的控制。4 个按键分别与 P1.0~P1.3 相连

图 8.19 所示为显示、按键接口电路图。

3. 实时时钟电路

时钟电路是时间计时的基本电路，时钟电路由 DS1302 时钟芯片和 32.768kHz 晶振构成。理论上在晶振两端加两个 30pF 的电容，可以使晶振频率更为精确，DS1302 与单片机

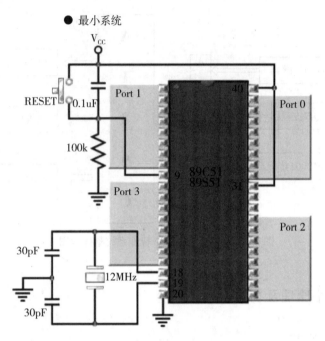

图 8.18　单片机最小系统

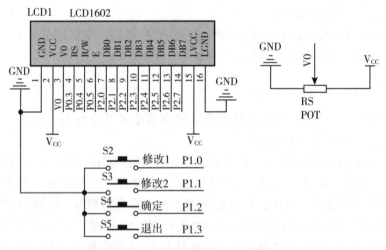

图 8.19　显示、按键接口电路图

系统的数据传送依靠 RST，I/O，SCLK 三根端线即可完成。其工作过程可概括为：首先系统 RST 引脚驱动至高电平，然后在作用于 SCLK 时钟脉冲的作用下，通过 I/O 引脚向 DS1302 输入地址/命令字节，随后再在 SCLK 时钟脉冲的配合下，从 I/O 引脚写入或读出相应的数据字节。因此，其与单片机之间的数据传送是十分容易实现的。

DS1302 的 SCLK 引脚受 P1.6 引脚控制，I/O 引脚受 P1.5 引脚控制，RST 引脚受 P1.4 引脚控制，备用电源引脚 V_{CC1} 接干电池。时钟电路如图 8.20 所示。

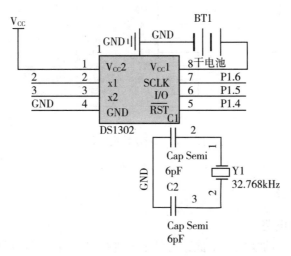

图 8.20　实时时钟电路

DS1302 工作时，为了对任何数据传送进行初始化，需要将复位脚(RST)置为高电平，且将 8 位地址和命令信息装入移位寄存器。数据在时钟(SCLK)的上升沿串行输入，前 8 位指定访问地址，命令字装入移位寄存器后，在之后的时钟周期，读操作时输出数据，写操作时输出数据。时钟脉冲的个数在单字节方式下为：8+8(8 位地址+8 位数据)，在多字节方式下为：8+最多可达 248 的数据。单片机是通过简单的同步串行通信与 DS1302 通信的，每次通信都必须由单片机发起，无论是读还是写操作，单片机都必须先向 DS1302 写入一个命令帧，最高位 BIT7 固定为 1，BIT6 决定操作是针对 RAM 还是时钟寄存器，接着的 5 个 BIT 是 RAM 或时钟寄存器在 DS1302 的内部地址，最后一个 BIT 表示这次操作是读操作还是写操作。

4. A/D 转换电路

本着安全、稳定的原则，设计中的 A/D 转换器没有采用传统的、接线复杂的 ADC0809，而是使用具有 I^2C 总线接口的 8 位 A/D 及 D/A 转换器 PCF8591，有 4 路 A/D 转换输入，1 路 D/A 模拟输出，本设计仅使用其中的 3 路 A/D 转换输入，便于以后的扩展，并且由于其具有 I^2C 总线接口，所以 PCF8591 在与 CPU 的信息传输过程中仅靠时钟线 SCL 和数据线 SDA 就可以实现。

其中，A/D 转换器的 SCL 引脚由 P0.0 引脚控制，SDA 引脚由 P1.7 引脚控制。转换电路图如图 8.21 所示。

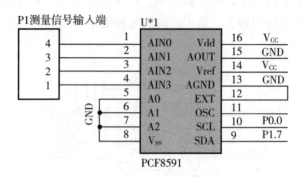

图 8.21   A/D 转换电路

5. 输出控制电路

1）交流电机驱动电路

单片机根据传感器的现场测量值，与设定值进行对比后，对排风设备的交流电机进行驱动，单片机发出的控制信号先经过隔离光耦 TLP521，然后通过三极管放大驱动继电器，由继电器对交流电动机的通断。

本系统设计采用 220V/200W 的交流排风机，单片机的 P0.2 输出高低电平控制其通断。由于继电器工作接通与关闭的瞬间会产生较大的干扰信号，故单片机输出口接光电耦合器 TLP521 来实现。

TLP521 的输出功率只有 150mW，无法驱动继电器。所以在光耦后接三极管，再驱动继电器，交流电机驱动部分硬件图如图 8.22 所示。

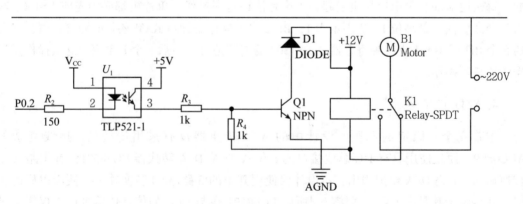

图 8.22   交流电机驱动电路

2）声光报警电路

当单片机收到传感器的信号，发现电缆隧道温度超过 80℃时，单片机就会通过控制 P0.1 驱动声光报警电路。其电路如图 8.23 所示。

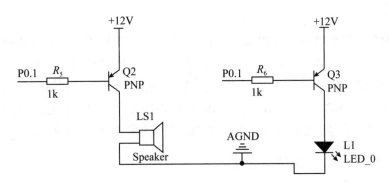

图 8.23　声光报警电路

3）稳压电源电路

采用全桥整流电路将交流电压转化为直流电压，系统硬件电路要求电源额定电压为 5V/12V，单片机系统要求电源电压的纹波系数尽可能小，基于以上要求，选用固定输出线形稳压集成器 LM7805、LM7812。该稳压器的输入电压 VIN 应大于输出电压 3V 即在 8~35V 的范围变化，输出电压可保证为 5V/12V 输出。该稳压器还具有过热保护和过压保护功能，线性稳压结构可使电源纹波系数降低。其电路如图 8.24 所示。

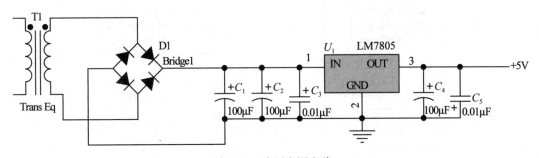

图 8.24　稳压电源电路

8.3.3　软件系统

整个系统采用模块化编程方式，将各个部分功能分别实现。同时，对控制器程序的编写采用了模块化的方式，使得整个软件系统的条理更加清晰。模块化的程序分别包括：LCD 显示程序、PCF8591A/D 转换程序、I^2C 总线通信程序和 DS1302 芯片的读取与设定程序，主程序只需要负责对按键的查询与各部分的初始化，就可以实现本设计的功能。

1. 主程序

主程序对各模块化部分进行初始化，首先调用 A/D 转换程序，将各传感器的测量值所转化的数字量进行读取，同时调用 DS1302 模块程序，对当前日期、时间进行读取；然后调用 LCD 显示程序，对上述量进行显示；最后查询按键，并根据键值调用主程序内的各按键子程序，使 LCD 显示不同的值，同时调用控制程序，根据传感器的测量值使单片机输出相应的控制信号，控制相应的驱动电路。其流程图如图 8.25 所示。

2. 传感器值读取与显示子程序

传感器测量值检测与 LCD 显示模块化子程序部分为利用传感器对电缆隧道参数进行检测，输出相应的模拟量，单片机通过调用 I^2C 总线通信程序读取 A/D 转换器 PCF8591 转化后的数字量，主程序随后调用 LCD 显示子程序，将该数字量适时地送 LCD1602 显示。其流程图如图 8.26 所示。

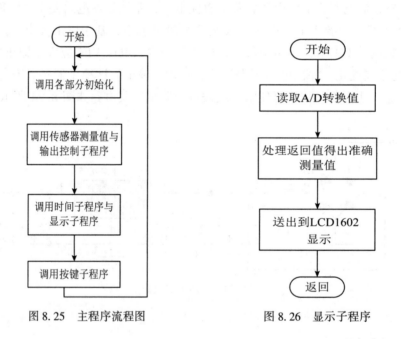

图 8.25 主程序流程图   图 8.26 显示子程序

3. 按键子程序

通过 4 个独立按键(K1：加 1 按键；K2：减 1 按键；K3：确定按键；K4：退出按键)，对传感器测量的不同物理量进行查看，并可以通过按键对当前系统时间进行设定。其具体流程图如图 8.27 所示。

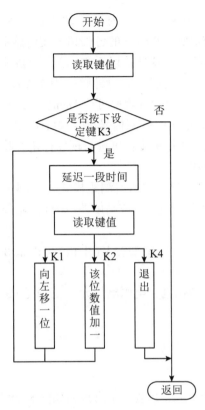

图 8.27 键盘设定值子程序

8.4 超声波测距仪

超声波传感器是利用超声波的特性而研制成的传感器。目前，超声波技术已广泛应用于工业、国防、交通、家庭和生物医疗等领域，例如倒车时的报警，就是根据超声波测距原理来实现的。本实例以超声波测距为例，讲解其内在的原理以及设计思想。

8.4.1 SB5227 型超声波测距专用集成电路

SB5227 型超声波测距专用集成电路芯片中带微处理器和 RS-485 接口，能准确测量空气介质或水介质中的距离，适用于水下探测、液位或料位测量、非接触式定位以及工业过程控制等领域。

1. SB5227 的性能

（1）采用 CMOS 工艺制成的超声波测距专用集成电路适配分体式或一体式超声波传感器。芯片中有振荡器及分频器、微处理器、锁存器、键盘接口、RS-485 串行接口、显示驱动器及蜂鸣器驱动电路。

(2)利用键盘可在 30~200kHz 范围内设定超声波频率，适配中心频率为 30kHz、40kHz、50kHz、75kHz、125kHz、200kHz 的各种超声波传感器，还能设定发射功率(从小到大共分 11 级)以及传感器的阻尼特性补偿系数(w)。调整好参数 w，可以防止在发射周期过后出现余振现象，提高抗干扰能力。时钟频率为 12MHz，测量速率为 5 次/s 在空气中的最大测量距离为 20m，最高显示分辨率可达 1mm(或 1cm)。

(3)可接收与环境温度成正比的频率信号(0~14kHz，对应于−40~+100℃)，能对声速和距离进行温度补偿，提高测量精度；可进行现场标定并将标定参数通过 I2C 总线保存到外部非易失存储器(E^2PROM)中。

(4)有两种测距模式可供选择。选增值测距模式时，测量值(L)从零开始逐渐增大选差值测距模式时，可以测量距离差(ΔL)或高度差(ΔH)，能分别设定距离的上、下限，实现位式控制。

(5)带 RS-485 串行接口。1 片 SB5227AM(主机)可以带 8 片 SB5227AS(从机)通信距离大于 100m。

(6)采用+5V 或+33V 电源供电，电源电压允许范围是+3.0~+60V，工作温度范围是0~+70℃。

2. SB5227 的工作原理

1)引脚功能

SB5227 采用 DIP20 或 SOC−20 封装，引脚排列如图 8.28 所示，各引脚含义如下：

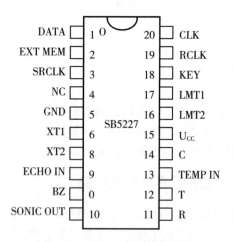

图 8.28　SB5227 的引脚排列图

U_{CC}、GND 端分别接电源和地；

XT1、XT2 端接 12MHz 石英晶体；

SONIC OUT 为超声波输出端；

ECHO IN 为回波接收端；

TEMP IN 为代表环境温度的频率信号输入端，外接温度检测电路；

R、T、C 分别为 RS-485 接口的串行数据输入端、串行数据输出端、串行控制信号输出端；

BZ 为蜂鸣器驱动端；

KEY 接键盘的行线；

NC 为空脚；

DATA 为数据输出端；

CLK 为显示时钟输出端；

RCLK 为移位时钟输出端；

SRCLK 为锁存时钟输出端；

SRCLK 和 EXT MEM 还构成 IC 总线接口，适配于 I2C 总线的外部存储器。LMT1、LMT2 分别为上、下限引出端。

2）工作原理

SB5227 的内部电路框图如图 8.29 所示，主要包括以下 9 部分：

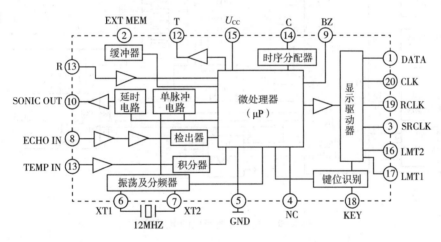

图 8.29　SB5227 的内部电路框图

（1）振荡及分频器；

（2）温度输入通道（放大器与积分器）；

（3）超声波输出电路（单脉冲电路、延时电路及缓冲器）；

（4）声波输入通道（两级放大整形器及信号检出器）；

（5）8 位微处理器；

（6）RS-485 串行接口；

（7）缓存器、时序分配器；

（8）显示驱动器；

（9）键位识别电路，可配 4 位键盘。

除此之外，芯片内部还有定时器等。

超声波频率信号从第 10 脚输出，经过外部功率放大器驱动超声波发送器。超声波接收器则通过接收电路接 SB5227 的第 8 脚。所有测量参数的设定(如超声波频率、发射功率、传感器阻尼特性补偿系数、距离的上下限)以及工作模式的选择均通过键盘来实现。

为了提高超声波信号的强度，同时降低平均发射功率，超声波是以脉冲串的形式向外发送的，脉冲频率即中心频率。SB5227 中的定时器从发射第一个脉冲的上升沿时刻开始计数，直到第 8 脚接收到反射波那一时刻停止计数。因此，只要将测量出的时间间隔(Δ)乘以声速，就等于被测距离的两倍($2\Delta L$)。令超声波在温度 T 时的传播速度为 v，计算被测距离的公式为 $L=v\times\Delta t/2$，这就是利用超声波测量距离的原理。

8.4.2　超声波测距仪的设计

以 SB5227 为核心构成超声波测距仪的电路原理图如图 8.30 所示。

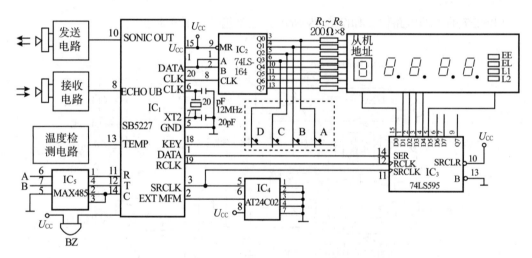

图 8.30　超声波测距仪的电原理图

1. 换能器的电路设计

超声波发送器与接收器统称为换能器。换能器大多由压电陶瓷晶片构成。

1)压电陶瓷换能器的特性

SB5227 适配压电陶瓷换能器，这种换能器的相频特性曲线及幅频特性曲线分别如图 8.31(a)(b)所示。f_r、f_a 分别为共振频率(作为发送器用)和反共振频率(作为接收器用)。换能器仅在 f_r、f_a 后呈现电阻特性，共振电阻分别为 R_f、R_r，其他情况下均呈电抗特性。为了提高能量转换效率，传感器需工作在谐振频率上。对发送器而言，工作在 f 上，接收器则以 f 为最佳工作点。使用分体式发送器与接收器时，二者的中心频率应当匹配，即所选发射器的共振频率应等于接收器的反共振频率。

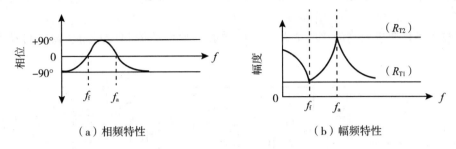

（a）相频特性　　　　　　（b）幅频特性

图 8.31　压电陶瓷换能器的特性曲线

2）发送电路

SB5227 输出的超声波信号很微弱，必须通过功率放大器才能驱动发送器。一种典型的发送电路如图 8.32 所示。

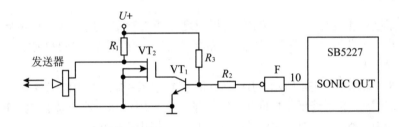

图 8.32　发送电路

从 SB5227 第 10 脚输出的超声波信号，经过缓冲器 F 和功率放大器（VT_1、VT_2）驱动发送器。VT_1 采用小功率晶体管。

3）接收电路

接收电路如图 8.33 所示，主要包括以下 6 部分：

(1) 输入保护电路（C_1、R_1、VD_1）；

(2) 阻抗匹配及电流放大器（VT_1）；

(3) 两级电压放大器（VT_2、IC_1）；

(4) 带通滤波器（L_1、C_6）；

(5) 输出级放大器（VT_3）；

(6) 电压比较器（IC_2）。

其中，C_1 为隔直电容，R_1 为限流电阻。VD_1 和 VD_2 构成双向限幅过压保护电路。VT_1 需采用 J 型场效应管，VT_2 和 VT_3 选用小功率晶体 IC_1 为 TL061 型单运放，IC_2 为 4 路电压比较器 LM339（现仅用其中一路）。带通滤波器中的中心频率应与接收器的中心频率相同。调节电位器 R_P 可改变接收灵敏度，提高抗干扰能力。常态下 IC_2 输出高电平，当接收到超声波脉冲串的第一个上升沿时就输出低电平，送至 SB5227 的第 8 脚，使内部定时器停止计数。

对技术条件要求较高的接收电路，还可增加自动增益控制（AGC）、窗口自动搜索等电路。

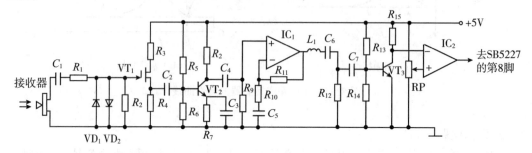

图 8.33　接收电路

2. 温度检测电路的设计

当环境温度发生变化时，超声波的传播速度也随之改变，这将会引起测距误差。利用温度检测电路，可获取与环境温度成正比的频率信号，再送至 SB5227 中进行温度补偿，即可消除该项误差。

温度检测电路如图 8.34 所示。BT 为半导体温度传感器，可用硅二极管（或 NPN 体管的发射结）来代替。为了降低 BT 的自身发热量，宜采用恒压、小电流供电，BT 的工作电流一般可设计为 $200\mu A$。VD_2 为稳压管，R_1 和 R_2 均为限流电阻。

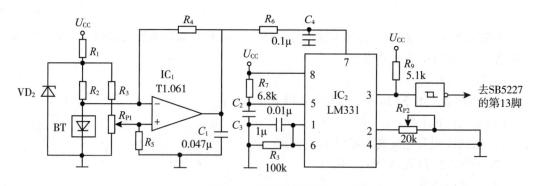

图 8.34　温度检测电路

利用 BT 将环境温度转换成毫伏级的模拟电压信号，送至 IC_1（TL061）放大成 0～3V 的电压信号，再经过 IC_2（LM331）进行电压/频率（V/F）转换，获得 0～14kHz 的频率信号送至 SB5227 的第 13 脚。温度补偿范围是 $-41\sim+100℃$，R_{P1} 为增益调节电位器，R_{P2} 为频率校准电位器。它采用三点式校准法，只需将 $-40℃$、$0℃$ 和 $+100℃$ 下的输出频率值依次校准为 0Hz、4kHz 和 14kHz 即可。校准后的灵敏度为 100Hz/℃。

LM331 属于精密 V/F 转换器。它在 1Hz~100kHz 频率范围内的非线性度可达+0.03％ 和 C_2 分别为定时电阻、定时电容。输出频率由下式确定

$$F_{OUT} = \frac{R_{RP2}}{2.09R_7R_8C_2}U_1$$

式中，R_{RP2}——电位器 R_{P2} 的电阻值；

R_7 和 R_8——采用温度系数低于 $50 \times 106/℃$ 的精密金属膜电阻。经过高频滤波器（R_6、C_4）接 LM331 的输入电压端（第 7 脚）。

3. 其他电路的设计

在图 8.30 中，除 IC_1（SB5227AM 或 SB5227AS）外，还有 4 个芯片；IC_2（8 位并行输出的串行移位寄存器 74LS164）；IC_3（带输出锁存的 8 位串行移位寄存器 74LS595）；IC_4（基于 I^2C 总线的 2KBE2PROM 存储器 AT24C02）；IC_s（RS-485 总线驱动器 MAX485）。在 AT24C02 中存储着所设定的参数，当突然断电时，可防止数据丢失。LED 显示器由 5 位共阴极数码管构成，最高位（万位）用来显示从机地址（ADDR），其余 4 位显示测量结果位，亦可显示出距离的上、下限。LED 显示器以动态扫描方式工作。由显示驱动器输出的串行数据经过 74LS164 转换成并行输出的段信号，依次通过限流电阻 R_1~Rg 接数码管的相应电极（段 a~g 和小数点 DP）。74LS595 则构成位选通器。晶振电路中包含 12MHz 石英晶体，振荡电容 C_1、C_2 和内部反相器。

LED 显示器的右边有 4 个标志符。EE 为外部存储器出错指示，EL 为串口工作指示，L_1 为上限报警指示，L_2 为下限报警指示。SB5227 的第 9 脚接蜂鸣器 BZ，该蜂鸣器是由压电蜂鸣片、振荡及驱动电路构成的。当距离越限时，从第 9 脚输出的低电平就将 BZ 的电源接通，使之发出报警声。MAX485 的第 1、4、2（3）脚分别接 SB5227 的 R、C、T 端，主机与从机之间可过 A、B 两根网线进行串行通信。

8.4.3　超声波测距网络系统的构成

超声波测距网络系统的框图如图 8.35 所示。主机选用 1 片 SB5227AM，从机为 8SB5227AS。主机芯片与从机芯片的外围电路完全相同，二者可以互换，但最高显示位仅在做主机时才使能，并且定义为专门显示从机地址的窗口。从机通过串行接口与主机通信，波特率为 19200b/s，每秒钟可传送 19200 位数据。当从机所在现场不需要显示时，可不接显示器，但从远程主机上仍可观察到每台从机的显示值。主机有两组位式限值设定及控制输出，并具有完善的量程设定功能，可满足工业测控的要求。

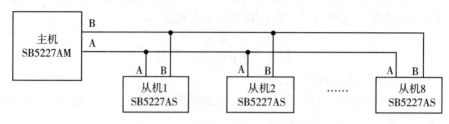

图 8.35　超声波测距网络系统的框图

参 考 文 献

[1]谢瑞和.串行技术大全[M].北京：清华大学出版社，2003.

[2]戴梅萼，史嘉权.微型计算机技术及应用——从 16 位到 32 位[M].北京：清华大学出版社，1996.

[3]何立民.MCS-51 系列单片机应用系统设计配置与接口技术[M].北京：北京航空航天大学出版社，1990.

[4]阳宪惠.现场总线技术及其应用[M].北京：清华大学出版社，1999.

[5]孟浩文，赵伟.S7600A 在实现测控设备网络通信功能方面的应用[J].电测与仪表，2001(10).

[6]李志全.智能仪表设计原理及其应用[M].北京：国防工业出版社，2010.

[7]陈润泰，许琨.检测技术与智能仪表[M].长沙：中南大学出版社，2002.

[8]赵新民，王祁副.智能仪器设计基础[M].哈尔滨：哈尔滨工业大学出版社，2014.

[9]王幸之，等.单片机应用系统抗干扰技术[M].北京：北京航空航天大学出版社，2013.

[10]孙传友，等.测控系统原理与设计[M].北京：北京航空航天大学出版社，2008.

[11]蔡自兴等.智能控制——原理与应用[M].北京：国防工业出版社，1998.

[12]李志全等.智能仪表设计原理及其应用[M].北京：国防工业出版社，1998.

[13]潘永雄.新编单片机原理与应用[M].西安：西安电子科技大学出版社，2007.

[14]贾振国.智能化仪器仪表原理及应用(基于 Proteus 及 C51 程序设计语言)[M].北京：中国水利水电出版社，2011.

[15]史健芳.智能仪器设计基础(第二版)[M].北京：电子工业出版社，2012.

[16]傅林. 智能仪器理论、设计和应用[M]. 西安：西安交通大学出版社，2014.

[17]赵茂泰. 智能仪器原理及应用(第四版)[M]. 北京：电子工业出版社，2015.

[18]高云红，冯志刚，吴星刚. 智能仪器技术及工程实例设计[M]. 北京：北京航空航天大学出版社，2015.

[19]付华，徐耀松，王丽虹. 智能仪器[M]. 北京：电子工业出版社，2013.

[20]毕宏彦，徐光华. 智能理论与智能仪器[M]. 西安：西安交通大学出版社，2010.

[21]朱欣华，邹丽新，朱桂荣. 智能仪器原理与设计[M]. 北京：高等教育出版社，2011.

[22]赵新民，王祁. 智能仪器设计基础(第二版)[M]. 哈尔滨：哈尔滨工业大学出版社，2007.